思维模型与底层认知

邱伶聪 ◎ 著

中华工商联合出版社

图书在版编目（CIP）数据

思维模型与底层认知 / 邱伶聪著. -- 北京：中华工商联合出版社，2024.4
ISBN 978-7-5158-3924-0

Ⅰ.①思… Ⅱ.①邱… Ⅲ.①思维方法-通俗读物 Ⅳ.①B804

中国国家版本馆CIP数据核字（2024）第062510号

思维模型与底层认知

作　　者：	邱伶聪
出 品 人：	刘　刚
责任编辑：	吴建新　林　立
装帧设计：	张合涛
责任审读：	郭敬梅
责任印制：	陈德松
出版发行：	中华工商联合出版社有限责任公司
印　　刷：	三河市宏盛印务有限公司
版　　次：	2024年6月第1版
印　　次：	2024年6月第1次印刷
开　　本：	710mm×1000mm　1/16
字　　数：	289千字
印　　张：	19.5
书　　号：	ISBN 978-7-5158-3924-0
定　　价：	56.00元

服务热线：010-58301130-0（前台）
销售热线：010-58301132（发行部）
　　　　　010-58302977（网络部）
　　　　　010-58302837（馆配部）
　　　　　010-58302813（团购部）
地址邮编：北京市西城区西环广场A座
　　　　　19-20层，100044
http://www.chgslcbs.cn
投稿热线：010-58302907（总编室）
投稿邮箱：1621239583@qq.com

工商联版图书
版权所有　侵权必究

凡本社图书出现印装质量问题，
请与印务部联系。

联系电话：010-58302915

推荐语

幸与不幸，我们都已然处于一个被短视频和碎片信息格式化的时代。AI的出现更"鼓励"我们跳过过程直接到达"结论"的彼岸。

张一鸣说："认知才是一个人最大的竞争力。"试想，如果我们的认知被禁锢在貌似瀚海实则浅滩的碎片信息里，一旦习惯了通过算法瞬间得到答案，我们或许享受了效率，却无法形成内化的能力。

那么如何拥有具备竞争优势的认知能力呢？能否通过训练达到更高维度的认知水平？是否可以通过运用模型、方法论和科学的逻辑思维方式来推动认知的升级？答案是肯定的。这本书高密度地为我们解析了多个思维模型以及背后的认知原理，带领我们将模型悄无声息地融入思维之中，使其成为思考问题、解决问题的内在方式。

这本书无疑将激发职场年轻人探索思维模型奥秘的好奇心，也触发了如我这般职场老兵的复盘和对取舍的决心。

合上这本书的同时，我眼前清晰呈现出一位蓄势待发的青年模样，一枚疾风中昂首挺拔的劲草。

——隋丹　Wilfrid Laurier University管理学硕士，25年资深营销人

以前的传统应试教育一定程度上禁锢了我们的质疑精神，让很多人没有养成主动思考的习惯。如本书作者所述，对于大众普遍认为正确的事物，我们总是习惯性地去接受，却从不去探究正确背后的底层逻辑。错有错的原因，对也有对的道理，洞悉"它为什么正确"比单纯地知道"它正确"更加重要。

这本书从微观到宏观，剖析思维模型背后的认知路径，为我们养成主动思考、洞察本质的思维习惯提供了方法论支撑，做到"授人以渔"。

——崔伟　清华大学经济管理学院MBA，知名营销人

本书引领读者探索营销的深层逻辑，结合实用的思维模型和深刻的底层认知，助力营销人提升商业洞察力。无论你是新手还是专家，都能从中受益，掌握营销的核心技能，深入理解思考问题的基本方法，实现个人和事业的飞跃。

——石歌　腾讯广告集团KA客户负责人

在市场营销中经常会用到模型，一个好用的模型确实能让工作事半功倍。本书中涉及的多个模型让我印象深刻，作者对模型背后思维方法的解读也堪称精彩。我在十几年的品牌工作生涯中也经常自己总结和创作模型，从这本书中我看到了模型创作的底层方法论。

——李晨　POPMART泡泡玛特品牌战略总监

前言：要饮水，更要思源

据说很多营销公司HR在面试人才的时候，有这样的一个小套路。对于初级营销岗，HR会看应聘者过往的营销作品；对于中级营销岗，HR会看应聘者取得的项目成果；而对于高级营销岗，HR则会问有没有原创的理论模型。

有人会觉得，而今的营销圈，都已经"内卷"成这样了吗？以前写在商学院教材里的高大上的理论模型，现在都只配写在个人简历里吗？

诚然，在我们固有的印象中，创作理论模型的确只是一少部分营销天才和咨询大佬的专利。历史上很多经典的营销模型，成为一代又一代营销人取之不尽的营养源泉。

20世纪60年代，美国营销专家杰罗姆·麦卡锡提出了4P营销理论模型。这个模型深入洞察营销本质，第一次为企业的营销策划提供了一个标准的框架，并在以后30年里引领行业。直到20世纪90年代市场环境发生变化，以消费者为核心的4C营销模型开始更受关注。

再比如美国著名管理学家、波士顿咨询公司创始人布鲁斯·亨德森于1970年创作的波士顿矩阵，直到今天也不过时，成为企业产品价值评估、战略目标制定的黄金法则，为波士顿咨询成为全球最著名的战略咨询公司奠定了的基础。

前人栽树，后人乘凉。我们在工作中应用这些经典模型的时候，也是真真切切地感受到了模型巨大作用。无论是向客户提案还是向领导汇报，模型得出的结论往往会更令人信服；当一些平平无奇的想法披上模型的外衣，有时也能"狐假虎威"地高大上起来；更有甚者，有的公司还出现了"唯模型论"的不良风气：要是方案中没有一两个厉害的模型做支撑，都不好意思拿出手。

显然，这种现象是不值得提倡的，模型诞生的初衷是为了解决问题，而不是故弄玄虚。但管中窥豹，我们从"模型至上"的风气中可以看到一个更加值得反思的事实——大部分人迷信模型，只是因为模型的公信力能给我们的工作带来便利，减少了沟通成本；而对于这些模型，很多人是只知道它正确，却不知道它为什么正确。

SWOT模型大家都喜欢用，但为什么仅用Strengths，Weaknesses，Opportunities，Threats四个维度就能涵盖评判事物发展态势的所有因素？还有第五个维度它没包含到的吗？4P模型是怎么诞生的，仅仅是因为这四个单词都是P开头的吗？马太效应的定义我们都懂，但为什么会出现马太效应，马太效应的底层驱动逻辑又是什么呢？

如果你没有思考过这些问题，那么我相信你看完这本书后一定会有所收获。

模型只是显性知识，而模型背后的思考路径才是更有价值的隐性知识；模型固然是营销管理史上的瑰宝，但模型背后的思维方式，却是比模型本身更重要的东西。看清这种思维，然后学会这种思维，是要比我们用好一个模型更有利于我们思维洞察能力的提升。

所以说，要饮水，更要思源；要知模型然，更要知模型所以然。熟练运用思维模型只是基础，深刻理解思维模型背后的原理和思维方式才是提高思维纵深最终极的方法。你会发现模型看似高阶，其实揭开面纱后我们发现它并不神秘。同时，如果我们掌握了方法，我们也能创作属于自己的思维模型。

如果我们只会套用模型，那么我们只是一个工具人。我们不仅要成为模型的运用者和实践者，更要成为模型的设计者和创造者。

本书分为思维篇和模型篇。思维篇主要和大家一起探讨模型的本质以及模型背后的思维方式，模型篇则重点介绍"类比化"模型、"图形化"模型、"纲目化"模型、"公式化"模型、"逆向化"模型等五类思维模型，并以此为蓝本，浅谈模型创作的方法。

当然，在模型理论面前，我还只是一个小学生。近年来，很多优秀的关于模型的书籍和课程问世,例如斯科特·佩奇(Scott E. Page)的《模型思维》、查理·芒格(Charlie Munger)的"多模型思维"理论、李善友老师的模型思维课程等。高山仰止,景行行止,向这些模型研究的先驱者致敬!

目　录

第一章　模型是思维认知的基本方式

第1节　思维＝"公式"×"算法" ··· 003
第2节　思维认知的本质，是模型的建立与复用 ························· 011
第3节　模型是现实世界在大脑中的映射 ···································· 021
第4节　模型是思维结构的具象化展现 ······································· 031

第二章　模型揭示世界运行的本质规律

第1节　道法自然：规律是世界运行的底层架构师 ····················· 043
第2节　规律是"意"，模型是"形" ··· 050
第3节　模型是人类认识世界的重要工具 ··································· 057

第三章　策略的本质，是规律模型的场景化运用

第1节　洞之以策——聊聊生活中无处不在的"策略" ··············· 067
第2节　策略的函数思想：策略是变量在规律模型下的映射 ······· 073
第3节　策略的核心是将规律抽象成模型 ··································· 080
第4节　用模型的视角看世界，将复杂问题简单化 ····················· 089

第四章　用模型化思维，解决系统性问题

第1节　线性问题与系统性问题⋯⋯⋯⋯⋯⋯⋯⋯⋯⋯⋯⋯⋯⋯⋯⋯⋯⋯⋯⋯097
第2节　模型化思维：抓住本质，建立分析系统性问题的模型框架⋯⋯⋯⋯107
第3节　模型至简：越本质，越简单⋯⋯⋯⋯⋯⋯⋯⋯⋯⋯⋯⋯⋯⋯⋯⋯118
第4节　知模型然，更要知模型所以然⋯⋯⋯⋯⋯⋯⋯⋯⋯⋯⋯⋯⋯⋯⋯122

第五章　触类旁通——"类比化"思维模型

第1节　打比方：思维模型的"通感式"表达⋯⋯⋯⋯⋯⋯⋯⋯⋯⋯⋯⋯⋯135
第2节　打比方的本质就是建立通感式模型⋯⋯⋯⋯⋯⋯⋯⋯⋯⋯⋯⋯⋯138
第3节　探寻"破窗理论"模型背后的驱动逻辑⋯⋯⋯⋯⋯⋯⋯⋯⋯⋯⋯⋯142
第4节　囚徒困境——最经典的博弈论模型⋯⋯⋯⋯⋯⋯⋯⋯⋯⋯⋯⋯⋯147
第5节　聚光灯效应：来自我们内心的心理牢笼⋯⋯⋯⋯⋯⋯⋯⋯⋯⋯⋯154
第6节　死海效应："劣币驱逐良币"的恶性循环模型⋯⋯⋯⋯⋯⋯⋯⋯⋯157
第7节　锚定效应——骗过大脑的思维魔术⋯⋯⋯⋯⋯⋯⋯⋯⋯⋯⋯⋯⋯160

第六章　以形观势——"图形化"思维模型

第1节　图形是表达信息的有效工具⋯⋯⋯⋯⋯⋯⋯⋯⋯⋯⋯⋯⋯⋯⋯⋯168
第2节　浅析几种基本图形背后的思维结构逻辑⋯⋯⋯⋯⋯⋯⋯⋯⋯⋯⋯175
第3节　重新认识马斯洛需求金字塔——写在人类基因里的需求进化密码⋯181
第4节　T型模型：宽度与深度的辩证关系表达⋯⋯⋯⋯⋯⋯⋯⋯⋯⋯⋯188
第5节　V型思维：穿越失败周期的思维胜利法⋯⋯⋯⋯⋯⋯⋯⋯⋯⋯⋯195
第6节　图形化模型形象描述系统发展状态⋯⋯⋯⋯⋯⋯⋯⋯⋯⋯⋯⋯⋯198
第7节　同心圆模型：层层渐进的策略分级⋯⋯⋯⋯⋯⋯⋯⋯⋯⋯⋯⋯⋯202

第七章　提纲挈领——"纲目化"思维模型

第1节　纲目化表达提升语言的信息密度⋯⋯⋯⋯⋯⋯⋯⋯⋯⋯⋯⋯⋯⋯213

| 目录 |

第2节 从AIDMA到AISAS,看用户消费习惯之变⋯⋯⋯⋯⋯⋯⋯⋯⋯⋯218
第3节 从4P模型到4C模型,互补而非取代⋯⋯⋯⋯⋯⋯⋯⋯⋯⋯⋯222
第4节 SCQA模型:结构化表达的有效工具⋯⋯⋯⋯⋯⋯⋯⋯⋯⋯⋯226
第5节 TARI上瘾模型:探寻上瘾背后的机制⋯⋯⋯⋯⋯⋯⋯⋯⋯⋯229
第6节 5W1H模型:审视万物的通用思维法⋯⋯⋯⋯⋯⋯⋯⋯⋯⋯⋯231
第7节 CVT客户驱动模型⋯⋯⋯⋯⋯⋯⋯⋯⋯⋯⋯⋯⋯⋯⋯⋯⋯⋯234

第八章 量时度力——"公式化"思维模型

第1节 公式化思维:关联地看待问题⋯⋯⋯⋯⋯⋯⋯⋯⋯⋯⋯⋯⋯239
第2节 很多看似主观的内容都可以被量化⋯⋯⋯⋯⋯⋯⋯⋯⋯⋯⋯⋯244
第3节 用公式化模型量化营销效果⋯⋯⋯⋯⋯⋯⋯⋯⋯⋯⋯⋯⋯⋯⋯248
第4节 从公式中窥见成功的秘诀⋯⋯⋯⋯⋯⋯⋯⋯⋯⋯⋯⋯⋯⋯⋯⋯252
第5节 四个幸福公式,洞察幸福的奥秘⋯⋯⋯⋯⋯⋯⋯⋯⋯⋯⋯⋯⋯258
第6节 从公式化模型中洞见生活哲理⋯⋯⋯⋯⋯⋯⋯⋯⋯⋯⋯⋯⋯⋯264

第九章 反道而行——"逆向化"思维模型

第1节 倒立看世界,一切皆有可能⋯⋯⋯⋯⋯⋯⋯⋯⋯⋯⋯⋯⋯⋯⋯269
第2节 反向思考型逆向思维:换个方向,别有洞天⋯⋯⋯⋯⋯⋯⋯⋯274
第3节 归源转换型逆向思维模型:换个视角,柳暗花明⋯⋯⋯⋯⋯⋯282
第4节 缺点反用型逆向思维模型:化腐朽为神奇的力量⋯⋯⋯⋯⋯⋯287

结束语:最牛的模型,是没有模型⋯⋯⋯⋯⋯⋯⋯⋯⋯⋯⋯⋯⋯⋯⋯⋯291
后记:做一棵疾风下的劲草,渺小而坚强⋯⋯⋯⋯⋯⋯⋯⋯⋯⋯⋯⋯⋯295

第一章

模型是思维认知的基本方式

章前语

棋手技术进阶的第一步，是背棋谱。棋谱是棋局的基本技术和着法，任何复杂的棋局，都可拆解为一个又一个的基本场景和定式；而棋谱，则是这些基本场景和定式的载体，是一种思考的策略公式。牢记棋谱并融会贯通，即可将任何复杂的棋局在大脑中拆分、重组成这些基本场景，从而做到以不变应万变。"当头炮，马来照""马跳边，易被歼"，正是因为大脑中有无数个这样的基本定式，才能在各种复杂的环境中游刃有余。

这些棋谱，就相当于我们所说的思维模型。

人类的思维认知，都是以模型为单位进行的；我们对事物的认识，其本质就是在大脑中建立模型的过程。在本章，我们将结合认知心理学，就模型在思维活动中的作用机制展开探讨。

第1节　思维="公式"×"算法"

大脑很懒，总是喜欢"套用公式"

在谈模型之前，我们先谈谈大脑是如何工作的。我相信很多人都会觉得，大脑应该是人体最勤奋的器官吧？因为我们总说大脑"勤于思考"，我们形容一个孩子聪明的时候也常常会说他"头脑灵活""爱动脑"等。然而事实的真相可能会让你大跌眼镜，其实大脑才是最爱偷懒的器官。大脑是个名副其实的"躺平青年"，在遇到问题时，它首先启动的不是的"思考功能"，而是"记忆功能"。这实际上是一种自我保护的机制，进化学理论中曾提及早期人类在演化过程中会遵循"节俭原则"，即大脑为了避免思考带来的能量耗费，会首先让记忆来完成思考的工作。因为大多数事情大脑以前已经解决过了，它们变成一个又一个的"公式"存储在大脑中。当下次遇到相同的问题时，大脑只要调取"公式"，就可以得出答案。

生活中很多的思维动作，都是由一连串的"公式"联动而产生的。

举个例子，我们试想一下这个场景：当你开着车到十字路口时，红灯亮了，这时你会下意识踩下刹车让车停住。在这样一个很常见的生活场景中，大脑是如何给你下达指令的呢？

首先，当你看到红灯亮起时，你的大脑中出现了一个判断公式：眼前这种和草莓一样的颜色，叫做红色。因为在你还是个婴儿的时候，妈妈就告诉过你草莓的颜色是红色。

接着，大脑中随之而来另一个条件公式：如果看到红灯不停车，那么就会被处罚。这是你在日常生活中学到的交通规则"公式"。

最后，怎么才能刹住车呢？这时又出现一个选择公式，你脚下左边的踏板是刹车，右边的踏板是油门，要想让车停下，就要踩左边的踏板。这是驾校教练教给你的"公式"。

所以你看，我们遇到红灯停车的过程，大脑并没有启动"思考功能"，它只用了三个"公式"就把我们"打发"了。

这些"公式"，正是大脑认知世界时带来的产物。众所周知，人类是通过各种感知觉来感受外界的。当外界的刺激停止作用之后，并没有马上消失，而是保留在人们的大脑中，并在需要时再现出来。就这样，认知便产生了。

认知最初就是由感觉产生的。婴儿刚刚认识这个世界的时候，父母把一勺米糊喂到嘴边，婴儿会本能地咽了下去，于是他就知道了，这个东西是可以吃的。此时，婴儿的大脑中便产生了"吃"的认知。但是由于婴儿大脑中储存的信息太少，并且没有逻辑，所以当婴儿看到其他东西时，大脑就会调动已经储存的信息"吃"。因此我们经常会看到婴儿把勺子放在嘴里吃、把玩具放在嘴里吃，甚至把手指头放在嘴里吃。这是因为在他的意识中，"吃"是感知身边的事物、认知世界最原始的方式。

随着婴儿慢慢长大，他开始用视觉、听觉、触觉等更丰富的感觉来认知世界。他可以用形状、味道、声音来分辨和概括物体，而这些于外界交流后反馈回来的信息，就变成了一个个"公式"存于婴儿的大脑中。于是，他渐渐开始知道，"这种形状的东西才是可以吃的""这种香香的东西才是可以吃的""妈妈喂给我的东西才是可以吃的"。

通过后天的学习，我们大脑中存储了更多的公式，例如"草莓的颜色叫红色""糖的味道叫做甜""一个星期有7天""没有棱角且无限对称的形状叫做圆""肚子饿了要吃饭"……这些公式日积月累，在我们的大脑中形成一个叫做"经验"的"公式库"。在我们遇到需要大脑决策的时候，大脑就会从"公式库"中调出相应的公式进行套用，再通过一系列逻辑处理，最终输出结果，做出决策。

小时候我们背的乘法口诀，是另一个更加直观的例证。我们大脑最原始、最基础的运算逻辑，其实只有加减法，因为加减法是最符合人类生产生活的自然使用场景的。我有3个苹果，你给了我2个，于是我就有了5个，

第一章 模型是思维认知的基本方式

这是加法；我有10个包子，吃了3个，还剩下7个，这是减法。而乘法，则是人们基于加法的一项"发明"，是为了方便我们在生活中快速解决"几个相同的数相加等于多少"的问题而人为定义出来的一种简便运算逻辑，属于一种应用层的运算。

乘法口诀的精妙之处在于，将大脑的"思考功能"转变为纯粹的"记忆功能"——通过熟记"九九乘法口诀"，我们就可以在大脑中建立一套条件反射的"公式"——对于"多个10以内的个位数相加等于多少"这类复杂的加法逻辑运算，现在就变成直接调取记忆库中的"公式"进行套用，简单而快速。（如图1-1-1所示）

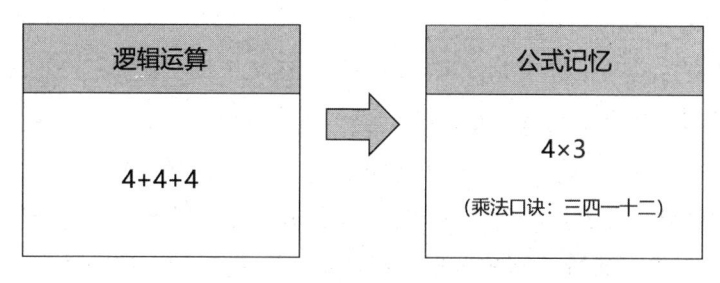

图1-1-1 大脑将"逻辑运算"转化为"公式记忆"

如果说加法是"量变"，那么乘法则是"质变"。因为只有背熟了10以内的乘法口诀，我们才会处理更加复杂的100以内、1000以内的乘法运算。只有学会了乘法，我们才会除法、幂方、开方等更加复杂的运算，才会有微积分、复变函数等更加高级的运算，人类才能开启一个更加立体化、多元化的数学世界。就像建造城堡一样，我们不会用泥直接扶成墙，而是先将泥烧成砖，再用砖砌成墙。如果说加减法是泥，那么乘法口诀就是砖，就是这些砖构成了数学世界的雄伟城堡。

所以，不要小看这些"公式"，大脑并没有偷懒，它是用另一种方式提高了处理信息的效率。

"算法"："公式"之间的组织逻辑

照上文所说，思考貌似是一件很容易的事，因为只要不断去丰富我们的"公式库"就好了。显然不是这样的,"公式库"只是单纯的信息和经验的集合,这些信息和经验往往只能处理最基础的、以前遇到过的问题,一旦遇到之前没处理过的问题,这个"公式库"的作用就不大了。正如一个只会乘法口诀的人是学不好数学的,一个人思考力的强弱,一方面是由大脑中"公式库"的丰富程度决定的,另一方面则取决于大脑对"公式"与"公式"之间相互逻辑关系的处理,也就是我们所说的"算法"。

"算法"这个词最近很火,很多手机app通过"算法"牢牢地维系住一大批忠诚用户,也孕育了IT界的热门岗位"算法工程师"。当然,我们现在要说的算法没那么复杂,通俗来讲,算法其实就是这些"公式"之间逻辑组织的过程。

一部iPhone价值几千元,可以用来打电话、上网、玩游戏;但如果将它放进粉碎机,它就会变成一堆电子垃圾,一文不值。然而,组成它的原材料并没有发生变化,像铁、铝、玻璃、橡胶等,它们并没有随之减少。它之所以变得不值钱了,是因为这些材料之间的结构和组织关系发生了变化。同理,一样的"公式"通过不同的逻辑,组织成不同的结构,就会拥有不同的功能。就像这些手机零件,只有将它们拼装起来,才会创造出价值。

同样地,大脑在处理信息时,这些繁杂的"公式"并非相互独立地存在,它们之间呈现着各种各样的"算法关系"。比如逻辑学里的"或""且""非"的基础关系,还包括因果关系、包含关系、并列关系、递进关系、对比关系等更复杂的相对关系。

我们听见远处天空传来打雷声,如果这时要出门,我们通常会带上伞。"天空传来轰隆隆的声音是打雷声"和"天下雨了出门要带伞"是两个不同的"公式",而我们之所以能够将它们联系起来,是因为我们长期的生活体验弄清了这两个公式之间的关系——大部分情况下,如果听见打雷声,不久就会下雨,是"因果关系"的算法将这两个"公式"串联起来。

"苹果是一种水果",而"水果属于植物"。根据这两个"公式"的逻辑关系,我们可以轻松得出"苹果是植物"的新认知,这正是"包含关系"的算法。

要把大象装冰箱,总共分三步:打开冰箱门、把大象塞进去、把冰箱门带上。这三步是按顺序推进的，没有第一步，就完成不了第二步；没有第二步，就完成不了第三步。这就是"递进关系"的算法。

我们可以看到，"算法"让"公式"与"公式"之间不再独立，而是可以通过逻辑关系让这些零散的"公式"形成网状连结，从而组成一个完整的单元。这些单元可以是一个认知、一条知识，最终它们又变成新的"公式"存储在大脑中。例如，当你下次遇到"苹果是植物还是动物"的问题时，不再需要"算法"的处理你也知道"苹果是植物"，因为"苹果是植物"已经成为一个新的"公式"存在于你的大脑中了。正是因为有了"算法"的存在，我们的大脑思维从单纯的"记忆功能"进化出了"逻辑功能"，让我们的认知可以不断生长、繁殖、迭代、进化。

我们再回到上文说的乘法运算的例子。10以内的乘法我们可以通过乘法口诀轻松地得出答案，而当我们遇到10以外更复杂的乘法时，就需要"算法"登场了。"算法"与"公式"共同作用，才能产生出更高阶的逻辑运算。

以123×3为例，我们通常会这样处理：（如图1-1-2所示）123的百位、十位、个位上的数分别是1、2、3，根据竖式计算法的原理，我们将123按照十进制的位权展开法则展开成1×100+2×10+3×1，所以123×3就可以写作（1×100+2×10+3×1）×3。再根据乘法的分配律，原式就可以写作3×1×100+3×2×10+3×3×1。这个时候根据乘法口诀，3×1等于3（一三得三）、3×2等于6（二三得六）、3×3等于九（三三得九）。所以原式就等于3×100+6×10+9×1。最后再根据十进制的位权合并法则，就可以得出结果就是369。

```
  1 2 3
×     3
─────────
  3 6 9
```

123 = 1×100 + 2×10 + 3×1 .... 十进制位权展开（算法）

123×3 = (1×100 + 2×10 + 3×1)×3 .... 乘法的分配律（算法）

123×3 = 3×1×100 + 3×2×10 + 3×3×1 .... 乘法口诀（公式）

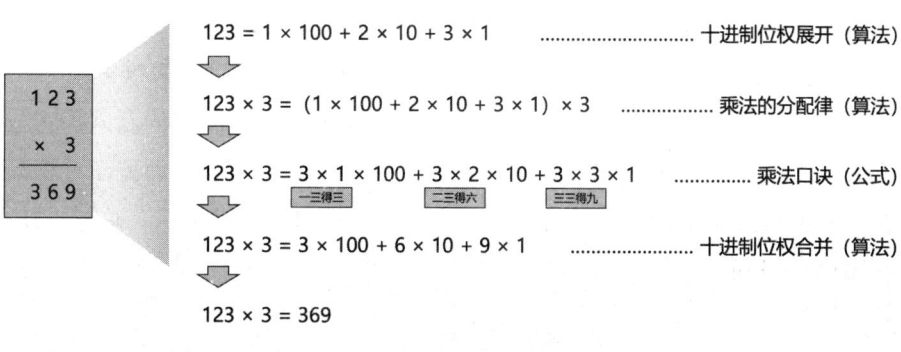

　　　　　一三得三　　二三得六　　三三得九

123×3 = 3×100 + 6×10 + 9×1 .... 十进制位权合并（算法）

123×3 = 369

图1-1-2 乘法竖式计算逻辑拆解

通过对这种思维运算的剖析，我们可以看到，在竖式计算法得整个过程中用到的不仅仅是乘法口诀的"公式"，而十进制位权法则、乘法的分配律，是属于算法层。

"公式"ד算法"，摩擦出思维的火花

因为算法，我们的大脑对信息的处理有了从量变到质变的飞跃。如果大脑只会存储和调取"公式"，那么大脑充其量只是一个硬盘；而一旦有了"算法"的加入，让大脑就会瞬间变成一个CPU，能够完成复杂的信息逻辑处理，我们常说的"思维逻辑"便诞生了。

早在两千多年前，亚里士多德创立的古典形式逻辑科学，开启了人类研究思维逻辑的大门。在亚里士多德的著作《工具论》中，曾有一段经典的"三段论"，即"人都会死"，而"苏格拉底是人"，所以"苏格拉底会死"。按照前面的分析，"苏格拉底会死"是"人都会死"和"苏格拉底是人"这两个公式在"包含关系"算法的作用下产生的新认知。认知心理学上把这种思维过程称之为"演绎推理思维"，即人们以一定反映客观规律的理论认识为依据，从服从该事物的已知部分，推理得到事物的未知部分的思维方法。

对应到这一段论述中我们发现，公式1"人都会死"实际上是"反应客观规律的理论认识"，是个大条件；公式2"苏格拉底是人"是"服从该事物的已知部分"，是小条件；而"苏格拉底会死"则是推导得到的"未知部分"，是一个只适用于苏格拉底的"小结论"。

所以，演绎推理思维的核心，是"大条件"+"小条件"，得出"小结论"，是原有公式在包含关系的逻辑算法下得出新公式的一种思维方式。

大部分人对"人都会死"的认知，都是由生活经历决定的。因为在成长的过程中，我们不断地看到有人死亡。甲死了，乙死了，丙死了，丁死了……从来没有发现不会死的人。所以，我们得出一个结论：人总有一死。（如图1-1-3所示）

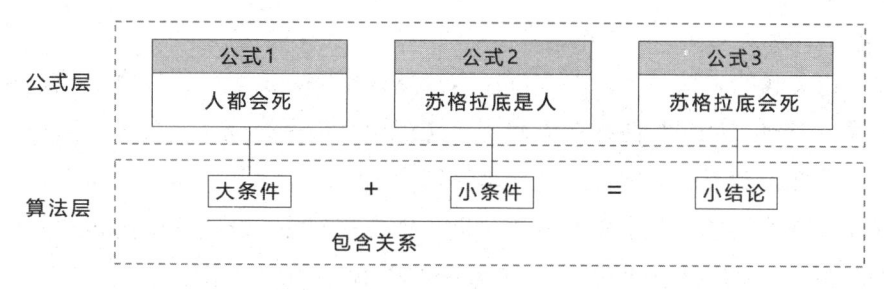

第一章 模型是思维认知的基本方式

```
公式层:  [公式1 人都会死]   [公式2 苏格拉底是人]   [公式3 苏格拉底会死]
算法层:  [大条件] + [小条件] = [小结论]
         包含关系
```

图 1-1-3　演绎推理思维逻辑拆解

这个思维过程认知心理学上称之为归纳推理，即以一系列经验事物或知识素材为依据，寻找出其服从的基本规律或共同规律，并假设同类事物中的其他事物也服从这些规律。

我们对应到这个例子中可以看到，"甲死了""乙死了""丙死了""丁死了"就是"经验事物或知识素材"，是一系列互为"并列关系"的小条件，而"人总有一死"是从这一系列小条件中得出的"基本规律"，是一个适用于所有人的大结论。

所以，归纳推理思维的核心，是若干个"小条件"，推导出一个"大结论"，是从若干个并列关系的公式中总结归纳出规律公式的一种思维方式。（如图1-1-4所示）

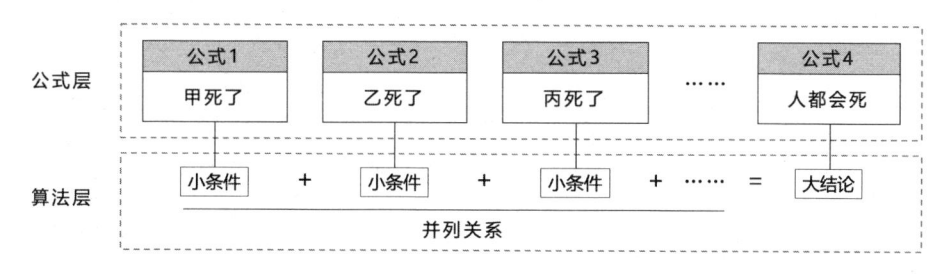

```
公式层:  [公式1 甲死了]  [公式2 乙死了]  [公式3 丙死了]  ……  [公式4 人都会死]
算法层:  [小条件] + [小条件] + [小条件] + …… = [大结论]
         并列关系
```

图 1-1-4　归纳推理思维逻辑拆解

"归纳法"和"演绎法"是人类认知世界最重要的两种思维方式，它们构成了辩证唯物主义科学的基本研究方法。归纳法在发现规律时拥有更为广泛的余地，而演绎法则拥有更强的准确性，当它们结合使用，就可以帮助我们更完善、更准确地发现科学规律。

生活中，我们也时时刻刻都在用这两种方法认知事物，只是大部分时间我们没意识到而已，可以说是"百姓日用而不自知"。

　　由此我们总结一下，人不仅能直接感知事物，认识事物的表面联系和关系，形成"公式"储存在大脑，还能运用算法去处理这些公式，头脑中已有的知识和经验去间接、概括地认识事物，揭露事物的本质及其内在的联系和规律，形成对事物的概念，进行推理和判断，解决面临的各种各样的问题，这就是思维的形成。一切思维都离不开信息和逻辑的双重作用，都是"公式"加"算法"的最终结果。

第2节　思维认知的本质，是模型的建立与复用

大脑思维的"模块化认知"

通过前面的描述，我们可以把大脑想象成一个容器，里面塞满了成千上万个"公式"，它们之间纵横交错，相互呈现出各种各样的"算法"联系，从而构成了思维逻辑。这时问题出现了，大脑中存储了这么多"公式"，我们的大脑处理起来不会混乱吗？

大脑当然有它的解决方案——答案就是"模块化"。

我们可以做一个小测试，看一眼下面的数字，然后遮住它，看看你能记得几个。

3865756710074338

怎么样？是不是就记得七个左右？当然，记忆力超群的大神另当别论。

现在让我们再来看一眼这组数字：

3865　7567　1007　4338

如何？这下是不是记住得更多了？我们把一串16个无序的数字给分成了4个组，每组只有4个数字，只要我们记住了这4组，我们很容易的记住了这16个数字。

有研究证明，我们的大脑在短期的记忆里面只能够记到七个元素左右的信息量。刚才的例子中有16个元素，这远远超出了我们大脑所能处理的极限。经过分组后，从16个元素一下缩减到4个元素，大大减少了大脑的工作量，所以就很轻松。

似曾相识吧！这就是我们的银行卡上的账号为什么要进行分组的原因。据说最早的银行卡号是没有这种分组的，就是一串没有规律的数字密密麻

麻地排在一起。后来在实际转账、查询过程中经常出现号码出错的情况，于是某银行率先对16位卡号按照4×4分组显示，出错率一下子就降了很多。后来其他其他银行纷纷跟进，也将银行卡号改成了这种分组显示的形式。

除了银行卡号，我们在记手机号的时候，也会不自觉地用到这种"模块化"的方式帮助记忆。例如有的人喜欢344的排序方式，也就是×××　××××　××××；有的人喜欢443的排序方式，也就是××××　××××　×××。网上甚至还有通过手机号排序的规律洞察一个人性格的心理测试，说什么喜欢344排序的人智商更高，更加理性；喜欢443排序的人做事普遍比较认真，性格直率等。当然这些并没有什么科学依据，却从另一个方面展现了"模块化"记忆的高效之处。

这就是我们大脑的最重要的工作方式：模块化认知。模块化认知极大提升了大脑处理信息的效率，降低了信息处理的出错率。

模型是思维活动的"最小模块"

大脑在存储这些"公式"与"算法"的时候也是如此。大脑会对它们进行模块化分组，将同类的、关联性强、功能相同的"公式"与"算法"放在同一个模块里。就像一个一个的抽屉，每个抽屉分管着不同功能，从而对信息进行分类管理。例如，主管颜色认知的"公式"与"算法"在一个模块，主管形状认知的"公式"与"算法"在另一个模块。就像树叶汇聚于树枝，树枝汇聚于树干，最终形成庞大的大脑认知体系。

我们把大脑想象成一个渔网，而这些繁杂而零散的"公式"就像一个一个的积木。用渔网去装零散的积木，结局显而易见，积木就会漏掉。但如果积木按照"算法"关系搭建成模型，就不会从渔网中漏掉了。（如图1-2-1所示）

到这里，我们讨论的主角"模型"就呼之欲出了。万维钢在《万万没想到》一书中说到，"人所掌握的知识和技能绝非是零散的信息和随意的动作，他们大多具有某种'结构'"。我们把它称之为"思维模型"。

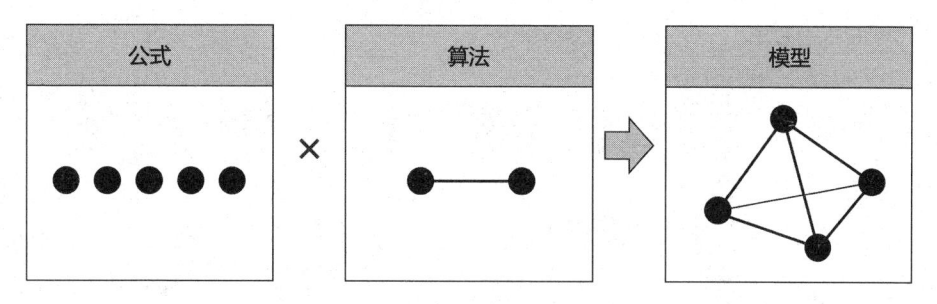

图1-2-1 "公式""算法"与"模型"

认知心理学上对思维模型的定义比较复杂，它是指人类凭借外部活动逐步建立起来并不断完善着的基本的概念框架、概念网络，是思维活动特征的总和或整体。思维模型体现了主体能动地反映客体的一种符号性能力，是主体改造客体的某种规则。

这段"学术定义"看似晦涩难懂，其实我们可以将其理解为，我们的一切思维活动，包括认知、逻辑、运算等，都是以模型为单位进行的。我们认知这个世界，本质上讲是在认知一个又一个的模型。

带着这样的思维，我们重新还原一下大脑产生认知的全过程。我们首先认识的是自己的感觉现象，比如颜色（视觉）、味道（嗅觉）、声音（听觉）、触感（触觉）等。然后通过对感觉现象的划分、组织和解释，最后才逐渐认识了各种事物。当一种感觉现象，比如香蕉的形状和颜色，存储于我们的记忆之中后，在我们的大脑中就形成了关于这种形状和颜色的概念模型。（如图1-2-2所示）当我们再次看到与之相似的形状和颜色时，我们大脑里的概念模型就会被激活，它会与我们观察到的形状和颜色进行匹配。如果能够匹配成功，就表示我们认识，如果匹配不成功，就表示我们不认识。

我们所谓的认知也就是在人的大脑中形成各种各样的概念模型——把各种感觉现象以及对现象的各种解释等，按照一定的方式关联在一起，形成一种记忆。

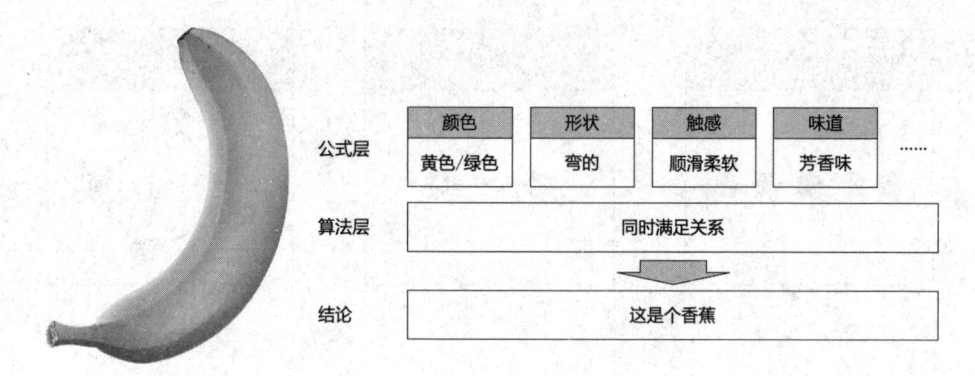

图1-2-2 "香蕉"概念认知模型

概念模型是按照一定的方式关联在一起的一组记忆，当其中的一种记忆被激活时，与之相关联的其它记忆也就会按照一定方式被激活。比如，在形成"香蕉"这个概念模型时，人们是把它的颜色、形状、气味、味道、口感和手感等关联在一起形成记忆的。当我们再次闻到香蕉的气味时，相关的这些记忆就会被激活，在这个时候即使我们没有看到香蕉，我们也能猜想出它是一个香蕉，而且还能够大概知道它的颜色、形状、味道以及口感和手感，甚至能想到猴子、月亮等。所以说，一个概念也就是一个思维模型，当这个模型中的某一部分被激活时，人们便能够按照这个模型的关联方式联想起它的其他部分。

人类的认识就是这样的：首先认识了自己感觉到的各种现象，然后对这些现象进行划分和组织，并对这些现象之间的关系进行解释，最后建立起一个描述和解释这些现象的思维模型。思维模型的作用就在于，它能够把人们对认识对象的各种感知有机地组织起来，当人们再次遇到相同的或者相似的认识对象时，就不需要再重新认识它，而是可以利用这个模型去匹配它，这也就是我们所说的认识。

在皮克斯著名电影《机器人总动员》中有一个经典片段，垃圾分类机器人瓦力捡到了一把既像勺子，又像叉子的工具，它拥有勺子的主体结构，但前端却有叉子一样的梳齿。可爱的瓦力在勺子和叉子的分类框前犹豫了一会，最终无法完成分类。（如图1-2-3所示）

图1-2-3 机器人瓦力不知"叉勺"如何分类

这是因为在瓦力的"大脑"中存在"勺子"和"叉子"两个模型,而这个"叉勺"的结构既符合"叉子"模型,又符合"勺子"模型,所以瓦力判定这个工具既属于勺子,也属于叉子。但如果一定要将它划分到"勺子"或"叉子"的分类中,瓦力就犯了难。(如图1-2-4所示)

图1-2-4 "勺子"与"叉子"认知模型

除了概念,大脑的很多逻辑行为,也是以模型为单位进行的。例如,当我们对比两个数字大小的时候,实际上在大脑中出现了一个对比判断模型。想一想,我们的大脑为什么会认为5大于3?这可不是"公式",因为我们小的时候也没有背过"5大于3""3大于2"之类的口诀,而是当我们想要比5和3的大小时,在我们的大脑中出现了一个类似于数轴的模型。这个"数轴"模型是人工定义的,1—9依次排开,越往右边,数值越大;越往左边,数值越小。而5在3的右边,所以5大于3。(如图1-2-5所示)

仔细想想,这个数轴模型在小时候爸爸妈妈教我们数数的时候就建立起来了。

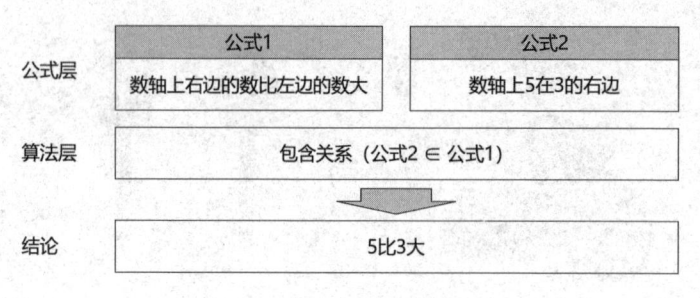

	公式1	公式2
公式层	数轴上右边的数比左边的数大	数轴上5在3的右边
算法层	包含关系（公式2 ∈ 公式1）	
结论	5比3大	

图1-2-5　数字大小对比判断模型

而当我们判断369和382谁大时，我们的"数轴"并没有那么长。这时，我们会定义另一个多位数对比模型，即对于两个多位数，我们会先从最高位开始依次对比。最高位大的，则这个数更大；如果最高位相同，则对比次高位，次高位大的，则这个数更大。依次类推。（如图1-2-6所示）

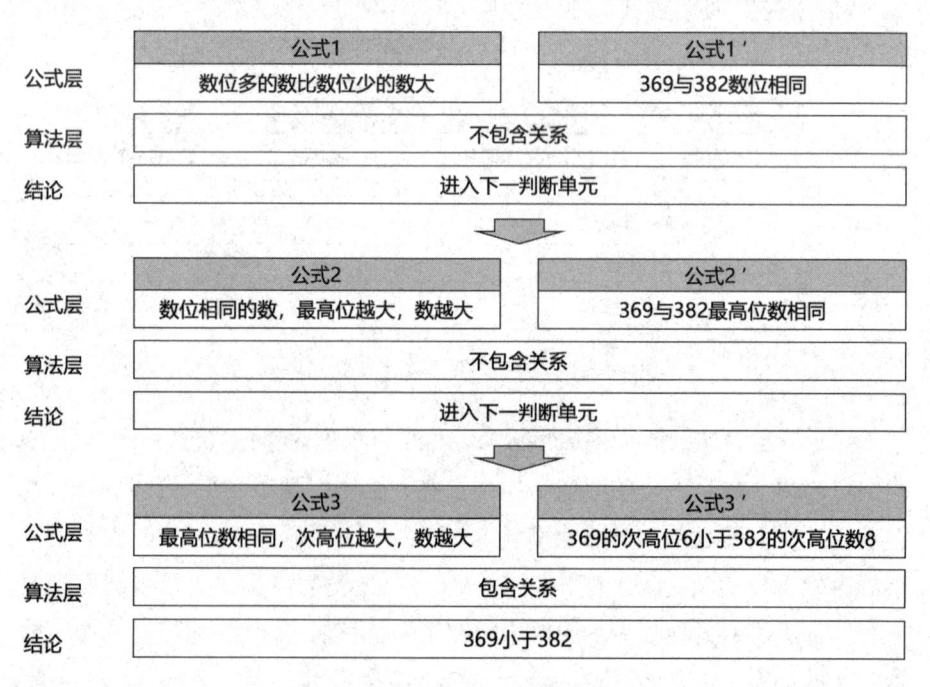

	公式1	公式1'
公式层	数位多的数比数位少的数大	369与382数位相同
算法层	不包含关系	
结论	进入下一判断单元	
公式层	公式2	公式2'
	数位相同的数，最高位越大，数越大	369与382最高位数相同
算法层	不包含关系	
结论	进入下一判断单元	
公式层	公式3	公式3'
	最高位数相同，次高位越大，数越大	369的次高位6小于382的次高位数8
算法层	包含关系	
结论	369小于382	

图1-2-6　多位数大小对比判断模型

当我们对一系列数字进行大小排序时，我们大脑用到的是轮动对比模型。以从小到大排序为例,原理是选取第一个数为基准,然后后面的数依次与前数进行大小比较,小的数放在前面,大的数放在后面。当我们依次轮动对比完时,所有的数也就按照从小到大的顺序排开了。

而计算机在"思考"这个问题的时候则更有意思,它会用到一个"递归对比模型"。

首先,计算机会设定一个分界值,通过该分界值将数组分成左右两部分。将大于或等于分界值的数据集中到数组右边,小于分界值的数据集中到数组的左边。此时,左边部分中各元素都小于分界值,而右边部分中各元素都大于或等于分界值。

然后,左边和右边的数据可以独立排序。对于左侧的数组数据,又可以取一个分界值,将该部分数据分成左右两部分,同样在左边放置较小值,右边放置较大值。右侧的数组数据也可以做类似处理。

重复上述过程,可以看出,这是一个递归定义。通过递归将左侧部分排好序后,再递归排好右侧部分的顺序。当左、右两个部分各数据排序完成后,整个数组的排序也就完成了。(如图1-2-7所示)

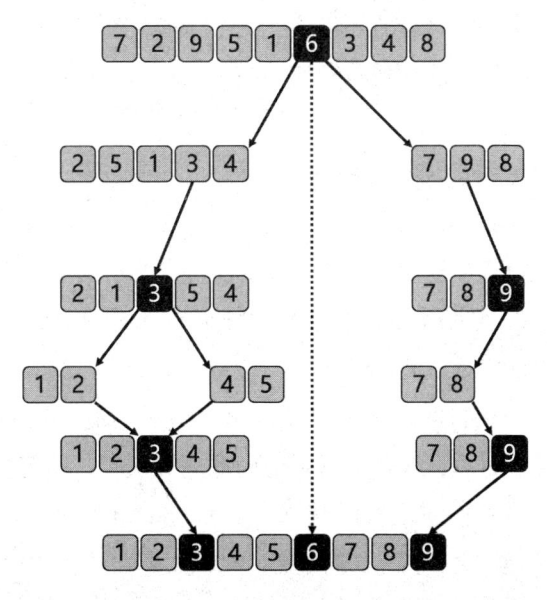

图1-2-7 计算机递归对比判断模型

AI人工智能的自我学习，也遵循着这一原则。计算机看似聪明，其实只会0和1的运算；人工智能之所以能认知、理解这个世界，是因为它把世界所有的信息划分成一个又一个的模型，供它记忆、学习。例如，人工智能在记忆完海量的人类自然对话后，会发现当人们说完"中华"二字时，后面大概率会跟着"人民共和国"或"民族"；当两个人的对话以"吃了吗"开头时，人工智能便知道他们刚刚见面。当数据量足够大的时候，计算机就会有足够多模型去套用，以便适应不同的语言场景。

现代学科中有各种模型，比如经济学上有价格模型、需求和供应模型、蒙代尔–弗莱明模型等；各学科中的定律、公式本身也是一种模型，比如爱因斯坦的$E=MC^2$，解释了能量和物质之间的关系；甚至我们平时不经意之间说出来的谚语，本质上也是模型。比如，人们发现，如果着急想要干一件事情，结果反而很难干成，总是这里那里会出问题，而且还花费了很长的时间和很大的气力。这时，你就可以把这个发现总结提炼一下，抽象称为一个模型，叫做：欲速则不达。

模型，是人类对复杂世界认知过程中的一种快捷方式，一种抽象。我们从经历中感知到一些规律性的东西，通过抽象，将其清晰地表达成谚语、图像、公式、定律等，这些就是所谓的模型。

模型的"认知启发"效应

认知心理学中有个概念，叫做"认知启发"。指的是我们在判断他人的时候，并不是根据当前所看到的对方的特征来判断的，而是结合过去的经验，在大脑中搜索与对方类似的人。

每个群体都有独特的行为风格，其群体成员总有共同特征，而我们对某一个人的判断总是基于脑海中对于他们那一类人的共同特征而进行的。这个过程的实质，是我们在多次见到同一类特征的事物时，就在大脑中对这个类别或者群体建立了一个认知模型。久而久之，这个群体性认知模型就会占据主导，让群体共性特征的印象先入为主，而忽略个体的独特性，也就是形成了我们常说的"刻板印象"。

第一章 模型是思维认知的基本方式

前面我们讲到的"归纳推理",其本质就是建立"认知启发"模型的过程。然而,归纳推理的结论也并非完全准确,当个人特征与其他成员不一致时,认知启发就会产生基率谬误,即忽视事物发生的概率而进行错误判断。例如当我们看到99.99%的天鹅都是白色的,我们就认定天鹅就是白色的,直到有一天出现了一只黑色的天鹅。这就是我们所说的"黑天鹅事件"。

我曾经听过一个思维科学教授的公开课,这个教授在演讲开始时向在场的观众提出了一个有趣的问题:世界上所有人的头发数相乘,等于多少?面对这个问题,我的第一反应是全世界有70亿人,每个人有数不清的头发,这么多人的头发相乘,答案应该是无穷大吧?现场有跟我一样的想法的人不在少数,教授却不断摇头。后来有一个人终于回答正确。他淡定地说答案应该为0,因为世界上这么多人,总会有人没有头发,也就是头发数为0,而0乘以任何数都等于0。

当我听到这个答案,简直拍案叫绝,同时也开始反思为什么我就没想到呢?而当摄像机给到这个唯一答对者的特写的时候,我心里已经有了答案——他是个光头!

这个事情给我们的启发是,我们每个人都根据自己的经历,在大脑中建立了一系列"认知启发"的模型,根据自己大脑中的这些模型对事物进行判断。我们大多数人之所以想不出正确答案,是因为我们大多数人都是有头发的,所以潜意识里认为人都有头发。

"认知启发"模型的一大特性就是喜欢走捷径,即我们在认知的时候并不会对认知对象的所有信息去进行感知和加工,而是倾向于走近路,感知那些最明显、对判断最必要的信息。这些信息由于有走捷径的倾向存在,就导致了一些错误偏差。这就是我们常常说的"认知吝啬鬼"的现象。

我们常常在短视频平台上看到这个案例:

小帅:说十遍"月亮"。

小美:月亮、月亮、月亮、月亮、月亮、月亮、月亮、月亮、月亮、月亮。

小帅:说十遍"月饼"。

小美:月饼、月饼、月饼、月饼、月饼、月饼、月饼、月饼、月饼、月饼。

　　小帅：后羿射的是月亮还是月饼？

　　小美：月亮！

　　小帅：哈哈哈

　　小美：你笑什么？后羿射的当然是月亮啊，难道是月饼吗？

　　小帅：后羿射的是太阳！

　　这就是典型的"认知吝啬鬼"，我们不愿意对交流的内容尤其是比较复杂的部分进行过多的脑力资源投入。这时，认知启发模型就成了最优解，因为毕竟套用模型是大脑最轻松的信息处理方式。

第3节　模型是现实世界在大脑中的映射

无可否认的是，世界的本相是极为复杂的；而这种复杂性，远远超出了我们的想象。地球上有数以十亿计的人类、大几个数量级的生物、不胜枚举的物品；它们之间的联系，更是错综复杂、不可胜数。为了解决世界的复杂本相与人类有限的认知与处理能力之间的矛盾，将复杂的世界简单化，是唯一的选择。

我们如何将复杂的世界简单化？一般的思路是，抓住主要事物和关键联系，忽略次要事物和非关键联系。我们人为地将复杂的、不可割裂的事物或系统简单化、割裂开，成为我们可以掌握并运用的模型。就这样，真实世界投射到了我们的大脑，变成了认知世界；大脑的认知结构，往往就是环境结构的"镜像"。

模型将具象的世界抽象化概括

模型有一个重要的特性，就是可以将具象的世界抽象化概括。

我们所处的世界由无数的信息构成，形状、颜色、味道、声音等。这些信息纷繁复杂，包罗万象，但同时它们也是客观、具体、直白地存在的。我们在认知世界的时候，大脑并不是将这些具象的信息直接1比1地复刻到脑海中，而是常常会对信息的规律进行总结、概括、分类，衍生出一些抽象化的概念或者印象，从而对具象的信息进行映射。

举个例子，试想一下当我提到数字"3"的时候，你的大脑中是不是有一个具象化的认知？不管是3个苹果，3个人，还是3条狗，1个、2个、3个，就像数数一样，你清楚地知道3个到底是几个，这就说明你对数字"3"的认知就是具象化的。而当我提到"1亿"时,你的大脑中可能就没有一个具体的认知了。这个时候"1亿"就变成一个模糊概念,你只知道"1亿"大概是密密麻麻的一片,但"1亿"究竟是多少个,我们是没有直观认知的。你甚至可以对"1亿"进行拆解,例如把"1亿"拆成1万个1万,以帮助我们对"1亿"这个概念的理解。但即便如此,也改变不了"1亿"是个概念而不是具体认知的事实。

同样的,当我们谈到一只具体的猫的时候,可能会谈论它的花色和毛长等特征;而我们在谈论"猫"这个概念时,头脑里大概只有一个猫的轮廓,而不包括花色和毛长那些具体特征了。

早期人类的思维,表现为一种直观而浑沌的整体思维。所谓思维的直观性,是指思维具有的感性具体性,即思维还没有从感性具体中分离出来,一切思想意识的发生,都是由从某种具体的刺激物所引起,一切"思想"经验的交流,都要借助某种具体的或形象的实物、坐标、手势等媒介,才可实现。例如,他们没有抽象的"头"的概念。而只说"你的头,我的头"等,或者运用形象的"会意",表示事物的某些属性,如"硬的"就说"像石头","长的"就说"像树枝"等。

同样地,在没有"猫"这个概念之前,世界上的猫只是一群互不相关的小动物,它们有白色的有黑色的,有长毛的也有短毛的,有折耳的也有竖耳的。当然它们也有很多相同点,例如头都是圆的,前肢五趾后肢四趾,脚掌上都有肉质的垫,都善于跳跃,都会发出"喵喵"的叫声。正是因为这样的一些相同的特征,也就是共性,所以人们把它们归为一个品类,并且用了一个概念"猫"来对它们进行概括。(如图1-3-1所示)

共性,是具体事物的属性中与测量尺度或规律相似的一种属性现象。苹果是圆的,月亮也是圆的,要确认苹果及月亮的共性,首先需要"圆"这样的测量尺度或规律存在,然后才有这样的共性产生。世界上没有一片完全相同的树叶,这是现实的真正本质。唯有抽象出单一、纯粹、较少受到干扰的关系与作用,并对这种关系和作用进行观察、研究,才有可能找到各种各样事物对象的共性。

- 头是圆的
- 前肢五趾后肢四趾
- 脚掌上都有肉质的垫
- 善于跳跃
- 发出"喵喵"的叫声

图 1-3-1 "猫"的概念特征

这便是人类的抽象化思维。人们在认识和改造世界的过程中，通过抽象化思维对事物进行分类，创造了数不胜数的概念，例如动物、植物、微生物，而动物的类目下又包含猫科动物、犬科动物等，猫科动物下又包含猫、狮子、老虎等。

概念是一种抽象化的强大工具，它是我们人类在认知过程中产生的一种概括表达。概念可以帮助我们对现实世界中的复杂事物进行抽象定义，将事物的共同本质特性抽象出来，也可以对深奥的思想进行抽象总结。概念工具的引入帮助我们理解一切，包括现实世界的万物与人类的思想。现代各门学科的发展更是离不开概念，物理学、心理学、语言学、数学甚至是哲学都大量运用了概念，我们随便翻开一本教材都能发现各种人为定义的概念。

上一节我们提到，这些概念的本质，实际上是在人类大脑中建立了关于这个概念相对应的模型。而这个模型的建立过程实际上是将概念从具象中抽离出来，抓住共性而忽略其他个性的过程。例如，猫这个概念的定义，叫做一种头圆、颜面部短，前肢五趾、后肢四趾的小型猫科动物。只要符合这些特征的动物，都可以称之为猫。即便有的猫是白色的，有的猫是黑色的；有的猫是长尾的，有的猫是短尾的。由此可见，头圆、颜面部短、前肢五趾、后肢四趾这是猫这个概念的共性，而毛色、尾巴长度、耳朵形状这些，都属于个性。

所以，要想正确定义一个品类的概念模型，就需要对这个品类的本质属性，也就是对共性，做正确的归纳和描述。

《哲人言行录》里记载着这样一个小故事。柏拉图曾经把"人"定义为没有羽毛的两脚直立的动物。于是他的一个学生就找来了一只鸡，把鸡的羽毛全拔掉，然后拿给他："没有羽毛、两脚直立的动物，看，这就是柏拉图所说的'人'。"显然，柏拉图对"人"的定义并没有反映出"人"的本质属性，只是指出了一些外在形式上的区别，所以闹出笑话。

当然，人们对一些概念的正确建立，并不是一蹴而就的过程，概念的形成过程其实就是人的认识不断加深的过程。人对事物的认识首先是感性认识，即人们在实践过程中，通过自己的肉体感官直接接触客观外界而在头脑中形成的印象。例如，在大多数人的眼里，能在水里游的脊椎动物就叫做鱼，而海豚却不是鱼。感性认识是对各种事物的表面的认识，一般都是非本质属性的认识。如柏拉图对"人"的定义便是感性认识。在感性认识的基础上，通过分析、综合、抽象、概括等方法对感性材料进行加工，从而把握事物的本质，才会形成理性的认识。理性认识就是对事物本质规律和内在联系的认识，具有抽象性、间接性、普遍性。理性认识是认识的高级阶段，概念一般也是在人的认识达到理性认识阶段的时候才得以形成的。在对"人"的定义上，便十分鲜明地显示了人们的认识逐渐深入的过程。

我们来简单看看人类对于"人"这个概念的认知，都经历了哪些过程。

古希腊时期，柏拉图对"人"的定义是"没有羽毛的两脚直立的动物"，这个已经分析过，"没有羽毛的两脚直立"是基于表面认识的非本质属性，而并没有抓到"人"的本质属性。

同时期的亚里士多德对"人"的定义是：人是城邦的动物。这个定义而今看来也并不准确，因为城邦只是人类社会的一种表现，有很多原始部落的人并没有城邦的概念，但从生物学意义上讲，他们就是人。

中国的春秋战国时期，荀子对"人"的理解是："人之所以为人者，非特以二足而无毛也，以其有辩也。"意思是人之所以为人，在于人会思辨。这个定义的局限性在于，过于窄化人的范围。会思辨的人只是人的一种，植物人不会思辨，那植物人就不是人了？刚出生的小宝宝不会思辨，那么小宝宝就不是人了？

到了近现代，人们对于"人"的理解更加多元化。近代马克思对"人"

的理解是：人是一切社会关系的总和。意思是人基于某种需要在一定的社会关系中、在所从事的实践活动过程中不断生成的历史存在物，即为我的、自觉的、社会性的实践活动过程中的生成物。这是对人的社会学上的定义。

而现代生物学对"人"的定义是："2号染色体和猩猩甲条染色体着丝粒融合（平衡易位）缔合模式接近度超过16N，并臂间多次倒位，其余染色体都有很强的同源性的一种高级动物。"

著名哲学家张荣寰则认为：人的本质即人的根本是人格，人是具有人格（由身体生命、心灵本我构成）的时空及其生物圈的真主人。

《现代汉词语典》对"人"的定义是：能制造工具并能熟练使用工具进行劳动的高等动物。

从上面"人"的定义的演变过程来看，概念的形成过程便是人从感性认识逐渐上升至理性认识，从对事物的非本质属性到本质属性认识的过程。

同时我们可以看到，一个概念模型的建立，可能不止局限在一个维度，有的时候可能需要多个维度。比如"人"这个概念模型的建立，就需要三个层面，即人的自然性、社会性、精神性。柏拉图认为"人是没有羽毛的两脚直立的动物"，是试图从人的自然性属性来定义人；亚里士多德的"人是城邦的动物"、马克思的"人是一切社会关系的总和"，是试图从人的社会性属性来定义人；荀子的"人之所以为人者，以其有辩也"、张荣寰的"人的本质是人格"是从人的精神性属性来定义人。

所以，广义上"人"的概念模型，包含自然性、社会性、精神性，三个层面缺一不可。（如图1-3-2所示）

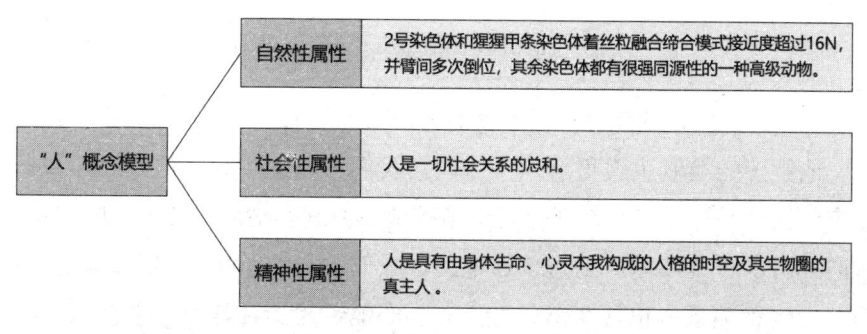

图1-3-2 "人"的概念模型

模型将事物简化成本质特征

学生时代的课本中，不管是数学、物理，还是地理、政治，经常会对一些概念下定义。其实下定义的过程，就是寻找事物本质特征及规律的过程；而所谓的"定义"，其本质就是一个模型。例如三角形被定义为"不在同一直线上的三条线段首尾顺次连接所组成的封闭图形"，这样的一个定义，就把三角形的特征拿捏得死死的。抓住了特征，就抓住了规律。不管是锐角三角形、直角三角形，还是钝角三角形，只要符合这个定义，就都是三角形的。（如图1-3-3所示）

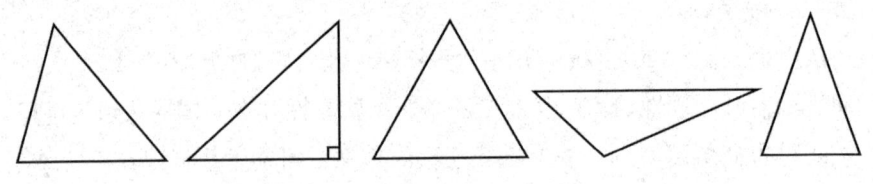

图1-3-3　各种各样的"三角形"

这里需要强调的是，事物的本质特征及规律也是人定义的，它反映了人们对这个事物的认识。如果我们只把三角形认为是"具有三个尖角的图形"，那么如图1-3-4所示的这种图形也可以称之为"三角形"了。

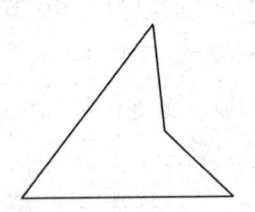

图1-3-4　具有三个尖角的图形不都是"三角形"

所以这里所说的抓住"最本质的特征"，尤为重要。

地铁图的绘制也遵循着这一原则。我们可以想一想，地铁图与普通地图有什么不一样。普通地图更要求精准地还原现实情况，两点之间的距离、方向都追求分毫不差。通过普通地图，人们关心的是要能够看出两个地点的相对位置关系，包括距离、方位等。而地铁建造在地下，乘客们最关心的信息是有哪些线路、站点的分布顺序等，所以地铁线路图一般更偏向于可读性和设计感。

换句话说，地铁图需要反映的"本质特征"，是站点的分布顺序与换乘信息，而非各个站点的相对距离与方向。

如果按照真实地理信息来绘制地铁线路图又会发现，发达的市中心地区线路密集、站点庞多，而远离市中心的郊区站点又很稀疏，浪费了很大的空间。正因为各个站之间的距离和方位大相径庭，画出来的图可读性非常差。

要怎么解决这个问题呢？答案就是"抓住主线"。我们可以看到，抽象化的上海地铁图与实际路线图不同，图中的车站间距与实际间距不成比例，路线也大多以水平、垂直和45度角来表示，并且用不同颜色来区分线路。这种设计虽然没有准确地映射现实情况，但是由于凸显了最主要的因素——路线、车站等的拓扑关系，而使乘客一目了然。这也说明了抓住主线的重要性。优秀的思考者会对问题相关的各种因素进行梳理，识别出最重要的因素，并将那些次要的因素故意"视而不见"，这种问题简化技巧方便思考者更清晰地分析主线的前因后果，并作出正确的判断。

所以，地铁图作为地铁真实路线的模型，是对真实世界的抽象，是一种形式化的结构。"抓住主线"的过程，实际上就是总结地铁路线分布"本质特征及规律"的过程。

虽然模型是真实世界的简化版，但这并不影响模型解释、预测、研究解决问题。美国极简主义画家乔治娅·吉弗说：没有什么比现实主义更不真实了，因为细节令人困惑。只有将事物简化成最本质的特征，我们才能获得事物的真正意义。

模型剥离了不必要的细节，而且精确定义了各个实体之间的关联，给我们提供了一个基于逻辑的抽象认识世界的视角。通过建立模型，我们能够捕捉现实世界中事物之间的关联关系，从而更好地理解其内在运行机制，帮助我们探索世界的本原。

科学研究的不是真实世界，而是真实世界的模型

1998年菲尔兹奖得主、英国数学家高尔斯说过一句话：数学所研究的

并非真正的现实世界，而只是现实世界的数学模型，即所研究的那部分现实世界的一种虚构和简化的版本。

"模型"和"建模"是人类认识世界和改造世界的必由之路。

由于客观世界的复杂性和无限性，人们在某一个具体阶段，对于客观世界的认识总是简化了的，只能从有限的某个部分或某个方面描述和反映客观世界，即总是从客观世界的无限的属性中，选择出主要的、当前关注的若干属性，形成对于复杂系统的一个简化的"版本"，这就是所谓"模型"，建立模型的方法和过程则称为建模。

在更多英文文献中，这里"简化"的措辞更多是 idealize，而不是 simplify。确实，从某种意义上，模型的建立比起"简单化"更像是"理想化"。建模实际上是在做减法，是舍弃与问题无关的部分，或者说是有意识的舍弃目前还无法处理的那部分复杂性。人们也正是依靠模型，来确认自身能力的边界。

世间万事万物都有"数"和"形"两个侧面，数学就是撇开了事物其他方面的状态和属性，单纯研究现实世界中空间形式与数量关系的科学。规律反映的是在动态变化过程中变量与变量之间始终存在一种普遍、稳固、必然的联系，这种函数关系就是数学模型。

小学数学中经常出现"鸡兔同笼"的应用问题。有若干只鸡兔同在一个笼子里，从上面数，有35个头，从下面数，有94只脚。问笼中各有多少只鸡和兔？

当我们分析这类问题的时候，实际上就是去除了无关紧要的状态和性质，构建了一个最核心最本质的理想化数量关系模型。

例如，题中只说了若干只鸡与兔，那么我们为什么不用考虑鸡是什么品种？是公鸡还是母鸡？是中国芦花鸡还是美国火鸡？兔子是灰兔还是白兔？是折耳兔还是竖耳兔？这些因素不确定，对题目的结果有没有影响呢？

我们当然知道是没有影响的。因为鸡和兔子的所有个性特征，例如品种、毛色、公母，产地，都是来自"真实世界"的属性。而我们在考虑"鸡兔同笼"问题的时候，这些个性特征是无关紧要的，真正对结果产生影响的是"一只鸡2只脚"和"一只兔子4只脚"的共性特征。也就是说，我们剔除了真实世界中无关的因素，把鸡抽象成"具有2只脚的动物"模型，把兔子抽象成"具有4只脚的动物"模型，再对这个抽象简化的模型进行数量关系的研究。

我们再举一个例子。回想一下，小的时候爸爸妈妈是怎么教我们加减法运算的？大部分的父母会找到一个实际的场景，比如先给孩子5支铅笔，然后拿走2支，问孩子还剩几支。孩子通常就会去数手里的铅笔，1支、2支、3支，于是他明白了5-2=3。

5-2=3只是一个数学等式，它为什么能代表5支铅笔拿走2支后的这种数量情景呢？这是因为，在爸爸妈妈的训练下，我们的大脑中形成了一个模型，叫做总量模型。

这种模型讲述的是总量与部分量之间的关系，其中部分量之间的地位是平等的，是并列的关系。因此在这种模型中，部分量之间的运算要用加法。如果单纯从数学计算的角度考虑，还可以称这个模型为加法模型。这种模型具体表示为：总量=部分量+部分量，或者用直观图来表示，两个整数a和b相加时，把相应的方框两端连线并去掉中间的相隔线，加法的意义就通过这个直观图表示出来了。（如图1-3-5所示）

图1-3-5　总量模型示意

显然，模型中的部分量不局限于两个。可以用这个模型来解决现实生活中一类涉及总量的问题，这样的问题在生活中是屡见不鲜的。比如，计算图书室中各类图书的总和是多少，计算在商店中买几种商品的总花费是多少，计算年级中各个班总人数是多少。当然，我们还可以针对现实生活中具体问题背景灵活地使用这种模型，比如把加法运算变为减法运算：部分量=总量-部分量。

所以，5-2=3除了可以代表"5支铅笔，拿走了2支，还剩3支"，还可以表示"有5瓶牛奶，喝掉2瓶，还剩3瓶"，也可以表示"树上有5只小鸟，飞走2只，还剩3只"……我们可以举出无数的场景，但这些场景最本质的特征，就是我们说的总量模型。理解了总量模型，也就理解了加减法。

数学是一切科学的基础。数学的研究实际上是把真实世界的问题抽象成了数学模型，即通过抽象，在现实生活中得到数学的概念和运算法则，通过推理得到数学发展，然后通过模型建立数学与外部世界的联系。

所以，数学应用的基本方式是将实际问题化为相应的数学问题，然后对这个数学问题进行分析和计算，最后将所求解答回归实际，看能否有效地回答问题。如果不能，再从头调整，直到基本满意为止。这个过程中用到的一个重要的思想，就是建模思想，即为所考察的实际问题建立数学模型。在后文中，我们将继续就数学模型对现代科学的重要意义展开探讨。

第4节　模型是思维结构的具象化展现

工作中，我们或许都遇到过这样的情况：同样沟通事情，有的人三句话就能说清楚，而有的人可能说了10分钟也说不到重点；同样是做汇报，有的人用2页PPT就能说服对方，而有的人可能写了20多页还要被反问想表达什么；同样是阐述解决方案，有的人清晰地讲出背景、问题、原因、影响和举措，而有的人挤牙膏式地回答一句紧接着再被问一句。

如果说一个人沟通效率低，语言表达能力差是一个因素，但还有一个更关键点：思维结构不清晰。那么，什么是思维的结构呢？

我们还是要回到人类大脑的工作机制上来。大脑在处理信息时候有两个规律：第一，不能一次处理太多信息，太多信息会让我们的大脑觉得负荷过大；第二，大脑喜欢有规律的信息，对有规律的信息处理起来效率更高。

所以，当大脑面对过多无序的信息时，需要按照一定的范式、顺序、规律对这些信息建立逻辑关系，形成有规律的结构，从而完整、清晰地看到每一面和每个点。这便是思维的结构。

表达能力强的人，不是比你更聪明，而是知道大脑这个特点，更懂得通过有效的结构化思维模型，快速对信息进行归纳和整理。

点状思维、线状思维与树状思维

大脑最基础的思维结构是点状思维。点状思维是一种非常片面的思维，只能看到问题的表面，但是不具备了解事物原因和本质的能力。点状式思维下的所有知识或者认知都是独立的、零散的，没有相应的联系的，从而造成"只见树木，不见森林"。（如图1-4-1所示）

图1-4-1　点状思维示意

点状思维的特点就像前面所说的零散的"公式","公式"之间没有"算法"的联系,所以找不到相互的逻辑关联。一个创业者公司业绩上有问题,自己不知道哪里出了问题。有的时候听到朋友说是产品设计的问题,就去解决产品设计的问题。有时候看了一篇文章说团队激励可以提升业绩,又去关注团队激励。所谓的拿来主义,这也是很多人学到了很多知识却没有用的原因,因为他们只注意到了一些零散的问题点,并没有发现它们之间的联系。

比点状思维更高级的是线状思维。线状思维相对于点状思维,最大的升级就是有一条线索将这些点穿起来,从而形成一条完整的逻辑链路。线状思维不仅关注各个点的存在和关系,还能够将它们整合起来,形成一个更为综合和完整的观点。(如图1-4-2所示)

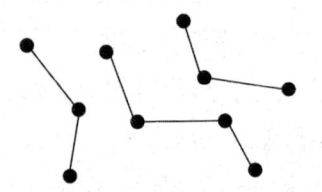

图1-4-2　线状思维示意

然而,线状思维也存在一些局限性。由于其侧重于逻辑的流程和线索的串联,线状思维可能倾向于局部问题的解决,在处理整体问题时可能会忽略整体的影响和内在的关联性。这就像盲人摸象,只能通过局部的触摸来推断整体的形象,而无法全面地了解和理解。

相比之下,树状思维是一种更加全面和综合的思维方式。它通过将问题或主题视为根节点,然后根据不同的分支和层级展开,逐步将问题细分并考虑各个相关因素。树状思维能够帮助我们发现问题的本质和核心,从

整体的角度来思考，并避免局部观点的片面性和偏差。（如图1-4-3所示）

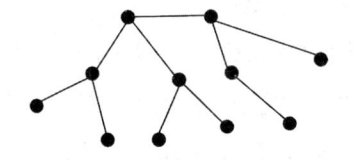

图1-4-3 树状思维示意

树状思维之所以更加高效，在于它为我们的大脑构建了一个有组织、有逻辑的结构。就好像我们建造大厦一样，一般情况是先把大厦的主体框架建设好，然后再往里面砌砖头、划空间等。我们在解决问题、面临选择以及与人沟通的时候，如果能够找到一个结构，将所有碎片信息放进去、进行归类，就能大大减轻负担，更容易地解决问题。

初时不识金字塔，回首已是塔中人

将点状思维整合成线状思维、再整合成树状思维的过程，就是我们常常说的"思维结构化"。说到思维的结构化，就不得不提到大名鼎鼎的《金字塔原理》。《金字塔原理》是麦肯锡咨询顾问芭芭拉·明托的经典著作，它是帮助我们结构化思考的方法论之一。

"金字塔原理"的核心观点是，任何一件事情都有一个中心论点，中心论点可以划分成若干个分论点，每个分论点又可以由若干个论据支撑。层层拓展，这个结构由上至下呈金字塔状。

在列举这些分论点和论据的时候，"金字塔原理"为我们总结了一个核心法则MECE，全称Mutually Exclusive Collectively Exhaustive，意思是"相互独立，完全穷尽"。它指导我们如何搭建金字塔结构。相互独立，说的是每个分论点彼此应该没有冲突和耦合，都属于独立的模块；完全穷尽，则是所有的分论点都被提出，不会有遗漏。MECE法则用通俗的语言来说就是"不重不漏"，就像把是一瓣一瓣的披萨拼起来，如果拼得正确那么最后一定是一瓣不多，一瓣不少，正好拼成一个完整的饼。

结构强调的是穷尽，也就是越多越好，而随着分论点的增加，结构会更加复杂，不便于梳理和总结，所以分论点需要控制在3到7个之间。

金字塔原理为我们提供了结论先行、以上统下、归类分组、逻辑递进的四点原则。结论先行即用一句简单的话概括整个信息，要求清晰、凝练、易懂，从对方的立场出发。以上统下是指表达要有层级，上层是对下层的概括和总结，下层是对上层的支持。归类分组的意思是层级内要进行分组，分组要相互独立、完全穷尽。逻辑递进则表示按照逻辑顺序组织信息，可使用演绎法按照what-why-how组织信息，或使用归类法按照时间、结构、重要性组织，或二者相结合。

假设你想出门打个羽毛球，你打开衣柜准备从里面拿衣服的时候你的妻子说："我想吃荔枝，你回来的时候买点荔枝，顺便买瓶酱油。"你拿出衣服，妻子走进了厨房，"再买点土豆和牛肉，中午咱们做土豆牛腩。"你穿上衣服走向门口，"做土豆牛腩还需要青椒，记得买点，再买点梨。"你打开房门，"还有小油菜，"你开始按电梯，"还有榴莲，"你走进电梯，"家里醋也快用完了，再买瓶醋。"如果你不拿个纸记下来，你还能记得要买哪些东西吗？当大脑发现需要处理的项目超过4个或者5个时，就会开始将其归类到不同的逻辑范畴中以便记忆。（如图1-4-4所示）

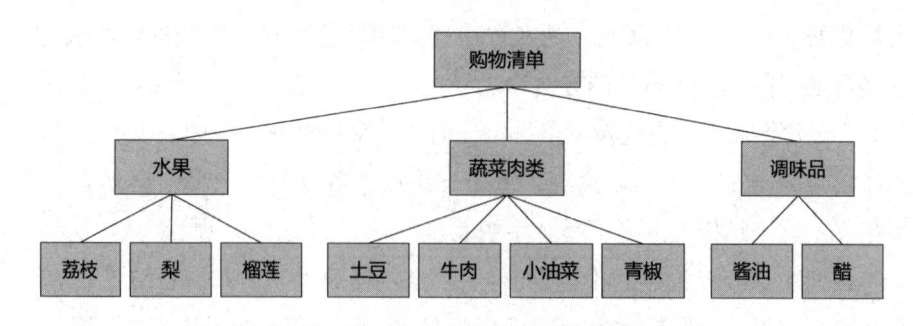

图1-4-4 购物清单的金字塔结构

这就是运用金字塔模型的方便之处，它帮助我们将思维结构化，就像一个一个的抽屉将信息分门别类，不重不漏，方便信息记忆与高效传递。

金字塔模型除了帮助我们整理信息，更大的意义还在于它揭示了思维与信息的基本规律。为什么我们在网站上最先看到的是一个标题，点击进去以后才能看到全文；为什么我在手机上看到的是一个图标，点击进去才能看到二级菜单，点击菜单才会看到相应的内容；为什么路边餐馆的招牌上只有名字，进店之后才会看到店里的陈设和菜单。真实世界和认知世界一样，也是由一层一层的基本"原理"和"概念"构成。不同的是，真实世界里，越是复杂结构越高级；而认知世界却是大道至简，越是顶层理论，在形式上越简单。

所以麦肯锡的金字塔原理的厉害之处，在于它并不是一项"发明"，而是一种"发现"。发明可能被环境所淘汰、替换，但发现是世界的客观事实与规律。不管是真实世界还是认知世界，信息都是按照金字塔模型的结构分布的，这也是基于人类大脑认知的基本规律。

思维的结构化是模型建立的基础

模型是思维结构的具象化载体。模型通过思维的结构化，将复杂的信息和概念整理成有序和可理解的形式，帮助我们以具体的、可视化和可操作化的方式来分析思维的结构，从而清晰地组织和表达自己的想法，推理和解决问题。

我们回过头来思考一下为什么金字塔模型统合的结构化思维可以帮助提升沟通效率。答案就在于人和人之间信息差——结构越上层，彼此之间信息差越小；结构越下层，彼此之间信息差越大。

当我们事先约定一个更高维度的思考模型，从更高层次的视角开始沟通，提供一个整体的框架，就能使对方能够更好地理解我们的思考和意图。这种上层结构化的沟通能够确保参与者对问题的理解有一个共同的基础，避免了沟通过程中的混乱和误解。

相比之下，如果一个人一开始就陷入最下层的细节之中，对方很可能会感到困惑和不理解。细节层次的沟通会导致信息量过大，难以理解和消化。此时，彼此之间的信息差会增大，沟通变得低效。

结构化思维模型帮助我们将复杂的问题分解为更容易理解和解决的子问题。通过层层展开，我们可以确保信息流动更为顺畅，彼此之间的理解更加一致。无论是在个人交流还是团队合作中，结构化思维模型都能有效促进信息的准确传递和理解。

因此,为了提升沟通效率,我们应该采用结构化思维。在沟通开始之前,先从更高层次的概念和原则入手,以确保沟通参与者之间有一个共同的框架。然后,逐步向下展开,解决更具体的问题。这样的沟通方式能够减少信息差,提高沟通效率,并促进团队合作和理解的深入。

思维导图也是一种常见的结构化思维模型。它以中心主题为核心,通过分支和连接的方式,展现出思维中的细分概念和它们之间的关系,从而帮助我们建立逻辑关系和层次结构,整理和组织思维。

通过思维导图,我们可以将复杂的问题逐层分解为更简单和易于处理的部分,并将相关的概念进行整合和归类,从而更好地理解问题的本质,并找到解决方案。我们还可以将相关的信息归类和组织起来,形成秩序和体系,帮助我们记忆和理解知识。在个人学习、项目管理、会议讨论等方面,思维导图都是一种非常实用的模型工具。

结构化思维实例:从表达中看思维的结构

最后,我们用一个例子来阐述结构化思维的特点。在一家互联网公司的面试中,面试官问了一个问题:简述抖音、快手这两个短视频平台的区别。

现场有甲乙丙三个求职者,我们从他们的回答中来复盘他们的思维结构。

甲同学的回答是这样的。

从内容调性上讲,抖音的内容比较"高大上"一些,而快手的内容相对比较接地气。从推荐算法上来说,抖音的算法更强一些,用户更容易刷到自己喜欢的内容,并且形成依赖,而快手在这方面则相对较弱些。从产品设计来说,快手以双列为主,社区氛围隆重,抖音则是以单列沉浸式为主,媒体性较强。(如图1-4-5所示)

```
                    推荐
                    算法
            
        抖音的算法更强,用户更
        容易刷到自己喜欢的内容
        且形成依赖,而快手在这          产品
        方面则相对较弱               设计

    内容                        快手以双列为主,社区氛
    调性                        围隆重,抖音则是以单列
                                沉浸式为主,媒体性较强
  抖音平台的内容相对更加
  "高大上",而快手的内容
  则相对更加接地气
```

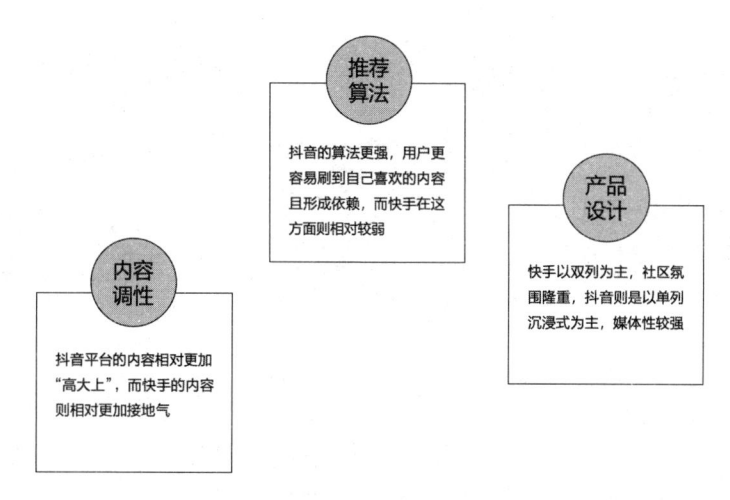

图1-4-5 甲同学的点状思维结构

可以看到,甲同学的思维结构是典型的点状思维,想到哪个点就说哪个点。这样的回答相对比较片面,且容易遗漏,最重要的是如果这些点更多的时候,因为没有逻辑,容易让人摸不着头脑。

再来看看乙同学的回答。

抖音和快手在目标受众上的差异,决定了两款产品的不同。抖音以一二线城市年轻人为主,快手则主打下沉市场,以二三四线城市的小镇青年为主。因为一二线城市年轻人更注重精致生活,所以抖音是一款关乎美好感的产品,从内容消费者角度思考,把消费体验做到极致,给自己打上"酷、潮、年轻"标签,满足看到美好事物的需求。而主打下沉市场的快手则从内容生产者角度思考,强调多元化、平民化和去中心化,克制不打扰用户,满足用户"记录和分享"需求。这种产品属性上的差异更是落到视频内容属性上,抖音更像是一个剧场,用户扮演别人表演,通过滤镜和特效,让一切都显得那么精致和美好,官方通过话题、挑战和资源倾斜,来引导内容创作;而快手更像一个广场,平台不做引导,用户扮演自己,万物生长,百态人生。(如图1-4-6所示)

目标人群	决定 →	产品属性	决定 →	内容属性
抖音：高线城市年轻人为主 快手：低线城市的小镇青年为主		主打高线城市的抖音从内容消费者角度思考，把消费体验做到极致，给自己打上"酷、潮、年轻"标签，满足看到美好事物的需求；而主打下沉市场的快手则从内容生产者角度思考，强调多元化、平民化和去中心化，满足用户记录和分享的需求		抖音更像是一个剧场，用户扮演别人表演，通过滤镜和特效，让一切都显得那么精致和美好，官方通过话题、挑战和资源倾斜，来引导内容创作；而快手更像一个广场，平台不做引导，用户扮演自己，上演百态人生

图1-4-6 乙同学的线状思维结构

乙同学的回答明显更有逻辑性，他是以抖音和快手目标人群的不同为出发点，按照目标人群决定产品属性、产品属性决定内容属性的逻辑线展开，从目标人群、产品、内容三个方面阐述两者的区别。乙同学的思维结构是典型的线状思维。

我们最后再来看看丙同学的回答。

短视频行业的三大核心环节是内容生产、内容分发、内容消费。这三大环节背后实际上是用户与生态内容、算法与分发逻辑、用户增长与商业化。首先从用户定位的角度来看，抖音主打一二线年轻高品质群体，而快手主打低线城市小镇青年，所以抖音会更侧重观赏感，强调记录美好生活；而快手更强调参与感，强调记录拥抱真实生活。从产品设计角度来看，两大短视频均为单双列并存，但侧重点不同。快手以双列为主，社区氛围隆重，抖音则是以单列沉浸式为主，媒体性较强。从内容生产来看，抖音平台明星占比更高，快手则是幽默搞笑的草根素人占比居多，这主要是由各平台的分发逻辑和价值定位不同造成的。短视频内容分发的核心是高效匹配用户和内容，主流策略是基于兴趣分发与社交分发，抖音快手都侧重兴趣分发，更注重的是公域流量的二次分配，优秀的作品会得到更多的流量推荐，当然更进一步比较的话，抖音推荐机制是中心化，公域流量集中在头部账号和作品上。快手推荐机制是去中心化，使用基尼系数，均衡流量分配。最后从商业变现上来看，当前抖音日活是高于快手的，且抖音用户的消费能力整体高于快手。依赖巨大的流量和丰富的短视频内容，两大短视频平台在商业模式上大致相同，包括直播、电商、广告，但发展特点不同。由于快手早期选择直播作为商业化的重心，变现模式较为成熟，在商业变现上呈现出强直播、强电商的特征。抖音则是以广告为核心，包括开屏广告、信息流广告等，同时以直播带货用抖音小店强势构建交易闭环。（如图1-4-7所示）

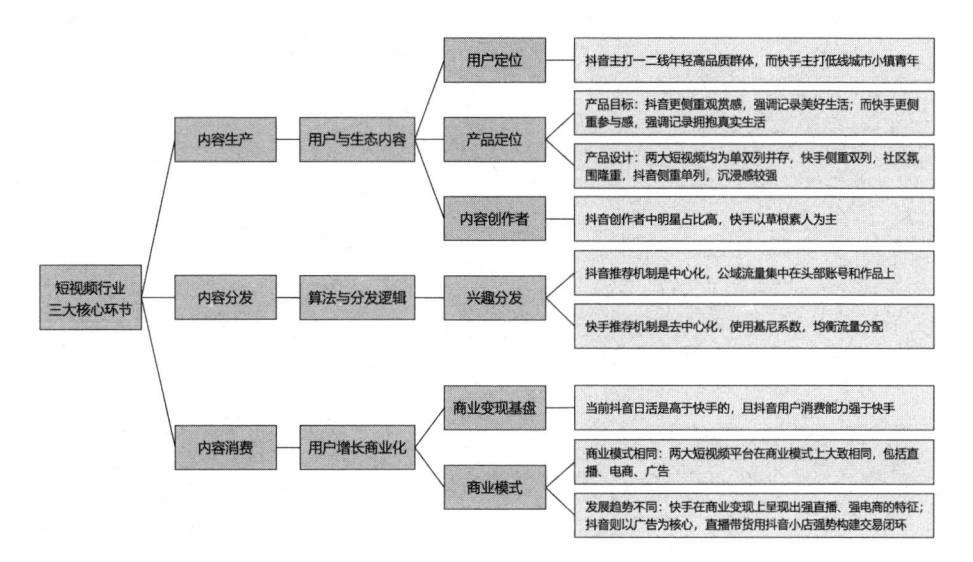

图1-4-7　丙同学的树状思维结构

很明显，丙同学的回答清晰、全面、逻辑性强，涵盖了平台差异的绝大部分内容。从丙同学的回答中可以看出，他的思维方式是将散点认知以线性思维串联整合，再通过金字塔模型整合成树状结构。正是这种结构化的思维方式，让他的表达更加体系化，观点清晰且内容充实。

第二章

模型揭示世界运行的本质规律

章前语

上一章，我们从微观的角度分析了模型在思维认知过程中的作用机制；本章，我们将以宏观的视角探讨模型在人类认知世界与世界观塑造过程中的重要意义。

巴菲特的合伙人查理·芒格曾说：我们要真正认识这个世界，就必须理解并掌握重要学科的基本规律，并把它们当作基本的思维模型来处理问题。

规律反映了自然界中的事物最普遍的特征和联系，而模型之所以为模型，在于它放之四海而皆准的普适性。模型的普适性，正体现在模型就是对规律的高度总结。所以，模型即规律，规律即模型，模型是对规律的一种可视化与结构化的表达。

借助模型，我们能快速解决问题，更容易看透事物本质。透过思维模型，我们能够更好地去观察事物、思考问题，掌握事物运动变化的规律，从而帮助我们打破一些以往一直存在着的盲区和障碍。

第1节　道法自然：规律是世界运行的底层架构师

世界是一个复杂系统

世界的本质是什么？这可能是一个涉及存在与虚无、物质与精神辩证关系的终极问题。古往今来，数不胜数的物理学家、哲学家，甚至宗教学家试图找到这个问题的答案。而今，在科技昌明、文化灿烂的今天，如果你向一个科技大佬提问世界的本质是什么，他通常会说：世界是一个复杂的系统。

这就是目前被普遍接受的一种世界观——"系统世界观"，它的雏形源于牛顿基于经典力学体系的"机械宇宙观"。1687年牛顿的《自然哲学的数学原理》一书发表，牛顿力学体系为我们描绘了一个唯物的、一切受自然法则主宰的世界，牛顿力学体系也在很长时间里支配了人类对世界的看法。

牛顿认为，世界就好像一个钟表。当钟表师傅完成装配之后，将钟表上发条，接着钟表会自行运作，师傅不会再过问。在这个世界里，上帝只负责创造万物，在完成创造万物以后便功成身退不问世事，而人类可以凭借其理性发掘世界运行的自然规律。

虽然牛顿的"机械宇宙观"在20世纪以后被爱因斯坦的相对论证明忽视了环境因素的不确定性与混沌性，但"机械宇宙观"所展现出的系统论思想，对于人类建立正确的宇宙观还是很有意义的。

要想理解"系统世界观"，就要先理解什么是系统。我们从字面上把"系统"这个词拆开来看："系"，意味着关系、联系、相互影响、相互作用；"统"，意味着统一、统合、统筹。所以系统就是由部分相互联系、相互作用形成的统一的整体。

德内拉·梅多斯在其著作《系统之美》中写道，系统不是一堆事物的简单集合，而是由一组相互连接的要素构成的、能够实现某个目标的整体。所以任何一个系统，都由三个部分构成，分别是"要素""连接关系""功能"。

一个机械钟表是一个系统，表盘、表冠、表针以及几百个零件和齿轮，就是这个系统的"要素"。而这几百个零件和齿轮，按一定的规律衔接咬合，就是它们之间的"连接关系"。"要素"在"连接关系"的作用下，共同让指针精确地走字，实现指示时间的"功能"。

一艘船是一个系统。船帆提供动力，船舵控制方向，船舱承载人和货物，船锚固定船身。船帆、船舵、船舱、船锚都是这个系统的要素，它们按照一定的关系连接，共同实现船的功能——载人载货在水面上行驶。

一个人也是一个系统。人身体的各个器官相互连接，彼此协调工作，功能相似的器官组成了人体的各个单元，如呼吸系统、消化系统、神经系统等。而这些子系统共同协调，完成正常的新陈代谢和生命活动。

而我们所处的世界，也是一个不断发展、不断变化的复杂系统。

宇宙大爆炸之初，只有质子、中子和电子三种基本粒子，之后粒子间相互作用组成原子。从元素来讲，最开始只有原子结构最简单的氢、氦和少量的锂，然后它们聚在一起成为巨大的星体，发生核聚变，产生碳、氮、氧等更重的更复杂的更大的元素。

有了众多元素，就有几乎无限的组合方式，于是产生化合反应，形成更加复杂的物质——大分子，一部分大分子发生质的飞越，捕获周边环境的物质、摄取能量，于是产生了生命物质。

生命的最初形态仅仅是蛋白质和氨基酸，之后形成细胞，从单细胞到多细胞，然后有了植物、动物，从环节动物、节肢动物，到脊索动物，再到脊椎动物、哺乳动物，最后发展出灵长类，直至人类的出现。于是，生命形态和功能越来越丰富、越来越复杂，能力越来越强大，强大到足以改变自己赖以生存的环境——地球。

人类出现后，出于获取食物的本能，人类开始群居，获取食物的方式从最初的狩猎发展到改良农作物、驯服动物。于是农业和畜牧业产生，人类渐渐过上定居的生活。随着定居点的不断扩大，城市出现了。

农业的发展提升了食物的来源，使一部分人可以从农业中分离出来从事手工业生产。随着农业和手工业的发展又使一部分人从农业和手工业中分离出来从事商业活动。

这样的社会大分工进一步提升了劳动生产率，使产品有了剩余，促使私有制产生；私有制的出现使有些人变得富有，有些人变得贫穷，导致贫富分化加剧，出现了统治阶级和被统治阶级；统治阶级为了维护自身的利益创造了国家机器，国家产生了，文字在这一过程中也出现了，文明也就产生了。

这便是我们人类繁衍生息的世界。世界的大系统中各个元素相互联系、相互制衡，同时协同合作，共同促进世界大系统的发展。同时，世界大系统中又包含了不同层级的子系统，例如环境系统、社会系统、经济系统、文化系统，它们有着从简单系统向复杂系统联合、演化的趋势。在演化过程中简单系统依然存在，只是增加了更高层级的复杂系统，而之前的简单系统成为复杂系统的组成部分。

我们每个人都生活在这个大系统之中，与其他元素一起，共同参与推动这个系统的发展。世界大系统如此复杂，究竟是什么力量在主宰着它有条不紊、日夜不停地运行呢？

规律是世界运行的底层架构师

庄子有句名言，"天地有大美而不言，万物有成理而不说"，意思是天地具有伟大的美但却无法用言语表达，万物的变化具有现成的定规但却用不着加以谈论。这句话展示了两千多年前的思想先贤对世界的探索，他们认为这个世界是按照一定的法则在运转，一定存在一个"万物之理"在主宰着大千世界的运行。

以中国古代思想家老子和庄子为代表的道家学派将这个"万物之理"称之为"道"。

道家思想典籍《道德经》中认为，"道"是创生万物的本原，世界上的一切事物都是从"道"中产生的。道生一，一生二，二生三，三生万物不断发展变化着，其变化都有一个我们看不见的那个"道"在左右着。"道"是一种神秘的力量，玄之又玄，是众妙之门的自然力，是维系天地万物的根本。由于"道"很难用文字描述，所以道家思想被认为是超语言、超科学、超逻辑的。似乎难以表达清楚的，都用"道"来替代，就像《道德经》里说道：吾不知其名，强字之曰道；道之为物惟恍惟惚，惚兮恍兮其中有象，恍兮惚兮其中有物。

这是对"万物之理"形而上的理解。

随着自然科学的发展，人类对世界的理解不断深入，人们开始从形而下的角度去找寻那个"万物之理"。

爱因斯坦曾经说过："世界上最不可思议的事情就是这个世界竟然是可以理解的。"他认为世界是物质的，物质是运动的，而运动是有规律的。上帝不会掷骰子，规律正是主宰世界大系统有条不紊运行的"万物之理"。

规律，从哲学的角度上讲是客观事物在发展过程中的本质联系，是事物本身所固有的、深藏于现象背后并决定或支配现象的底层逻辑。世界千变万化，而规律则是变化的现象世界中相对静止的内容。例如太阳每天都会落下与升起，一年四季轮回总会如期而至从不缺席。规律是反复起作用的，只要具备必要的条件，合乎规律的现象就必然重复出现。正如苏轼在《赤壁赋》中写的那样，"盖将自其变者而观之，则天地曾不能以一瞬；自其不变者而观之，则物与我皆无尽也。"

我们通过对现象的分析认识客观规律，并用这种认识指导实践，改造自然和社会。例如，我们通过抽象思维，发现客观世界中纷繁复杂的化学元素是有规律的，从而发现了它们变化的周期律，甚至通过元素周期律发现或创造了新的元素；我们还从眼花缭乱的商品交换中，运用抽象思维发现了价值规律；马克思更是对大量复杂的社会现象进行抽象分析，认识到生产关系一定要适应生产力发展是推动人类社会发展的根本规律。

规律是世界运行的底层架构师。人类所有的科学，本质上都是对现象背后底层规律的探索与研究。

作为一切自然科学的基础，物理学研究的就是物质运动最一般的规律：牛顿力学是研究物体机械运动的规律；电磁学是研究物质的电磁运动的规律；热力学是研究物质热运动的统计规律；相对论是研究物体高速运动的动力学规律；量子力学是研究微观物质运动的规律。如果物质运动不再有规律可循，那么物理学也将不再存在。

生物学研究的是大自然中众多物种生命现象和生命活动的规律。为什么动物大都是两只眼睛？为什么几乎所有动物腿的数量都是双数？这背后都有深刻的自然规律所决定。字节跳动创始人张一鸣在谈论他的商业思维的时候就提到，他喜欢从生物学中寻找生物与商业的内在联系。他说："生物从细胞到生态，物种丰富多样，但背后的规律却非常简洁优雅，这对于设计企业经济系统有很多可以类比的地方。"

社会学是在研究那些司空见惯的社会现象背后隐藏着被忽略的本质与规律。社会学的视角让你看到自己个人的同时，也能更宏观地看到你所处的社会环境，而你只是社会系统的一份子。在探寻社会真理的同时，你也会探照和反思自己的模样，用更宏观的视角来解释你个人的疑惑。

经济学研究的是人类社会各种经济活动和相应经济关系及其运行、发展的规律。研究经济学，我们可以用康波周期来预测经济的发展，也可以用CPI来精确衡量市场物价，可以窥见经济活动中隐藏于现象之下的底层逻辑。

找到了规律，也就抓住了那只操控世界的"看不见的手"。

现象背后，必有规律

正因为世界是一个如此复杂的系统，所以对于一些复杂的现象，背后都能找到规律。

西方经济学家把人类近几百年全球人口数量变化与重大战争、瘟疫的时间点做了比对，总结出了一个规律，即地球人口增长到一定程度，一定会发生战争或者瘟疫，从而实现人口的减少。这个观点源于经济学家马尔萨斯1798年出版的《人口原理》，他认为地球只有一个，其所拥有的资源是固定的，人口是按几何级数增长，而生活资料则按算术级数增长，即人口增长必定超过生活资料增长。这样的矛盾必然会带来个人资源分配的减少以及争夺资源的加剧，比如第一次世界大战就是因为帝国之间利益分配不均而导致的战争。如果人口增长到一定程度，却不加以控制，那么贫困、疾病、战争、瘟疫等就会随之而来，抑制人口的增长，最终达到一种平衡，然后进入下一个循环。

这是一个细思极恐的发现。贫困、疾病、战争、瘟疫是客观存在的，它们并不具备人的意识。但是在马尔萨斯的理论中，它们仿佛拥有了系统赋予的主观意志。它们在人口与资源的矛盾发展到不可调和的时候发挥作用，通过优胜劣汰减少竞争对手——战争是为了掠夺资源，战胜的一方通常是较强盛的一方；瘟疫是为了争夺生存空间，剩下的个体通常是最强壮的个体。地球每隔一段时间就会发生战争或瘟疫，战争或瘟疫过后只剩下最强盛的，这是自然界的规律，更符合适者生存的丛林法则。

在经济领域，还有人发现了一个有趣的现象：当女性的裙摆越来越长，往往反映了经济的低迷。经济学家还定义了一个"裙摆指数"现象——经济的繁荣程度和女性的裙摆长度成反比例关系，当人们遭遇困境陷入悲观之时，服饰往往会朝着保守低调的方向发展。

女性的裙摆长度与经济，可以说是风马牛不相及的两者，是什么让两者产生了联系呢？

我们或许可以从几个方面来解释。

首先是"异性吸引说"。经济状况不佳时，男性收入不多，女性不再需要用短裙来吸引男性；同时女性收入也不好，所以情绪不好，会用长裙来把身体更多地遮掩起来。

然后是"斤斤计较说"。即相同的价格之下，女性会选择布料较多的长裙，并且认为这样比较划算。一旦经济情况好转，斤斤计较的人也就随之减少了。

还可以是"捉襟见肘说"。裙摆会越来越短，就更容易炫耀腿上的长丝袜；经济一旦进入衰退，短裙则随之变成长裙，因为女人买不起丝袜，只好把裙边放长，来掩饰没有穿长丝袜的窘迫。由此我们可以看到，女性裙子长度与社会经济发展状况看似八竿子打不着，却有着千丝万缕的底层联系。

除了女性裙摆长度，还有很多现象也直接反映了经济状况。

例如，当普通餐厅的美女服务员越多，也说明了经济的不景气。因为经济繁荣之时，漂亮女生总是更容易找到舒服的工作，而一旦经济发生衰退，花瓶式的存在很容易率先被裁，于是美女们不得不去做服务员。

当口红销量节节攀升,也反映了经济的低迷。因为人们买不起更贵的、客单价更高的产品,例如汽车,则只能购买口红这类便宜的产品。

所以说,一切现象背后,都有着深刻的原因,这些原因都无不反映了事物发展的本质规律。

第2节 规律是"意",模型是"形"

人类始终在描述规律,而非解释规律

物理学家费曼小时候玩玩具火车,当运动的火车突然停止时,火车上面的小盒子会由于惯性继续向前滑动而跌落。费曼就问爸爸为什么会这样?他爸爸回答:亲爱的儿子,我们对此一无所知。

费曼是20世纪的物理学家,那个时候牛顿的惯性定律已经是家喻户晓。费曼的父亲在物理学领域也颇有建树,他不可能不知道惯性定律。那么他为什么不跟费曼解释:物体总是倾向于静止或者保持匀速运动,我们称之为"惯性"。火车突然停止,而火车上的盒子却具有保持运动不变的特性,所以从火车上滑落下来?

原因就在于,"惯性定律"只是揭示了一种规律,它只是在描述这种规律,并没有解释这种规律。对于这种规律的原因,即"物体为什么总是倾向于静止或者保持匀速运动",物理学是没有能力解释的。

同样地,苹果为什么会从树上掉下来?有人会用"万有引力"去"解释"这一现象:因为宇宙中任何两个有质量的物体都存在通过其质点连心线方向上的相互吸引的力,苹果受到地球的"万有引力"作用,所以掉下来了。可关键在于,为什么宇宙中的两个有质量的物体会相互吸引呢?牛顿并不知道,他只是发现了这一规律并用"万有引力"这个名字去定义它,然后用数学公式语言将它描述了出来。

物理是归纳性质的经验科学。人们先总结一些自然存在的基本规律,形成各种各样的"小方块"。然后用这些"小方块"去构建创造更大型的建筑,或者用来解释自然存在的大型建筑。但是对于"小方块"本身,人类始终

无法解释。

从某种意义上讲，这些"小方块"也许就是宇宙运行的底层密码。人们也曾作出过努力，试图去解释这些基本规律的底层原因，这其中的代表人物就是爱因斯坦。

早在20世纪20年代，爱因斯坦就致力于寻找一种统一的理论模型来解释所有相互作用，也可以说是解释一切物理现象，因为他认为自然科学中"统一"的概念或许是一个最基本的法则。甚至可说在爱因斯坦的哲学中，"统一"的概念根深蒂固，他深信"自然界应当满足简单性原则"。

由于微观粒子之间仅存在四种相互作用力，即万有引力、电磁力、强相互作用力、弱相互作用力，理论上宇宙间所有现象都可以用这四种作用力来解释。从20世纪30年代提出相对论后不久，爱因斯坦就着手研究"宇宙大统一理论"——他试图将四种相互作用力统一到一个理论框架下，从而找到这四种相互作用力产生的根源，解释"规律的规律"。这一工作一直到他1955年逝世为止，并几乎耗尽了他后半生的精力。由于大统一思维与当时物理学界的主流思想不符，以致于一些科学史学家断言这是爱因斯坦的一大失误。

刘慈欣的科幻小说《朝闻道》中，多位科学家为了一窥"宇宙大统一模型"，不惜牺牲自己的生命，真正做到了"朝闻道，夕死可矣"。

所以以目前人类的认知，不只物理学，其他所有学科的理论，归根结底都是在描述规律；我们对世界的所有认知，在本质上讲都只是在描述这个世界的规律。我们通过对规律的描述来解释现象，遗憾的是，我们却无法解释规律本身。因为理解的根基根本就不存在，我们只能把一个宏观复杂的现象用物理语言拆解梳理，简明至小方块的程度，仅此而已。

模型是对规律的可视化描述

既然人类无法解释规律，那么对规律更加精确的描述就成了科学的重要研究内容。通过对规律的准确描述，从而解释现象，让科学研究回归到了实用主义的道路。

例如,"太阳从东边升起,西边落下""春去秋来,四季轮转",这都是人尽皆知的自然现象。在很长一段时间里,人们无条件地去接受这些现象,并通过不断累积的生活经验去补充描述这些规律。例如中国人将一天分成十二个时辰,每个时辰都对应了太阳的位置、天色的变化以及生产生活的习惯等,这是对昼夜交替规律的补充描述;中国人还总结出的二十四节气,每个节气对应了特定的季节变化、温度变化、物候变化和气候变化,这就是对四季轮转规律的补充描述。

这种经验导向型的描述让人们生产生活更加得心应手,却始终没办法解释日出日落、四季轮转的原因。于是中国人构筑了一个场景化模型——"天圆地方"宇宙观。人们观察到太阳从日出到日落在天空中划出一道弧线,于是认为天是圆的;而大地有东西南北四个方向,所以认为地是方的。在这个模型中,天就像一个锅盖一样,盖在方形的大地上,人们生活在这个锅盖之中,太阳每天沿着锅盖从东边升起运动到西边落下,于是形成了昼夜交替。同时天地运动,大地向四极游动,冬至时大地向上运行,夏至时大地向下运行,春秋二季介于两者之间。这就造成了天时周转,寒暑有序,四季交替。

"天圆地方"模型的构建既丰富了认知,也解释了现象。可以看到,将人的视角置于一个实实在在的场景化模型中,比单纯用经验去描述规律更直观,更生动,甚至更有"说服力"。

"天圆地方"是符合人类的直觉的,但是在没有科学理论作支撑的远古时期,人类的直觉往往是错误的。直到"地心说"的宇宙观盛行于古代欧洲,人们开始从一个更加唯物的角度认知宇宙。

"地心说"认为,地球处于宇宙中心静止不动。从地球向外,有月球、水星、金星、太阳、火星、木星和土星,在各自的圆轨道上绕地球运转。其中,行星的运动要比太阳、月球复杂些:行星在本轮上运动,而本轮又沿均轮绕地运行。在太阳、月球行星之外,是镶嵌着所有恒星的天球——恒星天。再外面,是推动天体运动的原动天。(如图2-2-1所示)

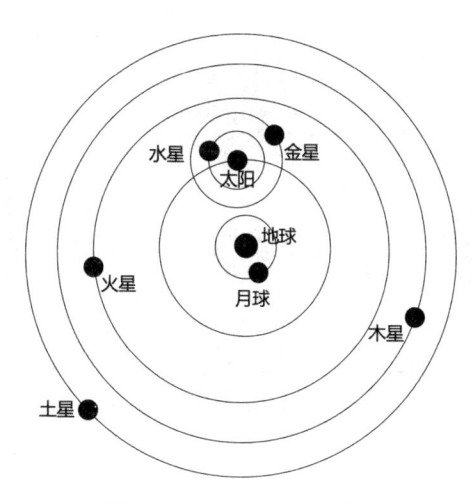

图 2-2-1 "地心说"模型

"地心说"是世界上第一个行星体系模型。尽管它把地球当作宇宙中心并不正确，然而它的历史功绩不应抹杀。地心说承认地球是"球形"的，并把行星从恒星中区别出来，着眼于探索和揭示行星的运动规律，这标志着人类对宇宙认识的一大进步。同时，"地心说"第一次提出了"运行轨道"的概念，并设计出了一个本轮均轮模型。按照这个模型，人们能够对行星的运动进行定量计算，推测行星所在的位置，这是一个了不起的创造。在一定时期里，依据这个模型可以在一定程度上正确地预测天象，在生产实践中也起过一定的作用。

"日心说"的提出则让人类更加接近宇宙的真实面貌。人们发现地球并不是宇宙的中心，地球是围绕太阳转动的，并精确归纳计算出了公转模型。而地球本身是自转的，且具有一定的倾斜轴，并根据自转的规律总结出自转模型。公转模型与自转模型对太阳地球相对运动规律的描述更加合理，从而更科学地解释了日夜交替及四季更迭的现象——地球自转模型中，当地球转动到面对太阳那一面时即为白天，当地球转动到背对太阳那一面时即为黑夜，这就形成了日夜交替；在地球公转模型中，地球运动到太阳直射北半球的位置时即为夏天，运动到太阳斜射北半球时即为冬天，这就形成了四季更迭。（如图 2-2-2 所示）

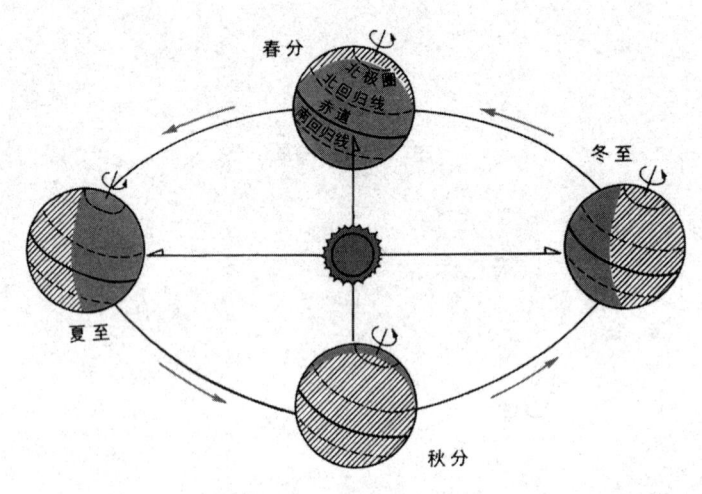

图 2-2-2　地球公转模型

不管是"天圆地方""地心说",还是"日心说",其本质上讲都是在地球、太阳之间构建一个更高维视角的可视化几何模型,来地描述太阳、地球之间的相对位置关系及变化规律。借助几何模型,我们可以使用天文数据和数学公式,来准确描绘地球绕太阳运行的轨迹、速度、季节等规律,从而更精确地预测日出日落时间、季节变化等现象。

这就是模型化描述的优势之处。相对于经验化描述,模型通过对规律可视化,可以更精准、具象、更有代入感地描述自然现象,为人类提供更深入的理解和更精确的预测,有助于我们更好地理解和探索自然界的奥秘。

我们再举个例子,一滴水滴从荷叶上落下,用这两种方式描述水滴的运动特点:

描述 1:水滴落得越来越快。

描述 2:水滴在单位时间内下落的距离按奇数数列递增。也就是说,水滴第一个单位时间下落的距离是 1 个单位,接着第二个单位时间下落的距离是 3 个单位,然后是 5 个单位,7 个单位……如此类推。

显然,同样是描述水滴的运动规律,第二种描述要更加精准。而究其原因,就是因为第二种描述构建了水滴轨迹的模型,让运动规律更加具像化,更加"有迹可循",从而让读者能够脑补出水滴的运动规律。(如图 2-2-3 所示)

图2-2-3　水滴落入湖面的运动轨迹

所以我们说，模型是描述规律的成果。如果说规律是"意"，那么模型则是规律的"形"，是对规律之"意"的可视化表达。

所有科学理论的本质都是模型

科学是人类认识世界、改造世界的重要工具。人类在实践经验的基础上，经过思维加工，形成了一系列具有严密逻辑结构的科学理论，它们构成了科学大厦的砖砖瓦瓦。科学理论反映了人类对现实世界现象的概括性思考和结论，是用来解释现象的一般性原理。

科学归根结底是在描述规律，所以科学理论的本质也是对某个领域规律的客观描述。而正是因为规律放之四海而皆准的普适性，所有的科学理论，包括各种定理、定律，其本质上都是模型。

科学理论往往会用各种公式进行表达。公式是人们在研究自然界时，将发现的一些联系通过一定的数学方法表达出来的一种形式。公式表征自然界不同事物之数量之间的或等或不等的联系，它确切的反映了事物内部和外部的关系，使我们更好的理解事物的本质规律和内涵。

杨振宁在一次采访中说，"物理的美是无与伦比的。物理的美在于，大千世界所有复杂的现象，都能简化成若干个方程式。"这些方程式，就是世界运行的底层模型。

比如前文提到的"万有引力"定律，牛顿观察到大量现象后，总结出的适合万物的规律：宇宙中任何两个有质量的物体都存在通过其质点连心线方向上的相互吸引的力，力的大小与它们质量的乘积成正比与它们距离的平方成反比。"万有引力"定律的本质即是模型，我们可以套用这个模型去描述两个物体之间相互作用的规律，去解释、构建其他现象。例如，地球上的苹果会受到地球的万有引力作用，那么把它放到月球上，同样也会受到月球的万有引力作用，引力的大小同样满足"万有引力"公式。

还有法拉第的电磁场理论。电磁场实际上是不存在的，而电磁场理论构建了电磁场的概念模型，就像数学中的辅助线，帮助我们对电磁现象的规律进行科学描述。所以即便它不存在，但它能描述电磁现象，这就足够了。

为找到各种具体场景下事物的规律性，人类还建立起了各种规范公认的场景规律模型，以获得必然普遍的事物规律属性。例如"沸点模型"——标准大气压下水加热到100度必然沸腾。这一模型就是描述沸点规律模式下水稳定必然普遍的属性现象表现。这一确定的规律表现，是水、常压条件、摄氏温度计、确定的加热方式、沸腾标准等多个因素共同作用的结果。

又比如，为寻找宏观物体空间形式的规律，人们发明了平行四边形、三角形、圆等理想典型的平面模型，由此揭示出宏观物体物体普遍必然精确的几何学规律。两条平行的直线永不相交，这条定律在我们能够想象到的所有的宇宙中，永远都是正确的；三角形内角和定理，任何三角形的三个内角之和都为180度，不管这个三角形的三个角分别是多少度，不管这个三角形是直角三角形、锐角三角形还是钝角三角形，都满足这一个定理。正是这种普遍性，构成了规律的模型化表征。

第3节　模型是人类认识世界的重要工具

事物的规律是客观存在的，又往往是隐含并可以发现的。只有对现象的分析从感性认识上升到理性认识层面，才能真正认识规律。从本质上讲，规律反映的是在动态变化过程中变量与变量之间始终存在一种普遍、稳固、必然的联系。这是一种函数关系，这种函数关系即是模型。

模型是可以被描述的，描述模型的语言就是数学。宇宙是高度数学化的，但原因尚无人知晓。这或许是包含我们在内的宇宙的唯一可行的存在方式，因为非数学化的宇宙无法庇护能够提出这个问题的智慧生命。

在本节，我们将探讨以数学语言为基础的人类科学，是如何通过模型的建立来认知世界运行的规律的。

"十进制"背后的"十指模型"

我们先抛出一个问题：不知道大家有没有人想过，为什么全世界几个重要的文明，无一例外都是"十进制"来计数的？

现代科学是以十进制的阿拉伯数字为计算基础的。阿拉伯数字起源于公元3世纪，是一个叫巴格达的印度人发明的。公元4世纪开始，阿拉伯数字中零的符号日益明确，使记数逐渐发展成十进位值制。大约公元9世纪，印度数字传入阿拉伯地区，从原来的婆罗门数字导出两种阿拉伯数字：被中东的阿拉伯人使用的东阿拉伯数字和被西班牙的阿拉伯人使用的西阿拉伯数字。东阿拉伯数字和阿拉伯人使用的形式很相似，西阿拉伯数字后来发展成我们现在广泛使用的形式。

实际上，在古代世界独立开发的有文字的记数体系中，除了巴比伦文明的楔形数字为60进制，玛雅数字为20进制外，几乎全部为十进制。

古埃及的十进制数字从一到十只有两个数字符号，从一百到一千万有四个数字符号，而且这些符号都是象形的，如用一只鸟表示十万。横道上加一点代表40，横道上加三竖道代表60，横道上加四竖道代表80，两横道上加三竖代表90。

古希腊的十进制，1至9，10至90，100至900各有不同的单字母代表。

中国在商代时就已采用了十进位值制。从现已发现的商代陶文和甲骨文中，可以看到当时已能够用一、二、三、四、五、六、七、八、九、十、百、千、万等十三个数字，记十万以内的任何自然数。这些记数文字的形状，在后世虽有所变化而成为现在的写法，但记数方法却从没有中断，一直被沿袭，并日趋完善。

中国与阿拉伯、古埃及、古希腊，各自相隔万里，远隔重洋，各自文明中数字的形式大不相同，却如同约定好的一样都用十进制计数。什么原因造成了这个现象呢，只是巧合吗？

这个问题，两千多年前的亚里士多德就思考过并给出了答案——亚里士多德认为人类普遍使用十进制，可能跟人类有10根手指这样一个生物学事实有关。

人的手指头有时候是最好的计算个数的工具。远古时候，人类还没有发明文字，也没有算盘，计算物品的数目都是靠人的10个手指头。但是，用手指头记数的时候，最多能记到10。大于10的数就需要做个记号，用绳子打上结，打几个结表示几个，大结表示大的，小结表示小的；或者在石头、木头上画道，画几道表示几个。然后再扳着手指头从头数起，数到10时，再做个记号，然后还是扳着手指头从头数起。

在这一过程中，人类的10根手指实际上就演变成了一个计数模型，满10进1的思维应用在人类生产生活的各个场景，逐渐形成了成熟的"十进位制"计数方法，构建起数学文明的基础。

所以没想到吧，以十进制为基础的人类科学文明的源头，竟然是人类的10根手指头。

数学模型对规律的描述构建起现代科学的基础

人类解决现实问题的"本能方法"是数数，这也是"十指模型"建立起来的基础。但是通过数数获得答案太麻烦，于是人类首先发明了加法运算，然后是减法。同理，又发明了乘除运算，甚至其他更为高级的运算。每一类运算解决不同类型的现实问题，也对应不同的现实模型。

这些纯量的模型及其关系式，为我们提供了一种精确的、逻辑性强的描述和表达的方式，帮助我们认识事物的数量关系属性及其规律，这便是数学的雏形。数学是建模的科学，因为数学代入现实对象事物之后，发现众多数学模型揭示的原理定律，能很好地解释说明现实现象与具体事物，相关数量关系模型不论是用于时间的计数、物品的计算，还是财产的分配、土地的丈量等等都非常实用。

当然，除了对数量关系的研究，数学还开始涉及对空间形式的研究。公元前3世纪欧几里得所著的《几何原本》是公认的数学经典。他用严格演绎的方法，利用古希腊时代积累的众多几何知识建立了一个完整的体系，一座宏伟的几何大厦，为现实世界的各种空间形式构建了一系列标准空间形式模型。用这类模型观察研究得出的属性及规律，代入现实的事物，可以很好的解释现实事物空间形式上的特性、规律与表现。

例如，随着几何学的发展与自然科学研究的深入，几何学原理得以应用到天体运行方式及轨迹的描述上。事实证明，相关几何学模型对行星运行轨迹方式的解释不仅有效，而且精准，行星运动的几何学规律得到众多观察事实的证明。这正是人类几何学和数学模型的伟大胜利。

随着数学的发展，数学模型在各方面都有成功的应用，并且在它的基础上发展出一整套以演绎推理为核心的数学研究方法，能够帮助我们更好地理解和解释各种现象。而今，数学已成为各门科学的重要基础，更是人类文明的重要组成部分和坚实支柱。我们所有的科学学科，其本质上讲都是在对现实世界建立数学模型进行分析研究。

物理学就是数学研究方法与自然现象研究结合的产物。物理学中对运动的描述，就是利用数学方法对物体运动状态的定量解释；物理学中的"受力分析",就是将现实世界抽象成一个受力系统,在这个系统中我们只考虑受力点、受力方向和力的大小,从而对这个受力系统建立数学模型进行分析。

牛顿的经典力学模型,完美地诠释了力与运动的关系,是数学与自然研究相结合的典型案例。经典力学模型代入各类宏观物体及对象,其力学表现与模型揭示的特性规律完全一致,至少在趋势上符合力学模型揭示的规律趋向。

此外,开普勒根据第谷的大量天文观测数据总结出的行星运动三大规律,后来牛顿利用与距离平方成反比的万有引力公式,从牛顿力学的原理出发,给出了严格的证明。通过这个天体力学理论模型就能够推导出天体某一时刻的位置和速度,而且行星的轨道和质量都能够用数学方法精确计算出来,从而解决了很多天文学的问题。这些同样是数学建模取得辉煌成功的例子。

在利用数学模型描述世界的过程中有一个重要的工具,那就是微积分。

费曼说,一个神秘且不可思议的事实是,我们的宇宙遵循的自然规律最终总能用微积分的语言和微分方程的形式表达出来。这类方程能描述某个事物在这一刻和在下一刻之间的差异,或者某个事物在这一点和在与该点无限接近的下一个点之间的差异。尽管细节会随着我们探讨的具体内容而有所不同,但自然规律的结构总是相同的。这个令人惊叹的说法也可以表述为,似乎存在着某种类似宇宙密码的东西,即一个能让万物时时处处不断变化的操作系统。微积分利用了这种规则,并将其表述出来。

如果有什么东西称得上宇宙的奥秘,那么非微积分莫属。人类在不经意间发现了这种奇怪的语言,先是在几何学的隐秘角落里,后来应用到宇宙万物之中。人类学会熟练地运用微积分,最终利用它重构世界。

行星的轨道、潮汐的规律和炮弹的弹道都可以用一组微分方程来描述、解释和预测;一些重要的力学、物理学的基本微分方程,如电动力学中的麦斯韦尔方程、量子力学中的薛定谔方程等,都是抓住学科本质的数学模型,并成为相关学科的核心内容和基本理论框架。

数学模型对规律的描述构建起现代科学的基础。大多数应用性很强的数学模型，都依赖于所描述的学科背景。比如，在生物学中的种群增长模型，基因复制模型等；在医药学中的专家诊断模型，疾病靶向模型等；在气象学中的大气环流模型，中长期预报模型等；在地质学中的板块构造模型，地下水模型等；在经济学中的股票衍生模型，组合投资模型等；在管理学中的投入产出模型，人力资源模型等；在社会学中的人口发展模型，信息传播模型等；在物理学和化学中，各类数学模型更是百花齐放，成为科学研究中不可或缺的工具和方法。

模型将人类知识高度体系化

信息是构成知识的基本元素。但信息世界往往是复杂的，只有将这些信息有机地组织在一起，才能形成有用的知识。人类作为理性生物，具有整理和组织信息的能力——通过找到规律，将零散的事实和观点整合到一个有条理的知识体系中，从而更好地理解和应用这些知识。而这种规律的描述形式就是模型，模型也就成了知识的体系和结构。

模型把纷繁的信息打包成一个又一个文件夹，并在每个文件夹上贴上标签。正是因为这样才有了数学、物理、文学、心理学等不同的学科，同时才有了各个学科下的不同分类和领域。模型就像是一个"索引夹"，对信息进行提纲挈领，从而构建一个体系化的框架来整合和归纳这些知识。（如图2-3-1所示）

试想一下，当你走进一个大型图书馆，看着浩如烟海的书墙，你会怎么找到你想看的那本《时间简史》？首先，你在大厅的指示牌上看到一楼是自然科学，二楼是社会科学，三楼是思维科学。于是你走进一楼自然科学区，你又可以看到生命科学、物理学、化学、地球科学和天文学的书架。在"物理学"书架的"理论物理"分区里，你找到了这本霍金写的《时间简史》。如果没有这样一个有序的分类体系，我们将无所适从。

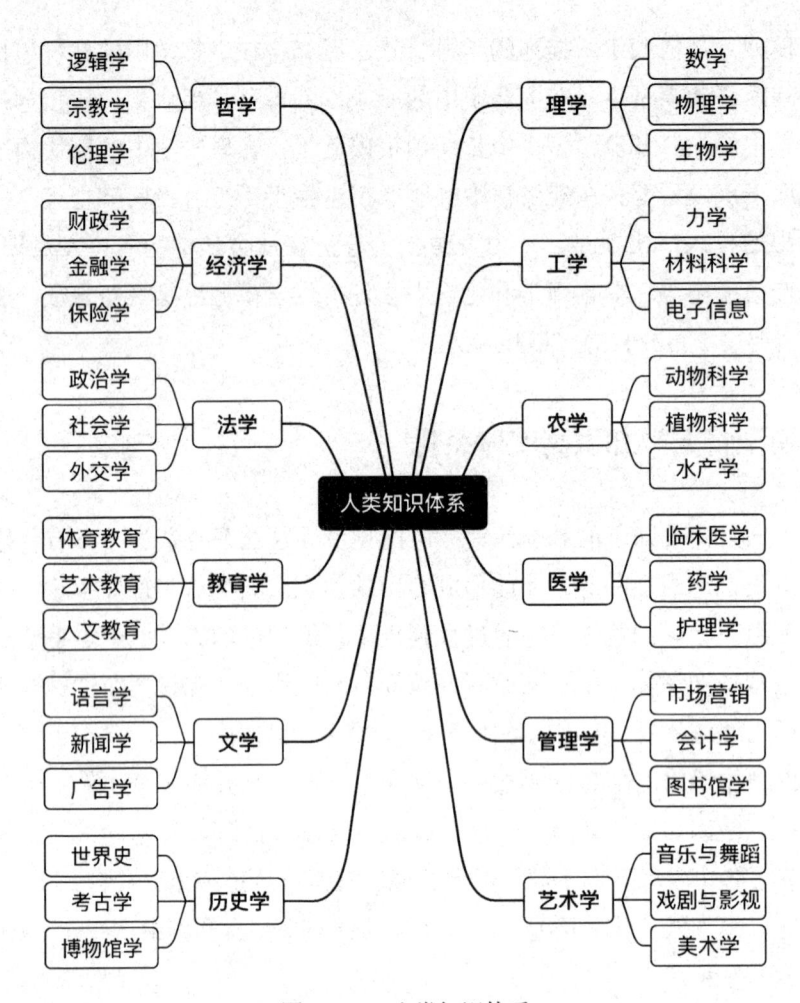

```
                    ┌─ 逻辑学                              数学 ─┐
                    ├─ 宗教学 ── 哲学              理学 ── 物理学 ┤
                    └─ 伦理学                              生物学 ┘

                    ┌─ 财政学                              力学   ┐
                    ├─ 金融学 ── 经济学            工学 ── 材料科学┤
                    └─ 保险学                              电子信息┘

                    ┌─ 政治学                              动物科学┐
                    ├─ 社会学 ── 法学              农学 ── 植物科学┤
                    └─ 外交学                              水产学  ┘

                              人类知识体系

                    ┌─ 体育教育                            临床医学┐
                    ├─ 艺术教育 ── 教育学          医学 ── 药学    ┤
                    └─ 人文教育                            护理学  ┘

                    ┌─ 语言学                              市场营销┐
                    ├─ 新闻学 ── 文学              管理学 ─ 会计学 ┤
                    └─ 广告学                              图书馆学┘

                    ┌─ 世界史                              音乐与舞蹈┐
                    ├─ 考古学 ── 历史学            艺术学 ─ 戏剧与影视┤
                    └─ 博物馆学                            美术学    ┘
```

图 2-3-1　人类知识体系

体系化的知识结构可以帮助人们更好地理解和应用知识。通过将相关的知识组织在一起，人们可以更清晰地看到知识之间的关联和影响，从而形成更全面的知识结构，在面对实际问题时能够更好地应用知识。

从前上学时，老师曾教导我们，要"把厚书读薄"。把厚书读薄是指读书要学会概括出主要内容，一段话可以用一句话来概括，即使是一本书也可以通过概括，形成框架，抓住精髓。而这个框架，就是知识的精华。

而模型正是这个框架的结构。模型将各种零散知识点串联在一起，建立知识与知识之间的联结，不仅加深你对知识的理解，还能启发你创造新的联结，即思维方式——它是将你的知识上升到知识体系的骨架所在。只有将珍珠串成项链，你才能将它常带身边。

例如，得到app创始人罗振宇在一期节目里说，自己总是对八大菜系记不清记不全。有一天，一个师傅对他说，记住两条线索就好了，一条沿海，一条沿江。沿海从北向南分别是鲁菜、苏菜、浙菜、闽菜、粤菜；还有一条是沿江，分别是徽菜、湘菜、川菜，长江的下游、中游还有上游，分别选一个代表，这样八大菜系就齐了。这两条线索，将八大菜系穿成项链，构成模型储存在记忆里。

所以说，模型是知识体系的索引夹。我们所学的一个个知识点就如同一块块砖，如果不搭建架构，这些砖就是随机堆放的，很难找到我们需要的那块，也很难弄清楚现在还缺多少砖。当我们搭建了模型架构后，这些砖就形成了大厦的框架中的一部分、有了具体的位置，我们能快速地找到想要的那块砖，也能清楚哪些地方还缺砖；当我们看到了同一位置有重复的砖时，我们也能很清楚已经不需要这块砖了，因为我们已经掌握了这一部分的知识。

第三章

策略的本质，
是规律模型的场景化运用

章前语

前文说到，模型是我们认知世界、思考问题的基本模式。我们从一系列元素、场景里面提炼出来，找出背后的共性和规律，然后把它们总结、归纳，最后浓缩成一个简单的、可复用和可迁移的结构，再把这个结构适配和应用到不同的场景里面，提高我们行动的效率，更加快速地洞察事物的本质。这个过程，也就是我们用策略解决问题的过程。

如果说模型是规律的可视化表达，那么策略则是模型的场景化运用。模型可以帮助我们发现隐藏在数据背后的规律，并将其可视化呈现出来；而策略则是将这些规律转化为实际行动的指导，使我们能够更好地应对挑战和机遇。因此，模型和策略的组合是一种强大的工具，可以帮助我们更好地理解和应对复杂的现实场景，在各种领域中做出更明智的决策，并取得更好的效果。

在本章，我们深入策略的内部，探讨策略与模型的关系。

第1节 洞之以策——聊聊生活中无处不在的"策略"

创意是搭"积木"，策略是拼"拼图"

这一章我们来聊聊策略。策略貌似是一个在广告营销行业被过度使用以致泛滥成灾的词汇。品牌策略、媒介策略、产品策略、价格策略、渠道策略、推广策略、营销策略、市场策略、传播策略、互动策略……似乎一切都是策略。

那么，策略究竟是什么呢？

刚入行的时候，我把策略简单地理解为活动策划。因为那个时候并不理解那些高深晦涩、不明觉厉的策略语言，而策划的工作对于我一个职场小白来说是相对更具体的，最终的产出物可能是一个活动，是肉眼可见、能直接感知的。这样的想法导致的结果就是，领导每次都会说我做的方案内容松散，只是一些创意点子的堆叠与铺陈，缺乏一根强有力的主线将其串联起来。

比如我早期服务过一家连锁的湘菜馆品牌客户，在公司头脑风暴会议上，老板问我怎样提高这家餐厅的销售业绩。我的思绪顿时如脱缰的野马，突然灵光一闪，提出一个点子。"老板，我想到一个创意。湘菜最大的特点就是辣，我们可以在餐厅门口策划一个'吃辣挑战赛'，设置五档不同辣度的湘式菜品，挑战完成不同的辣度就能得到相应的优惠券，成功挑战最高辣度的人进店消费可以直接免单。"

这或许是一个不错的点子，但会有两个问题。

一方面，这类"吃辣挑战赛"，本质上讲叫店头活动。今天做"吃辣挑战赛"，明天可以做"吃酸挑战赛""开盲盒挑战赛"。难道只要不断地做好玩的店头活动，就能解决餐厅的销售业绩问题吗？如果只以"好玩"作为标准，我们可以想一箩筐这样的"挑战赛"，但它对于餐厅销售业绩提升的意义到底在哪里呢？

另一方面，这种"灵光一闪"，是怎么出现的呢？我自己都不知道。下次遇到另一个问题，我又只能苦思冥想期待"灵光一闪"。万一灵光不闪怎么办呢？换句话说，我的"灵光一闪"只是概率决定的，我能不能想到解决方案竟然要看天意，我不能忍受！

直到这时，我才发现我做的工作其实并不是策略，而是创意。更确切来讲，只是去想一些创意的点子。就像漫无目的地搭积木，我可以天马行空地去搭，但我搭了一座房子，别人搭了一座桥，要怎么去评判谁搭得更好呢？我不知道，只能凭感觉。

后来我有幸参与更多的策划案，才慢慢明白，真正的策略是具有全局思维，想清楚影响事情发展的所有因素，然后从每个因素入手想解决方案并各个击破。就像是拼拼图，只有找到所有的拼图碎片，才有可能拼凑成一张完整的图。

我这才明白之前领导说的这根主线到底是什么——它是藏在这些创意点子之下的底层逻辑，是用来解释为什么要做这些创意的方法论。活动策划解决的是"怎样玩"的问题，那么策略解决的就是"为什么这样玩"的问题的一套行动方针。

带着这样的思考角度，我开始从源头上寻找影响餐厅销售的因素到底有哪些，试图找到所有的拼图碎片，这样才能拼凑成一张完整的图。

新顾客为什么会来到这家店？他可能是在街边看到餐厅的招牌，或是在点评网站上看到这家店的信息，这才知道这儿有家餐厅才有进店消费的可能，这就是"流量"。所以，餐馆一般要开在人来人往的街区，还要在媒体平台上投广告，这些本质上都是在提升流量。

流量足够大了，却并不能保证所有流量触达到的人都来店里消费，这就涉及一个转化率的问题。怎么样让更多的人看到餐厅的招牌后决定来店里用餐呢？我们可以通过餐馆新颖而诱人的广告，或者从外面可以看到餐厅干净的环境和精致的装修，这都是在提升转化率。

用户进店以后，接下来的消费便水到渠成。这时，餐厅食物价格越贵，那么总销售额肯定就越高，这就是客单价。如果用过餐的顾客能够再次光顾甚至成为常客，那么销售额就会更高，这就是复购率。这四点是影响餐厅销售额的核心因素，我们将其提炼出来，于是有了一套销售额提升的公式。（如图3-1-1所示）

Model thinking

销售额 = 流量 × 转化率 × 客单价 × 复购率

图3-1-1　销售额提升公式

①流量：餐厅可以触达的总人数，由餐厅的位置和投放的广告等因素决定；

②转化率：留意餐厅的总人数中，有多少人真的会来吃饭，由餐厅的定位、装修、口碑、知名度等决定。

③客单价：每桌来吃饭的顾客消费多少金额，由菜品定价决定。

④复购率：吃过这家餐厅的顾客中，有多少会再来，由菜品味道、服务、促销政策决定。

弄清了这个公式以后，我才发现我之前想的"吃辣挑战赛"，不过只是提升流量的一环而已。后来我按照这个万能公式，在每一个环节想解决方案，形成了一整套完整的策略打法。比如流量层面，通过每周一次的主题店头活动形成聚集效应，吸引人群关注；转化率层面，通过改进餐厅招牌，强化湘西土家族风格和"辣"的自身定位，营造个性吸引客户进店；客单价层面，打造两三个高溢价特色菜，并通过名厨代言的形式促进顾客品尝；复购率层面，打造会员积分体系，同时给出一些下次消费可以用的优惠券，促进用户持续消费。这一套完整的策略下来，从而赢得了客户的认可。

策略不只是专业技能，更是一种普适化能力

再后来，我接触到了更多的"牛人"，他们或是成功的商人，或是职场

的精英，或是巨富的创业者。他们职业不同，却有着令人艳羡的人生成就，这不由得让我去思考他们的共同点。

我发现这些人除了在各自的专业领域能力突出外，他们说起话来都很有条理，再复杂的内容他们都会清晰地将要点梳理出来，分析问题时总能一针见血，安排工作时总能面面俱到，处理棘手问题时总能游刃有余。我还发现他们似乎很轻松就能透过现象看到本质，建立高于常人的认知。他们人生中的每个决策似乎都是正确的，投资哪家公司，在哪座城市创业，甚至在哪个点买入卖出股票等。我想起电影《教父》中的那句经典台词："花半秒钟就能看透事物本质的人，和花一辈子都看不清事物本质的人，注定是截然不同的命运。"

我这才开始意识到，所谓"策略"，并不只是局限在广告营销行业的一种专业技能，它更是人处在社会中高效思考和解决问题的一种普适型能力。

人生就是一个不断决策的过程。我们在日常生活中，无论是待人接物、说话做事，还是恋爱交友、工作竞争，都需要运用策略。无论我们面临何种困境或挑战，策略都是解决问题的重要手段。因此，所有的思考都属于策略的范畴——因为大多数时候，我们思考的目的，就是为了指导我们该如何正确地行动。

比如当我们在思考自己适合做什么工作的时候，其实就是在梳理自己的定位和职业发展策略；当我们在思考这支股票该不该买的时候，其实就是在思考市场和价值的策略；甚至当小朋友在做应用题的时候，思考的是解题和拿高分的策略。只要你思考的结果能够指导你的行为，那么你思考的就是策略。

策略思维是一种系统性的思考方式，要求我们能够全面地分析问题，并制定可行的解决方案。在决策过程中，我们需要考虑各种因素，包括背景情况、资源利用、风险评估等，以达到最佳的结果。

在人际关系中，我们需要善于运用策略来与他人相处。例如，我们可以通过倾听和沟通的技巧，更好地理解对方的需求和期望，从而建立良好的关系。在工作中，策略的运用可以帮助我们提高效率和处理复杂的问题。在学习中，制定学习计划和采取合适的学习方法，也是一种有效的策略。

对于个人发展而言，策略同样至关重要。我们需要明确自己的目标和价值观，并制定相应的发展规划。同时，我们还要学会不断调整和优化策略，以适应不同的环境和变化。只有通过策略的应用，我们才能够更好地应对挑战、实现目标，进而获得更多的自由和成长。

总之，人生中的各个方面都需要运用策略。从方法入手，通过理性思考和解决问题的方法，我们可以更加理性地行动。通过全面分析和合理规划，我们能够更加高效地处理各种情况，并取得更好的结果。因此，策略不仅是一种工具，更是一种智慧的体现。只有不断学习和运用策略，我们才能够在人生的舞台上自由自在地展现自己。

所以从这个角度上讲，其实我们每个人都是策略人。策略能力越强，思考能力也就越强。人生的"泛策略能力"，决定了一个人的最终成就；我们所谓的"人生赢家"，通常都是人生的"大策略家"。

信息平权时代，"泛策略能力"的价值被放大

随着信息技术的高度发达，这种"泛策略能力"给一个人带来的价值正在被放大。以前，人跟人的差别是由信息差产生的。因为那个时候，由于信息传播并不发达，很多信息灵通的人能够先于别人，享受"信息红利"。这那情况下，思考能力并不是最关键的竞争力，更重要的是拥有足够多的、有价值的信息。例如20世纪80年代下海经商，20世纪90年代投资炒股，大多不需要有多突出的能力，只要能先于别人获取到准确的信息，就能踩中时代的风口。

而今我们处于一个信息高度发达的时代，信息扁平化以后，信息差被抹平。这个时候，对信息进行高效处理学习的认知差便产生了，并且成为决定人跟人之间差距的核心因素。

这就好比田忌赛马中大家的上等马、中等马、下等马都是明摆着，信息公开透明，大家都是明牌对决，只有会策略的人才能更好地利用战术取得胜利。信息的获取很容易，但如何将这些信息整合、分析、应用于实际问题中，却需要策略思考的能力。因此在这个时代，"泛策略能力"成为最

重要的竞争力。

未来不再是信息差时代,而是认知差时代。人与人之间的差距的来源,主要就是认知差,认知层次不同,结局就会千差万别。一个人的认知边界决定了他的人生边界,认知高度决定了他看到世界的高度。而策略能力就是处理这些信息,产生高水平认知的直接方法。做好这场"人生大策略",我们的人生将与众不同。

第2节 策略的函数思想：
策略是变量在规律模型下的映射

策略思维既然如此重要，那么我们要怎么样才能掌握这种策略思维呢？首先，我们要先认识到策略的本质。

策略的本质是函数

凡事都有其逻辑或规律，佛家叫因果关系，计算机软件叫输入与输出的关系，而数学叫自变量与因变量的关系。

自变量与因变量的关系，其实就是函数思想的核心。

函数，最早由中国清朝数学家李善兰翻译于其著作《代数学》。之所以这么翻译，他给出的原因是"凡此变数中函彼变数者，则此为彼之函数"，也即函数指一个量随着另一个量的变化而变化，或者说一个量中包含另一个量。

函数的近代定义是给定一个数集A，假设其中的元素为x，对A中的元素x施加对应法则f，记作f（x），得到另一数集B，假设B中的元素为y，则y与x之间的等量关系可以用y=f（x）表示，函数概念含有三个要素：定义域A、值域B和对应法则f。其中核心是对应法则f，它是函数关系的本质特征。

函数最奇妙也最令人赞叹的一点，就是它一直在思考的是不同数量之间的关联，试图用有限长度的公式去准确地描述无限的数量变化。每一个自变量都可以通过函数映射到因变量，然后通过研究函数公式的性质，可以方便地研究事物数量的变化。或者说，函数思想研究的是规律，因为函数思想正是"联系和变化"这种古老的哲学思想的数学化描述。

这种函数思想在解决问题时有着各种妙用。在遇到现实问题时，我们把需要考虑的最终问题看作因变量，然后尽可能找到影响因素，也就是自变量。然后运用我们观察得到的规律，去估计自变量和因变量之间的关联，最终得出相对应的因变量的值。这不就是策略的过程吗？

其实所有的策略，本质上讲都是函数，都是变量因素在规律模型之下的映射。x是影响事物发展的变量，是我们能够用到的、用于决策的原始素材或资源，例如营销领域中商品的定价、可供选择的渠道等；y是这些变量在对应法则作用下的产出物，也就是决策方案；而对应法则f，则是规律。找到规律，然后将我们可供调用的资源按照符合规律的方式进行组合规划，最终得到行动计划或策略打法，其实就是策略的过程。

比如我们要选择一支好的基金。那么首先我们要分析影响基金估值和发展的因素有哪些，包括但不限于投资领域、基金经理人、基金规模、基金公司、国家政策等。然后我们要去寻找这些因素和基金未来估值走势的变化，哪些是正相关，哪些是负相关，哪些关联不太大。当然，真实情况大多是复杂因素的共同扰动，这个时候就需要更加深入的研究，比如在控制变量的前提下，看一个量的变化导致最终结果的变动。这也是运用了函数的思想，这种变化规律可以让你更容易的选择尽量好的基金投资。

有一家粥铺，由于租金上涨，就把粥从原来的5元涨到了8元，涨价后营业额从6万元降到了3万元，怎么办呢？老板想了一个方案，把5元的粥降到3元，拿来引流，并且增加新品，设置18元一份的招牌海鲜粥，还增加了其他的配菜，一个月后他的营业额涨到了10万元。这就是"前端引流，后端盈利"的策略。

这个策略的本质是互联网流量思维，而流量思维的背后正是销售漏斗模型——提升漏斗开口，加大流量导入，再进行转化。

销售漏斗模型作为销售的一般性规律，我们可以将其看作一个函数。改变这个函数的变量，我们能够得到各种案例的导流策略。例如小米手机硬件几乎不赚钱，通过硬件获取用户后再靠软件赚钱；宜家用1元一支的冰激凌做用户引流，提升总客流促进销售转化。这些，都是基于销售漏斗模型函数的策略输出。

策略的四元结构模型与底层密码

基于策略的函数思想，我们可以总结出策略过程的基本结构。

不管是专业的营销策略、管理策略、商业策略，还是决定人生中各种决策的"人生大策略"，但凡能被称之为"策略"都应满足策略的"四元结构"。

我们从"一条策略究竟是如何诞生的"为出发点，来看看策略的"四元结构"。（如图3-2-1所示）

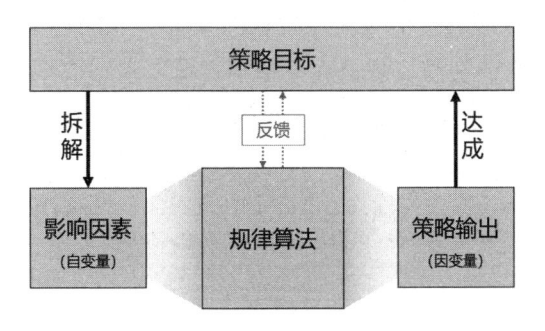

图3-2-1 策略的"四元结构"

策略的目的是为了解决问题，策略最终要实现什么，达到什么样的预期，需要我们在正式开展策略之前心中有数。所以，"策略目标"是策略四元结构中的第一元。

厘清目标以后，我们需要思考目标的达成会受到哪些因素的影响，这些因素需要被考虑进策略，决定最终的策略方案，这些因素即是策略四元结构中的第二元"变量因素"。

这些"变量因素"在经过一定的处理逻辑和规则，以转化成最终的输出结果。这些处理逻辑和规则，就是我们之前探讨过的规律。这也是策略四元结构中的第三元"规律算法"要素。规律模型可以包括市场分析模型、风险评估模型、决策树等，通过应用规律算法，我们可以对变量因素进行分析和预测，并最终确定出适合的策略方案。

根据输出的结果整合成整体的解决方案，这就是"策略输出"。策略输出可以包括具体的行动计划、资源配置方案、实施步骤等。通过策略输出，我们可以将策略落地，实现预期的目标。

所以，策略的标准流程是，先明确策略要达成的目标，然后将影响到目标达成的影响因素拆解出来，找到这些影响因素的规律算法，在规律算法的作用下生成解决方案，达成目标。

我们用一个具体的例子研究一下策略四元结构模型。两千多年前的中国商圣范蠡有一套著名的致富论——"旱则资舟，水则资车，以待乏也"。意思是旱季的时候要购买船只，雨季的时候要购买车子，而等待物资缺乏的时候再卖，这样才能赚到钱。这个理论很超前，用我们现代商业视角来看，它体现了"商品的价值与使用价值对立统一"的这一经济学原理，彰显了中国古人的商业智慧。那么在"旱则资舟，水则资车"的投资策略中，如何运用"策略四元结构"进行分析呢？（如图3-2-2所示）

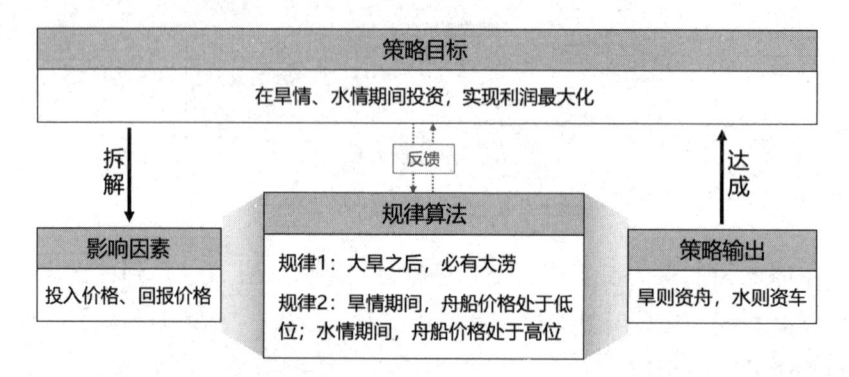

图3-2-2 "旱则资舟，水则资车"策略四元结构分析

首先是策略目标。范蠡是一位商人，以商人思维去思考，那么策略目标一定就是赚钱。结合情景，就是如何在旱情和水情期间投资，使自己的利润最大化。

然后梳理影响因素，也就是利润受到那些因素的影响。也就是投入价格和回报价格，用通俗的话来说就是进价和售价。售价与进价的差值，就是此次投资中获得的利润。

最后，最重要的一部分，是规律算法，也就是经济活动中用户需求与投资回报有着怎样的规律。

第一条规律，是"大旱之后，必有大涝"。这是一句流传千古的俗语，是老祖宗总结出来的自然规律。这句话是有科学依据的——高温之下，地表的水分蒸发，水蒸气逐渐上升，达到一定高度之后，遭遇冷空气变成小水滴，继而形成积雨云，然后开始下雨，水又重新回归地表。地球上的水总量是不变的，它一直都在循环，蒸发多少到天空去，就会变成多少雨水降落下来。当然，雨水往往不会原封不动回到当地，因为气流的缘故，也可能降落到别的地方。

同理，干旱地区的水分一直在蒸发，却始终不下雨，那水都跑到什么地方了呢？答案很简单，都被副热带高压笼罩在半空中了，等到副热带高压被冷空气抵消的时候，便是水蒸气上升凝结的时候，也就是下雨的时候。正常情况下，水分是蒸发一点，下来一点，可是在副热带高压的影响下，水分一直蒸发，积累了太多太多。所以当副热带高压消失的时候，浓厚的水蒸气就会在短时间内形成巨大的积雨云，之前蒸发的水全都在这一刻降落下来，于是就形成了洪灾。气象学称之为厄尔尼诺现象，这也是"大旱之后，必有大涝"的科学解释。

第二条规律，即旱情期间，舟船价格处于低位；水情期间，舟船价格处于高位。这条规律是一条经济学规律。我们用现代经济学视角来审视，价值从来不是由产品自身决定的，而是由产品的市场需求决定。这也就是为禽流感期间鸡肉会涨价、春节期间蔬菜水果会涨价的原因。旱情期间，舟船无处可用，市场需求为零，所以价格一定会处于低位；而洪涝期间，舟船则是救命稻草，需求量大，价格肯定会节节攀升。

抓住了"大旱之后，必有大涝"和"旱情期间，舟船价格处于低位；水情期间，舟船价格处于高位"的规律之后，你便知道了要在旱情期间囤积舟船，这样更容易赚到钱。

我们再来看一个例子。近年来，大数据深刻地影响着我们的触媒习惯，很多互联网公司的产品都会通过用户的使用数据，个性化地定制专属内容推送给用户，做到"千人千面"。这一过程中也会涉及内容推荐的策略，我们接下来就用四元结构模型分析一下短视频平台的推荐策略。（如图3-2-3所示）

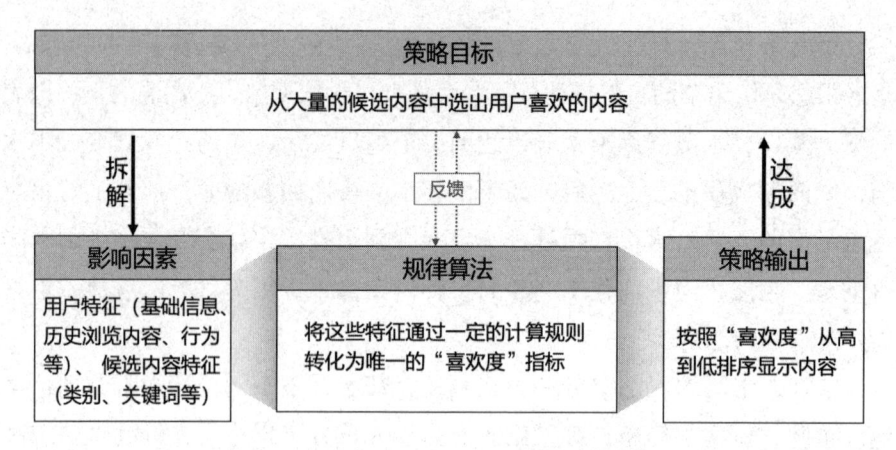

```
                    ┌─────────────────────────────────┐
                    │            策略目标              │
                    │ 从大量的候选内容中选出用户喜欢的内容 │
                    └─────────────────────────────────┘
                  ↓拆解          ↕反馈            ↑达成
   ┌──────────────┐  ┌──────────────┐  ┌──────────────┐
   │   影响因素    │  │   规律算法    │  │   策略输出    │
   │ 用户特征（基础信息、│ │将这些特征通过一定的│ │按照"喜欢度"从高│
   │ 历史浏览内容、行为 │ │计算规则转化为唯一的│ │到低排序显示内容│
   │ 等）、候选内容特征 │ │"喜欢度"指标    │ │             │
   │（类别、关键词等）│ │             │ │             │
   └──────────────┘  └──────────────┘  └──────────────┘
```

图 3-2-3　个性化内容推荐策略四元结构分析

内容推荐算法在策略中的目标是从大量的候选内容中选出用户喜欢的内容。为了实现这一目标，我们需要考虑哪些因素会影响用户对内容的喜好程度。这些影响因素可以分为用户的特征和候选内容的特征。

用户的特征包括其基础信息和历史浏览内容行为等。基础信息可以包括用户的性别、年龄、地理位置等，而历史浏览内容行为则记录着用户过去对不同类型内容的偏好，例如点赞、评论、留言、喜恶等显性的行为记录，以及停留时间、所在地域、登录频次、内容标签、关注账号、社交关系等隐性的行为记录。通过分析这些用户特征，我们可以了解用户的兴趣和喜好，从而为其推荐更符合其口味的内容。

候选内容的特征包括类别、调性、关键词、用户评论等。系统要对候选内容的特征进行多个维度的精确分类，通过分析候选内容的特征，了解其与用户兴趣的匹配程度。

为了将这些特征转化为能够衡量用户喜欢程度的指标，各大短视频平台公司开发了各自的核心算法，这是短视频内容推荐是否准确的关键。算法对应的正是四元结构中的"规律算法"部分，它可以通过一定的计算规则将用户特征和候选内容特征进行匹配，并最终给出一个唯一的"喜欢度"指标。

最后，策略输出是按照喜欢度从高到低排序显示内容，为用户提供个性化的信息推荐服务。因为这套算法机制，用户访问短视频平台时，系统根据其个人特征和候选内容特征，为其呈现出最符合其喜好的内容，使用户能够更好地找到感兴趣的信息。就这样，用户满意度和平台粘性得以大幅提升。

策略反馈不断修正，促进四元结构正向循环

在策略思维模型中，反馈是一个至关重要的环节。反馈帮助我们了解我们的行动是否能够达到预期的目标，并提供我们需要作出任何调整的线索。反馈在策略制定过程中扮演着提醒器的角色，能够帮助我们追踪和评估我们的决策和行动的有效性，并根据实际情况及时做出适应性的调整。

在第五届百度Create AI开发者大会上，李彦宏提出一个很有启发性的观点，他认为"反馈驱动创新"。对此他举了个生动的例子：科学家曾做过一个思想实验，就是把魔方打乱，交给一个盲人还原。第一种情况，假设盲人每秒转动一次，在没有任何提醒和反馈的情况下，他需要多久才能将魔方复原呢？答案是137亿年。而第二种情况，盲人每转动一次魔方，就有人向他做一次反馈，告诉他是更接近目标了，还是更远离目标了，盲人需要多久能把魔方还原？答案是两分半钟！

所以，反馈的巨大力量不言而喻。在策略决策的过程中，我们常常像盲人一样面对众多的困难和不确定性。策略落地可能有无数条途径，而落地过程中所带来的连锁反应更是不可预测的。在这种情况下，闭门造车往往会导致南辕北辙，失去正确的方向。

策略四元结构模型并没有一个标准答案，它只有被事实不断校对，才能真正有效。我们在应用这个模型的过程中，如果不知道错在哪里，没有关键信息反馈回来，我们就没法对结果进行检验。好比女孩子们买了一双漂亮的高跟鞋，但是这双鞋很磨脚，爱美的女孩子们必须"盘"上一两个星期，才有可能靠它征战舞会。包括上文提到的短视频平台的个性内容推荐机制，也是因为他有一套反馈调整体系，能够在海量数据的反馈中不断优化推荐算法，才能让这套内容推荐机制不断精准、成熟。

所以，策略是一个动态的过程。我们需要在策略四元结构模型中，根据策略输出与策略目标达成情况的反馈，不断调整规律算法。策略四元结构模型也会在测试—校对—再测试的正向循环里，百炼成钢。

第3节 策略的核心是将规律抽象成模型

找到规律，就找到了策略的钥匙

我们从策略的四元结构中可以看到，规律算法是核心。任何一件事情，只要总结出规律，那么将影响因素代入即可得到策略输出。

找到规律意味着找到了制定策略的关键。规律是通过对经验的积累和总结而得出的，它们是对过去事件和现象的观察和分析；当我们识别并理解这些规律时，就可以利用它们来制定有针对性的策略。

我们做策略之前有一个关键的步骤，叫做复盘。不管你是研究市场发展现状、消费环境变化，还是研究竞品的营销打法，其本质都是在复盘。为什么复盘如此重要呢？因为复盘的本质是研究市场为什么会这样发展，只有找到市场发展的规律，才能为我们自己的产品提供顺应市场发展方向的策略；复盘竞品成功与失败的原因，我们才能为学习经验，规避风险。就像打仗一样，为什么要熟读兵书？兵书通过对过往战役的经验总结，提炼成一套作战打法的模型，也就是兵法。

策略的目的就是解决问题，而解决问题的前提是弄清问题的来龙去脉，找到问题的本质。所以我们在做任何策略之前，首先要做的都是对事物发展的逻辑和规律的洞察。苹果公司绝对不会把海外目标市场的重心放在非洲，因为用户的消费能力和地区经济发达程度成正比是自然规律；特斯拉不会把中东作为核心市场，因为石油丰富的地区对电动车的依赖程度低也是自然规律。有人总结了世上最好做的生意，就是向少年卖希望，向老人卖健康，向女人卖青春，向中产卖生活方式。因为少年向往出人头地，老人祈求健康长寿，女人渴望青春永驻，中产迷恋富人生活，这些都是人性的规律。找到了规律，策略也就有了落点。

了解规律的存在和运作方式，在任何情况下都是制定有效策略的基础。在市场营销中，对顾客行为的观察和分析可以揭示出一些规律。比如，在特定时间段进行促销活动可能会获得更好的销售效果，或者在某个特定的市场细分中采取某种策略能够吸引更多的顾客。通过把这些规律转化为策略，我们可以更好地推动销售和提升品牌影响力。

在项目管理中，对项目执行过程中的规律进行总结可以帮助我们制定更有效的策略来应对挑战和风险。通过了解以往项目的成功案例和失败案例，我们可以发现一些常见的问题和影响项目进展的因素。基于这些规律，我们可以采取预防措施或者应对措施，提高项目的成功率和进度控制。

掌握了规律，我们就可以预见事物发展的趋势和方向，进而指导我们的实践活动。如"草船借箭""庖丁解牛""声东击西"等，都是利用对规律的认识，取得预期目的的典型案例——诸葛亮洞悉了人心的规律，知道多疑的曹操必然会向大雾中的草船射箭，从而成功地获取了箭矢，化解了危机；庖丁利用牛的形态和结构规律，并运用这些规律熟练地烹饪了食物；韩信基于对敌人行动规律的洞察，通过制造假象、转移敌人的注意力，从而达到出其不意、控制战局的目的。

宋朝末年间，皇宫发生火灾，整个皇宫大部分建筑都被烧毁。重建皇宫成为当时的紧急任务，然而重建面临的问题却不容小觑：取土、材料运输以及处理瓦砾垃圾。

大臣丁渭接到了皇帝的命令，负责这项艰巨的任务。丁渭面对这些棘手的问题，深思熟虑，最后找到了一条解决问题的妙计。

首先，他决定就近在皇宫前的大街上挖沟取土，这样可以避免耗费大量的时间和人力去从其他地方取土。当大街被挖成了宽而深的大沟之后，丁渭利用了汴河的水流将水引入壕沟中。这个巧妙的设计不仅解决了取土的问题，同时也为后续的运输提供了便捷的水路。

接下来，丁渭充分利用水路优势，将各地运来的竹木编成筏子。这样一来，不仅可以将外地所需的材料顺利运输到皇宫，还能大大节省运输成本和人力资源。他还组织手下人员，将其他从外地运来的材料也通过水路运进皇宫。

最后，当皇宫修复完成后，丁渭让手下将被烧坏的瓦砾填进挖好的大沟中，重新修建成一条大路。这种充分利用废弃材料的方法不仅解决了瓦砾的处理问题，还解决了工程善后的问题，实现了资源的循环利用。

经过丁渭的巧妙策划和精心组织，最终皇宫重建顺利完成。正因为他准确地把握了各个环节之间的关联关系，洞察到各环节运作的本质规律，才让项目组不仅节约了时间，还节省了大量的人力资源和经费。

策略来源于规律的提炼，而规律来源于经验的总结

策略的目的就是解决问题，而人是靠什么解决问题的呢？答案就是基于经验的判断和分析，总结规律。其实人类很多的理论都是从经验发展而来的，早期的人类通过观察身边的各种现象，总结规律，最终形成一个理论。并且在这个理论的指导下，可以预测一些事情。因为只要找到规律，结合之前的状态，它必将按照规律发展下去。

同时可以看到，任何决策都是以经验为基础的，没有经验的加持，人是不可能做出正确决策的。我们试想一下，一个人看到墙上的开关裸露出了一根电线，他一定不会用手去摸，因为他知道很有可能会触电，这是他基于过往的经验分析出来的结论。

当然，大家都听过小马过河的故事，经验是判断的基准，但不能将经验照搬使用，照搬经验只会导致经验主义的错误。苹果从树上掉下来是因为万有引力，月亮在天上不掉下来也是因为万有引力。所以经验不是解决问题的核心，通过经验去发现规律，才是解决问题的关键。

在每个领域，人们借助经验和观察，不断总结出一系列规律，并将其转化为策略来指导行动。举个例子，假设我们讨论的领域是股票投资。投资者在长期观察市场的基础上，发现了一些股票价格上升的规律，比如说在某些特定的季节、节假日或经济指标公布后，某些行业的股票往往会出现上涨的趋势。基于这个规律，投资者可以制定策略，比如在特定时期买入相关行业的股票，以获得更好的投资收益。

同样的道理适用于许多其他领域，比如销售、市场营销、项目管理等等。人们通过总结经验，发现了一些普遍适用的规律，并将其运用到实际操作中，提高工作效率和成功率。

然而，需要注意的是，规律以及由此衍生的策略并不是绝对的。它们是基于历史数据和经验的总结，而市场和环境是不断变化的。因此，策略的有效性也需要时刻进行评估和调整，持续收集这些因素的变化，并根据变化随时调整解决方案，以适应新的情况。

例如，小刚每天去公司上班，每个月能够收获一份工资，这个挣钱的方法是有效的，这个方法有效的决定因是这个公司持续存在且能够发出工资，如果有一天公司经营不善，发不出工资了，小刚继续用这个方法，每天去上班，也达不成自己挣到工资的目标了，因为决定方法有效的决定因已经不在了，靠上班赚钱的"经验"也就失效了。

总之，策略的提炼源于对规律的理解和总结，而规律又来自于经验的积累和观察。只有不断总结、学习和调整，我们才能发现规律并将其转化为实际行动。这样，我们就能在不同领域中制定更有针对性、更有效的策略，取得更好的成果。

先找圆心再画圆——将规律抽象成模型

我们先思考一个问题，为什么要将规律抽象成模型？

一个小孩将一个皮球从楼顶抛下，皮球的下落过程与运动轨迹，因各种原因变得很不确定、充满偶然性。皮球会因小孩力气的大小，抛出的角度不同，以不同的方式向下坠落；楼外风力的大小，决定着皮球可能飞去的方向；阳台的阻挡，可能改变皮球的下落角度；在皮球坠地之前，一只宠物狗接住了皮球，又会将它引向人们意想不到的地方。

这是一个复杂的过程和表现，要想找到皮球运动的规律是很不容易的。皮球作为宏观物体，牛顿采用的是抽象方法来寻找物体运动的力学规律。首先，他设定了无阻力环境，将风的作用力、建筑物的阻挡以及那只狗的作用力排除掉，观察无任何阻力的条件下，宏观物体是怎样运动的。其次，他抽象掉了物体受力主体的区别，即不管物体受了什么样的力、受了谁的力的作用，都不去管它。只研究物体受力亦或不受力的时候，是一个什么样的状态。如此，牛顿揭示出了若干简单、应用普遍的力学规律，并通过数学公式将其以模型的形式表达出来。

这就是模型在实际解决问题过程中的意义，我们称之为"先找圆心再画圆"。即通过抽象化，去掉一些不必要的影响因素，从而找到最朴素的本质规律；再用数学公式、符号等可视化的形式将这个本质规律表达出来，从而形成普适化的、适用于多种场景的模型。

接下来我们从购买漏斗被抽象出来的过程，来看看如何将规律抽象成模型。

购买漏斗应该算是我们最早接触的营销模型了，它基于购买行为学特征，绘制了品牌或产品占领消费者心智的理论客户旅程，科学反映了销售机会状态和销售效率。

购买漏斗之所以能称之为一个模型，在于任何一个人的购买行为，都会经历从潜在阶段，发展到关注阶段、兴趣阶段、意向阶段，最终完成购买，这是人类产生购买行为的规律。购买漏斗则完美地表达了这种规律，它以直观的图形方式展现了客户在这几个阶段的比例关系，环节越靠上，客户数量越多；环节越靠下，客户数量越少。之所以将购买的周期定义为"漏斗"，是因为从客户有产品需求到最终决定购买是一个不断删选、万里挑一的过程，整体图形会呈现出类似漏斗的形状，所以称之为购买漏斗。（如图3-3-1所示）

购买漏斗通过对模型中销售管线各个要素的设定，比如销售阶段划分、各阶段转化率、转化时间、转化迹象等，帮助我们实现对销售结果的评估和预测。正式因为购买漏斗是对购买行为规律的抽象，所以它可以更清晰地展现销售行为，梳理逻辑，更容易找到问题环节，通过实施有针对性的解决办法，破除问题环节的障碍和瓶颈，加大向下开口，实现最终销售效果的提升。

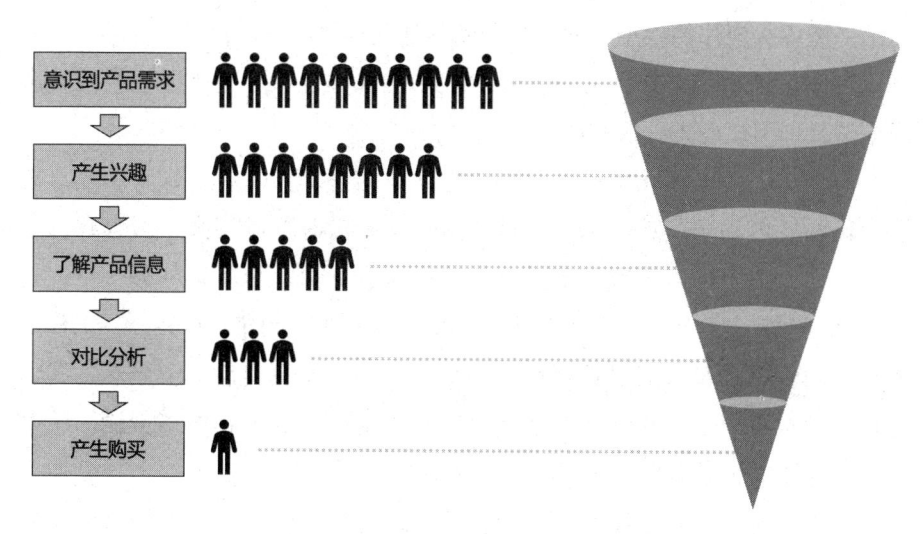

图 3-3-1　销售过程中的漏斗转化模式

购买漏斗成为商业社会广泛运用的模型，并派生出了不同的版本。但不管什么版本，它都属于一种对管线思维筛选逻辑的解释，所以购买漏斗的使用并不局限于销售领域本身，只要符合管线筛选逻辑，其他领域也可以尝试套用。例如，提升产品生产合格率，公司人才的梯队建设，以及以结婚为目的的对异性资源进行筛选，都可以参考这个模型进行分析。例如总是找不着对象，就要考虑是自己认识的异性太少，还是跟他们的接触时间太少，是对他们的条件要求太苛刻，还是自己本身不够用心，哪些地方可以改善，哪些条件可以放宽？都可以在这里找到答案。所以购买漏斗给我们的启示在于利用漏斗的管线筛选逻辑举一反三，这才是漏斗模型存在的意义。

策略就是建立既有现象的规律模型，然后应用到其他场景

策略实际上是根据形势发展的规律而制定相适应行动方针的过程，掌握复杂知识的最有效途径就是掌握其中的规律所在，用规律去化解未知和解决问题。策略的本质，就是对以往的规律进行总结，然后因地制宜、因时制宜地提供行动方针与方法。这个过程其实就是对过往经验进行复盘与

总结，提炼成规律的模型，然后复用到其他的场景之中。

当你找到系统，并认清系统要素和系统规律之后，就需要把系统抽象成模型，利用模型去分析解决问题。

举个例子，比如北京要规范两轮电动车的管理，需要统计整个北京有多少辆两轮电动车，该怎么做？这个问题本身没有标准答案，但有几种思路。比如，我们可以先查一下北京一共有多少人口，接下来估算一下，这些人口当中有多大比例是骑两轮电动车的。又比如，可能20~60岁，工作的人会骑两轮电动车，通过比例可以估算出有多少两轮电动车。当然，我们还可以大致算一下北京有多少条街道，每条街道大致能容纳多少辆两轮电动车，这样也能得出一个相对准确的数字。

当然，这些都是思路。当我们拥有系统思维，能够发现两轮电动车和人口、两轮电动车和街道的关系，我们就能建立模型。当我们建立的模型越接近现实世界，你就能得到越发精准的答案。最后总结一下，系统思维就是一种从整体和全局上把握问题的思维方式。事物之间不是孤立存在的，是联动的、互通的，看透系统内部的运作规律、发展方向，掌握事物的本质，才能让我们对事物洞若观火，成为掌控全局的高手。

"围魏救赵"的故事想必很多人都听过。战国时期，魏国围攻赵国都城邯郸，赵国向盟友齐国求救。齐国主将田忌用军师孙膑的计策，乘魏国精锐部队全部在赵国，国内空虚，于是引兵攻袭魏都大梁，在魏军从邯郸撤退回救时，乘其疲惫，大败魏军于桂陵，赵国之围遂解。后以"围魏救赵"指袭击敌人的后方以迫使进攻之敌撤退的战术。

"围魏救赵"自从被写进《三十六计》的那一刻起，就已经不再只是某一个特定历史时期发生的某场特定战役，而是形成了一种情景化战略模型。这个故事营造了一个特定的场景：一是敌人大举进攻你而导致后方空虚，二是此时的你并没有被完全傅住手脚，而是具备一定的迂回作战能力。也就是说，在以后的任何战役，当遇到这个场景时，就可以直接套用围魏救赵的公式了。（如图3-3-2所示）

举个例子。三国时期经典战役官渡之战，曹操听从许攸之计，袭取袁绍屯粮重地乌巢，袁兵大乱。这时，袁绍集团谋士郭图向袁绍献计：曹操亲自劫粮,那么他的大本营势必空虚,我们可以乘此机会攻袭曹操的大本营。历史总是惊人的相似,此情此景,不正是当年围魏救赵时的那个情景模型吗?可惜的是,袁绍并不具备这种模型化思维,并没有采纳郭图的计策,最终一败涂地。

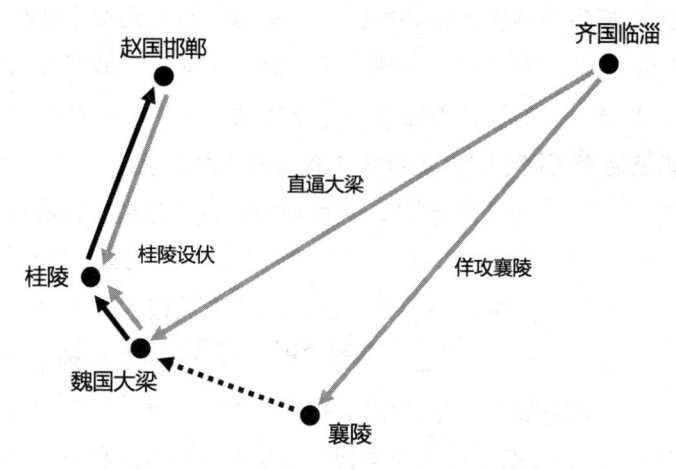

图3-3-2 "围魏救赵"战略地图

时间再度拉近。当年,腾讯通过微信支付和财付通,不断挑战阿里巴巴在移动支付方面的领导地位。春节期间,微信推出的微信红包更是直捣黄龙,一夜之间风靡社交网络,让以支付宝为代表的阿里移动支付黯然失色。阿里当然不会轻易放弃核心利益,但如何反击,成为阿里最头疼的问题。彼时的腾讯与阿里都处于高速发展时期,如果在移动支付领域与腾讯展开白刃战,那么对双方都没有好处,即便最终阿里赢了,也是"伤敌一千,自损八百";但如果隐忍退让,移动支付这块巨大的蛋糕势必会被腾讯蚕食鲸吞,那时阿里将失去核心领域的护城河。

最终,阿里的策略是——高调宣布进军手游领域。这一招就是典型的"围魏救赵"。彼时的手游是腾讯的天下,手游市场属于腾讯的核心利益,阿里此举直接切入腾讯的势力范围。由于腾讯的核心利益受到威胁,不得不集中精力在手游上与阿里应战,阿里移动支付的危机不战自解。最终,中国的移动支付领域形成了腾讯、阿里分庭抗争的局面。

我们再来看个广告营销的经典案例。1995年,"白加黑"上市仅180天销售额就突破1.6亿元，在拥挤的感冒药市场上分割了15%的份额，在中国大陆营销传播史上堪称奇迹。这一现象当时被称为"白加黑震撼"，在营销界产生了强烈的冲击。

一般而言，在同质化市场中，很难发掘出"独特的销售主张"。感冒药市场同类药品甚多，市场已呈高度同质化状态，而且无论中西药，都难以做出实质性的突破。康泰克、丽珠、三九等"大腕"凭借着强大的广告攻势，才各自占领一块地盘，而盖天力这家实力并不十分雄厚的药厂，竟在短短半年里就后来者居上，其关键在于崭新的产品概念。

"白加黑"是个了不起的创意。它看似简单，只是把感冒药分成白片和黑片，并把感冒药中的镇静剂"扑尔敏"放在黑片中，其他什么也没做。实则不简单，它不仅在品牌的外观上与竞争品牌形成很大的差别，更重要的是它与消费者的生活形态相符合，达到了引发联想的强烈传播效果。

在广告公司的协助下，"白加黑"确定了干脆简练的广告口号"治疗感冒，黑白分明"，所有的广告传播的核心信息是"白天服白片，不瞌睡；晚上服黑片，睡得香"。产品名称和广告信息都在清晰地传达产品概念。

当产品同质化的时候，产品卖点本身就相当于你被敌人围攻的大本营。如果坚守在这个领域，企图通过加强产品的研发，更多时候是徒劳的。而选取从用户体验的时候，则是选取了另外一个竞品薄弱的环节，拉开差距。这不也是"围魏救赵"策略模型的应用吗？

所以我们看到，不管是真正的战争还是没有硝烟的商战，战场上的作战规律都是相通的。

第4节　用模型的视角看世界，将复杂问题简单化

等比估算模型，用模型化思维以小见大

很多大公司面试时，经常会问出一些奇怪的问题。比如，一个成年人有多少根头发？HR要求你不借助任何工具，只靠一张白纸和一支铅笔，去计算出人类头发的数量。这其实是考验候选人，如何在有限的资源和信息下，找到最简洁可行的做事方法。

对于这个问题，我们可以采用等比估算方法来计算。首先，我们假设人的头颅大约和一个足球大小相似，用足球的表面积来换算头发的面积。

我们可以通过目测得知人的头发大致占据整个头颅的二分之一的面积。也就是说，一个足球的二分之一面积就是正常人的头发面积。

接下来，我们假设足球的直径大约为20厘米，则其表面积约为 $4 \times \pi \times 10^2 \approx 1256$（平方厘米）。而二分之一的足球面积就是628平方厘米。

然后，我们再假设每平方厘米大约有100根头发。因此，最后的答案就是628平方厘米乘以100，即62800根头发。

精准的答案是：有6万到12万根。据统计，黑人大约6万到8万根，黄种人大约8万到10万，白人大约10万到12万根。我们的答案虽然误差很大，但也正确范围值内。

这种计算方法虽然只是估算，但在面试中，它展示出了候选人通过抽象化思维建模解决问题的能力。当资源和信息有限的时候，就要将实际问题抽象成模型，对模型进行合理的假设和近似计算，找到一个简洁可行的解决方案。例如人的头形状不规则，如果按照实际情况计算其表面积将十分困难，但如果将其抽象为一个球形，问题便迎刃而解；估算大面积头皮

上的头发数很难，因为没有参考，但如果能够估算出单位面积上的头发数，再通过等比还原的方式，即可得出答案，这里的"单位面积"也就成了一个模型。通过抽象化模型解决实际问题，展现出了候选人的思维能力和创造力。

信息树期望模型，让概率问题不再悬而不决

生活中，有很多看似主观的事情，其背后都有一条理性的逻辑链路。

我们来看这个例子。假设我明天要去上海参加一个会议，我有三种出行选择，飞机、高铁和汽车自驾。飞机最快，只要3个小时，但最近天气多变，北京到上海航班的准点率只有70%，一旦延误就得在机场多等4个多小时。高铁的准点率更高，达到95%，正常需要5个小时，但万一延误的话，也要多等1个小时。当然我也可以选择汽车自驾，但导航显示从北京到上海自驾需要15个小时。问题来了，如果只从时间成本的角度考虑，我该选择哪种出行方式？

相信大家最先排除的肯定是汽车自驾。原因也很简单，汽车自驾的时间与飞机、高铁悬殊太大，即便飞机和高铁都延误，用的时间也比汽车自驾少。但飞机和高铁之间要怎么选呢？它们花费的时间差别不大，且概率不同。

这个时候，我们就得用到信息树期望模型。

飞机准点：概率70%，用时3小时

飞机延误：概率30%，用时7小时

高铁准点：概率95%，用时5小时

高铁延误：概率5%，用时6小时

汽车自驾：概率100%，用时15小时

根据这样的一个信息树期望模型，我们可以算出每一种交通工具的期望值。我们可以发现，乘飞机的期望值是4.2小时，坐高铁的期望值是5.1小时，而自驾的期望值是15小时。（如图3-4-1所示）所以，我会选期望值最小的飞机。

```
                          ┌─ 70% ── 3小时 ┐
               ┌─ 飞机 ──┤              ├─ 70%×3 + 30%×7 = 4.2（小时）
               │         └─ 30% ── 7小时 ┘
               │
               │         ┌─ 90% ── 5小时 ┐
信息树期望模型 ─┼─ 高铁 ──┤              ├─ 90%×5 + 10%×6 = 5.1（小时）
               │         └─ 10% ── 6小时 ┘
               │
               └─ 汽车自驾 ─ 100% ─ 15小时 ─ 100%×15 = 15（小时）
```

图 3-4-1　信息树期望模型

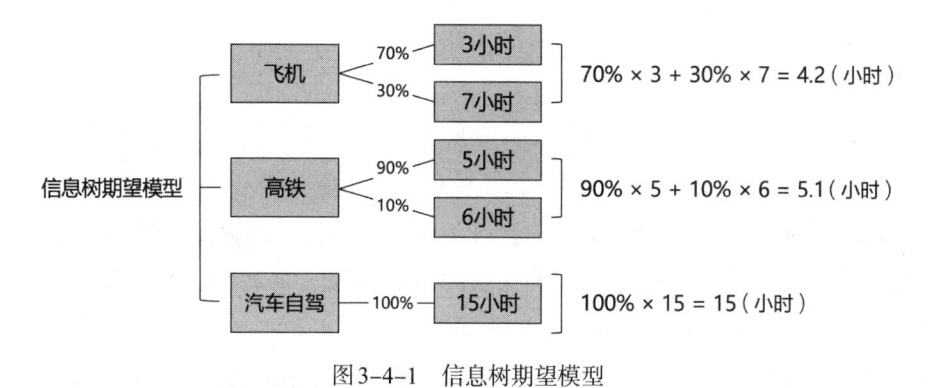

用四象限时间管理模型，高效管理时间

在日常工作中，我们需要同时应对很多件繁杂的事情，这些事情的轻重缓急程度不同，我们一旦没有制定完善的计划，很容易造成疏漏或工作质量的下降。这个时候，我们就可以通过四象限时间管理模型来高效管理时间。（如图 3-4-2 所示）

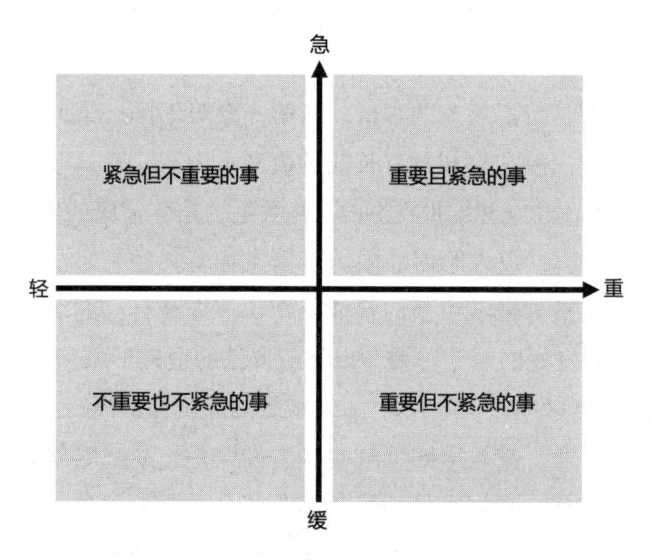

```
                    急
                    ↑
        紧急但不重要的事 │ 重要且紧急的事
                    │
    轻 ─────────────┼───────────── 重
                    │
        不重要也不紧急的事 │ 重要但不紧急的事
                    │
                    缓
```

图 3-4-2　四象限时间管理模型

如果把要做的事情按照紧急、不紧急、重要、不重要的排列组合分成

四个象限，这四个象限的划分有利于我们对时间进行深刻的认识及有效的管理。

第一象限包含的是一些紧急而重要的事情，这一类的事情具有时间的紧迫性和影响的重要性，无法回避也不能拖延，必须首先处理优先解决。它表现为重大项目的谈判、重要的会议工作、关键决策的制定等任务。这些事情往往要求我们迅速行动，确保及时解决问题。如果我们将这些任务拖延或忽视，可能会导致重大的损失或错失重要的机会。

第二象限包含的事件是那些紧急但不重要的事情，这些事情很紧急但并不重要，因此这一象限的事件具有很大的欺骗性。很多人认识上有误区，认为紧急的事情都显得重要，实际上，像无谓的电话、附和别人期望的事、打麻将三缺一等事件都并不重要。这些不重要的事件往往因为它紧急，就会占据人们的很多宝贵时间。

第三象限，不重要也不紧急的事。这一区域大多是些琐碎的杂事，没有时间的紧迫性，没有任何的重要性，这种事件与时间的结合纯粹是在扼杀时间，是在浪费生命。比如发呆、上网、闲聊、游逛，这是饱食终日无所事事、没有目标和追求的人的生活方式。长此以往，消磨意志，无益于个人的成长和发展。

第四象限重要而不紧急的事情。与第一象限不同，第四象限的事件并不需要立即处理，但它们却具有长期价值和重大意义。这些事情可能包括个人成长和发展、建立和维护良好的人际关系、培养健康的生活习惯等。

对于个人而言，投入第四象限的事情意味着关注未来的长远利益。例如，投资时间和精力来学习新的技能或知识，提高自己的职业竞争力；培养积极的心态和良好的行为习惯，以塑造自己的个人形象和品格；与家人、朋友和同事建立良好的人际关系，以享受更加充实和幸福的生活。

对于企业而言，投入第四象限的事情可以是长期战略规划和发展。这包括制定长期目标、研究市场趋势、提升产品或服务质量、建立良好的企业文化等。虽然这些事情可能不会立即带来显著的经济利润，但却能够在未来为企业带来持久的成功和竞争优势。

未雨绸缪，这是我国古代的一个成语，它的意思是说在下雨之前或者是不下雨的时候要先修缮房屋门窗，以防备下雨的时候挨雨淋。

不下雨的时候并不需要急于修缮房屋门窗，但不漏雨的屋子对于雨天来说绝对的重要，这件事在不下雨的时候准备，才能够保证在下雨天也不影响工作的进行。

未雨绸缪是对第四象限事件管理的形象描述。生活工作中好多重要的工作，都需要在问题出现之前做好准备，这就是制定计划的原因。

四象限时间管理模型给我们的启示是，时间是有密度的。我们常常用对称的思路分配时间，却忽略了我们在每个象限的专注程度是不一样的。我们要把最高质量的时间和精力放在重要而不紧急的事情上，因为这个象限的事情往往都是长期收益最高的，沉淀效应也是最高的。

第四章

用模型化思维，
解决系统性问题

章前语

现代世界高度复杂,我们通常只知道发生了什么或者正在发生什么,却很难理解为什么会发生。比如,炒股的人总是期望股票与经济、单一股票与大盘走势、业绩趋势与股票涨跌之间形成直接的线性关系。但是不幸的是,股市是一个复杂系统,经济、国际环境、宏观政策、行业动态、企业发展等,任何一项因素都可以影响到股市,并且相互之间会形成一系列的变化;而这些变化往往是非线性的,是不规则的。

要想解读这些捉摸不定的信息,往往需要借助模型。比如,当你掌握了疫情传播模型,你就可以根据每天感染者人数对未来的传播情况进行预测。通过易感者、感染者和痊愈者组成的模型和传染病的发生概率,就可以推导出一个传染阈值,也就是一个临界点,超过这个临界点,传染病会传播。为此,还可以推演,为了阻止传染病传播,需要接种疫苗人数的比例。

模型化思维其实是一种综合性的思维工具,它鼓励我们去对问题建立体系框架,用系统化的方式解决问题。在本章,我们将探讨如何用模型化思维,解决系统性问题。

第1节　线性问题与系统性问题

我们可以把这个世界上的问题分成两种，一种是线性问题，另一种是系统性问题。线性问题一般是非此即彼，因果关系非常明确的事情。比如你饿了吃饭就能解决，车坏了修理一下就好了，基本就是头痛医头脚痛医脚，方法简单粗暴，但是见效很快，很明显。

然而，另一类问题看起来很简单，可当你真正着手处理的时候，发现单从某一个方面入手是很难解决的，例如股市的变化、气候的变化，这就是系统性问题。处理这一类问题，我们需要从整体和全局上把握问题的本质，分析事物相关结构之间的关系，去掉不必要的细节，只留下本质联系，将其简化为模型框架来分析。

模型之所以重要，是因为模型可以解决很多复杂的系统性问题。

思维成长的本质是思考维度的多元化

小时候，我们对世界的理解是简单的、扁平的。我们单纯地认为，世界非黑即白，非善即恶，除了对的就是错的，人只分好人跟坏人。

还记得我小的时候看《三国演义》，觉得刘备是好人，曹操是坏人。于是看到曹操挟天子以令诸侯就恨得咬牙切齿，看到他赤壁惨败心里就暗自开心。长大后才发现，这个世界上没有绝对的对错，也没有绝对的好人和坏人，判断问题和分析问题，绝非只用单一一个维度和标准就可以。曹操奸诈嘴脸的背后，或许是他想要廓清寰宇、统一中国的雄心壮志；刘备匡扶汉室的幌子背后，或许暗藏着自己的帝王之心与假仁假义。

小时候觉得蜀汉最终灭亡的原因是因为诸葛亮死得太早了，如果他能多活十年，一定能打败司马懿灭掉曹魏。后来慢慢意识到《三国演义》神化了诸葛亮，历史绝不是某一个人就能左右的，国力不济、人才匮乏才是蜀汉灭亡的核心原因。再到后来，我开始用更加科学的政治经济学的视角看待这段历史才意识到，蜀汉政权没有获得地方士族地主阶级的支持才是蜀国灭亡的根本原因。

当我理解了一个国家是一个系统，人只是复杂系统中的一个元素的时候，才发现我现在看问题要比小时候更加深入，更加全面，也更加理性。

其实一个人心智的成长，不就是伴随着思考维度的多元化吗？

一个3岁的小孩子，在商场看到想要的玩具。这时候他会怎么办呢？他大概率会哭、会闹，会在地上打滚，因为在他的认知里，只要他哭、闹、打滚，爸爸妈妈就会买给他。他将"哭、闹、打滚"和"买玩具"两件事情用简单的因果关系联系起来，这是一种单一维度的归因逻辑。

等到他上小学了，这时在地上打滚已经不能让爸爸妈妈给他买玩具了。于是他会想，如果爸爸妈妈高兴了，就会给我买。怎么样才能让爸爸妈妈高兴呢？我努力学习，成绩好，他们就会给我买了。

等他再大些懂事以后，他考虑的因素就更多了。他会考虑这个玩具能给我带来什么，我真的需要它吗，它的价格贵吗，爸爸妈妈那么辛苦赚钱买它值不值，是不是有更便宜的产品可以替代等。

我们可以看到，随着一个人的思维越来越成熟，他考虑问题的维度会越来越多，不同维度之间的逻辑也会越来越复杂。这便是从线性思考到多元思考的过程，或许也是小孩子天不怕，地不怕而大人总是畏手畏脚的原因吧。

线性问题：问题的影响因素相互独立

最基本的策略思考结构是单维度的，也就是只考虑影响事物发展的一个方面。一个刚毕业的大学生找工作，他很优秀，收到了A、B、C、D、E五家公司的Offer。作为刚毕业的应届生，他最先考虑的可能是薪资。于是大脑会从薪资多少的角度，对这五个Offer进行对比排序。这是最基本的一维对比排序的策略结构。（如图4-1-1所示）

```
    B      E    基准点    A     D     C
 ●—————●————●—————●—————●—————●————→
低薪                                高薪
```

图 4-1-1　"薪资"单维度对比模型

但是，他并不会简单地通过这个排序而选择工资最高的那家公司。因为他很快发现，工资最高的那家公司，工作枯燥无趣，缺少成长空间。这时候，除了薪资之外的第二个考量维度就出现了，那就是职业发展潜力。于是大脑会从职业成长价值的角度，对五家公司重新进行了一维排序。（如图4-1-2所示）

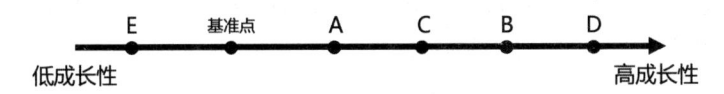

```
      E   基准点   A     C     B     D
 ●————●————●—————●—————●—————●—————→
低成长性                           高成长性
```

图 4-1-2　"成长性"单维度对比模型

如果单从这两个一维对比排序的结构，他还是无法清晰地判断自己该选择哪家公司。这时候，就要用到二维思考结构了。将薪资多少作为横坐标，职业成长价值作为纵坐标，即可构建一个二维坐标轴。这时，平面会被划分成四个象限，依次为：高薪高成长、高薪低成长、低薪高成长、低薪低成长。将这五家公司以坐标点的形式在四象限上进行标注，即可知道每个点在坐标中的位置。（如图4-1-3所示）

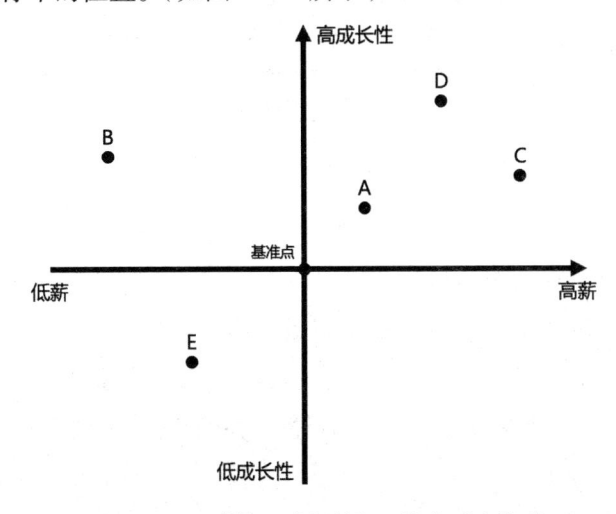

图 4-1-3　"薪资—成长性"双维度对比模型

这就是一个基本的二维结构的策略思考模型。这位大学生最终选择了D公司。他考虑这个问题的时候，并没有真的像上文所述一样画出一个二维坐标，但他的大脑思考的时候是一定会有这样一个结构的。

同样的，我们在评估一个产品的市场现状时，会用到市场占有率这个指标。市场占有率越高，说明这个产品的销售现状越好，竞争力也就越强。然而，市场占有率并不是评判产品市场表现的唯一指标，有些产品刚刚推出的时候市场占有率为0，但它仍然是一个有潜力的产品。当我们需要评估一个产品是否具有潜力的时候，就会用到市场增长率的指标。我们以市场占有率高低与市场增长率高低为标准，划分出四个区域，于是就有了著名的波士顿矩阵。（如图4-1-4所示）

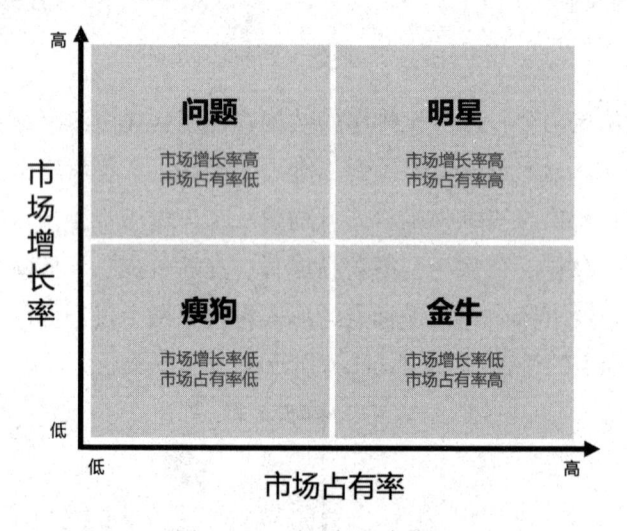

图4-1-4 波士顿矩阵模型

有的时候，两个维度可能还不够，甚至需要三个维度。比如RFM模型。

RFM模型是在新媒体运营及客户关系管理中，衡量客户价值和客户创造利益能力的重要工具。RFM模型通过三条坐标轴，以三个维度的方向，即R（Recency）最近一次消费、F（Frequency）消费的频率、M（Monetary）消费的金额，对用户进行分级，进而反馈客户的价值。（如图4-1-5所示）

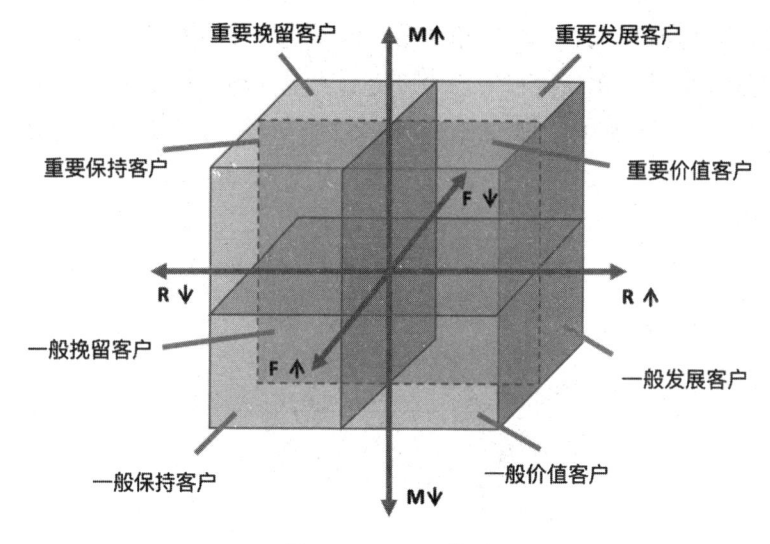

图 4-1-5　RFM 模型

我们一般用最近一次登录和关注的时间来衡量 R，R 越小，说明用户的敏感度越高，运营效果将越好；而 F 一般用特定时间内的登录次数来衡量，F 越大，说明用户的满意度和使用黏性越高，越愿意关注；而 M 则用特定时间内消费的金额大小来衡量，M 越大，说明用户的消费意愿更高，用户价值越高。

值得一提的是，R（Recency）最近一次消费、F（Frequency）消费的频率、M（Monetary）消费的金额这三个维度之间，是没有直接的影响关联的。R 的改变，不会影响 F、M；F 的改变，也不会影响 R、M。

系统性问题：影响因素众多且相互关联

类似 RFM 模型，不论影响问题结果的维度有多少，只要这些维度之间相互没有影响，那么就属于线性问题。然而，当问题的影响维度之间一旦不再相互独立，而是相互影响的时候，那么线性问题就演变成了系统性问题。

一家工厂想要提升效益，总经理决定从产品质量、生产成本和生产效率三个方面着手优化。大方向没问题，因为质量、成本和效率是企业经营中不可或缺的三个要素，它们共同影响着企业的效益。然而问题是，这三个要素之间还同时存在着一种三角关系，即质量、成本和效率之间的相互制约和平衡，所以在实际执行过程中，提高产品质量、降低生产成本、提升生产效率往往很难同时实现，这也是很多企业老板头疼的问题。（如图4-1-6所示）

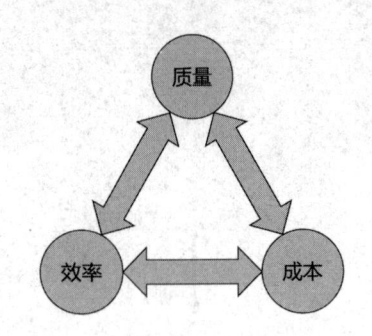

图4-1-6 "质量—效率—成本"相互关联

企业只有提供高质量的产品和服务，才能赢得消费者的信任和忠诚度。然而，提高产品和服务的质量需要投入大量的成本，包括人力、物力、财力等。因此，企业需要在质量和成本之间寻求平衡点，以确保产品和服务的质量达到消费者的期望，同时又不会过度投入成本。

企业需要控制成本，以确保企业的盈利能力和竞争力。然而，过度的成本控制可能会影响产品和服务的质量，从而影响企业的声誉和市场地位。因此，企业需要在成本和质量之间寻求平衡点，以确保成本控制的同时，产品和服务的质量不会受到影响。

提高效率可以降低成本，提高生产效率和服务效率，就可以提高企业的竞争力。然而，过度的效率追求可能会影响产品和服务的质量，从而影响企业的声誉和市场地位。因此，企业需要在效率和质量之间寻求平衡点，以确保效率提高的同时产品和服务的质量不会受到影响。

我们看到，质量、成本和效率相互制约，共同构成了一个系统性问题。当成本不变时，要想质量提升，那么效率就必须提升；当质量不变时，效率降低，那么必然会导致成本的升高。要解决这个系统性问题，我们就不能用线性的思路去思考，而是需要在三者之间寻求平衡点，以确保产品和服务的质量达到消费者的期望，同时又不会过度投入成本和追求效率。只有在质量、成本和效率之间达到平衡，企业才能实现可持续发展。

不同于质量、成本和效率构成的企业经营体系这样简单的系统，股市算得上是人类社会最复杂系统之一。要想真正地预测股票的行情，可能比预测天气、预测地震更难。

影响个股走势的主要因素有宏观经济、基本面、资金流动性、市场情绪、大盘走势等。如果这些因素是相互独立的，那么这支股票的走势就很好预测了。因为只需要将这几个因素的变化代入，根据影响的权重进行加权，就可以判断这支股票是涨还是跌。（如图4-1-7所示）

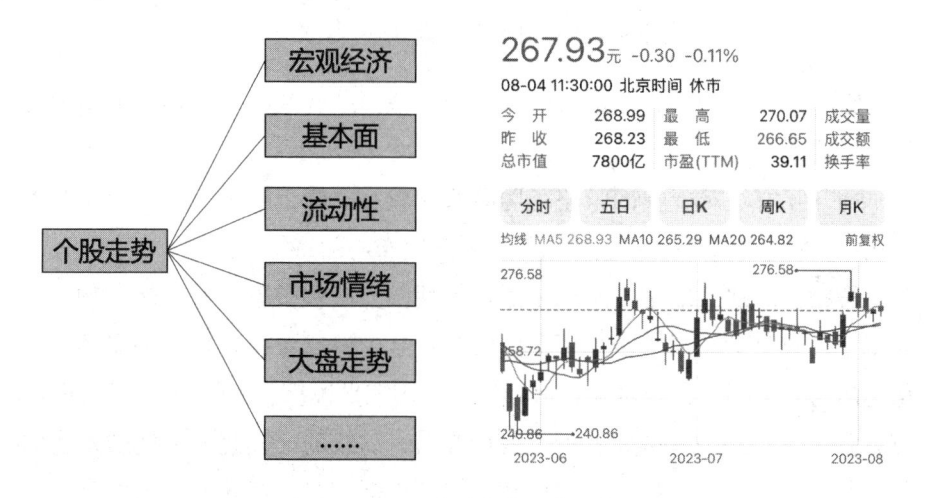

图4-1-7 个股走势影响因素

然而事实却并非如此。股市之所以复杂，就在于各个影响因素相互影响。我们从这张图中就可以看到，影响个股走势的因素之间本身并不相互独立。

例如宏观经济复苏会加大市场资金的流动性，从而影响基本面；市场情绪影响大盘走势，继而影响个股；市场资金流动性推动大盘走势，继而抬高市场情绪。当这些影响因素盘根错节、相互影响和关联时，股市就成为一个复杂的大系统。只改变某一个因素便会牵一发而动全身，更何况现实情况是每个因素都有自己的波动逻辑，所以造成股市的难以预测。（如图4-1-8所示）

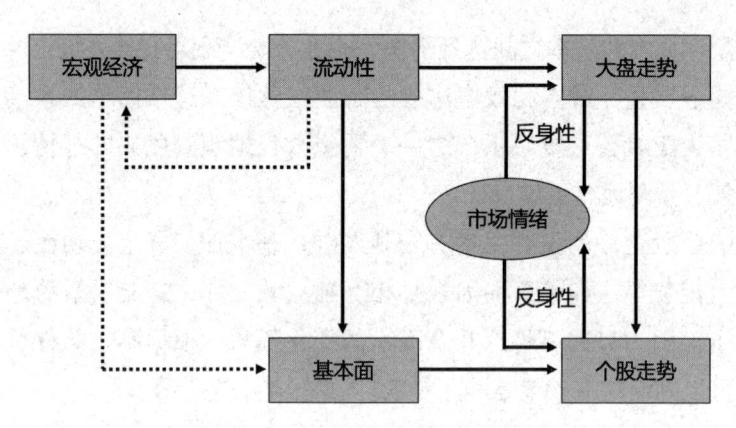

```
宏观经济 → 流动性 → 大盘走势
                    ↕ 反身性
                  市场情绪
                    ↕ 反身性
       基本面 ────────→ 个股走势
```

图4-1-8　股市影响因素相互关联

除了在企业管理、股市分析等专业领域，系统性问题在日常生活中也经常会遇到。

前几年有一款经典的策略塔防游戏比较火，叫植物大战僵尸，很多人都玩过。在这个游戏中，也涉及了一些策略布防的系统性问题。

植物大战僵尸的基本规则是通过消耗阳光来种植不同的塔防植物，从而构建出自己的防线，抵御僵尸的进攻。这个游戏考验玩家合理安排各种植物的组合策略，尤其对于大部分的新手玩家来说都会面临一个关键问题，那就是每一局要种多少向日葵。我们知道，防线的牢固程度跟塔防植物的数量与质量有关，而种植塔防植物又需要消耗阳光，阳光又是由向日葵产生的。所以如果只考虑这些表面的因素，那么向日葵种得越多，单位时间内收获的阳光也就越多，玩家也就能种更多攻击性更强的塔防植物，防线也就会越牢固。这个时候，防线的设计问题就是一个线性问题。（如图4-1-9所示）

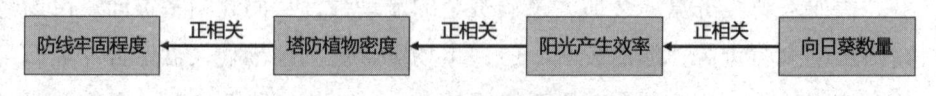

防线牢固程度 ← 正相关 ← 塔防植物密度 ← 正相关 ← 阳光产生效率 ← 正相关 ← 向日葵数量

图4-1-9　游戏中元素的线性关联

然而在实际的游戏过程中，我们发现并没有这么简单。因为玩家种的向日葵越多，等待向日葵成熟的时间也就越长，那么种植塔防植物的时间也就越晚。这样一来，很有可能错过了最佳的布防时间，导致僵尸突破防线。同时，向日葵种得太多，会压缩塔防植物的战略空间，可能导致塔防植物无处可种，也会进一步影响防线的牢固程度。这个时候，防线的设计问题就变成了一个系统性问题。（如图4-1-10所示）

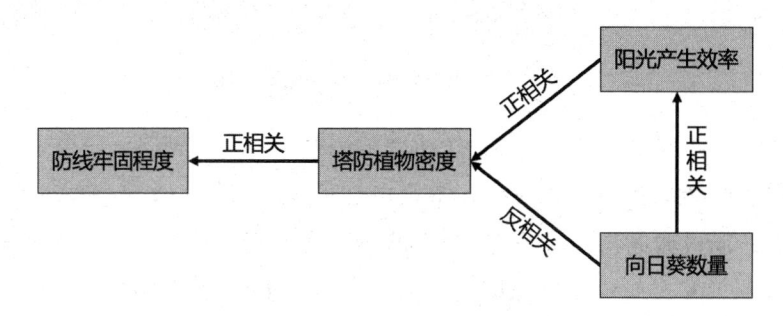

图4-1-10　游戏中元素的系统性关联

从这个系统关系图中可知，塔防植物密度、阳光产生效率、向日葵数量三个要素构成了一个动态平衡的系统。一方面，向日葵数量越多，阳光产生效率越高，塔防植物密度就越大；另一方面，而向日葵数量越多，塔防植物种植时间越晚，导致塔防植物密度不足。所以，怎么样控制种向日葵的数量和节奏，是考验玩家解决系统性问题的一大挑战。

切忌用线性思维解决系统性问题

生活中我们通常会犯的一个错误，就是用线性思维去解决系统性问题。我们都喜欢处理线性问题，因为直接明了，不需要过度思考；我们也通常希望世界是线性的，通过简单的因果就可以解释和解决一切问题。但遗憾的是，真实的世界并非线性的，而是一个错综复杂的系统；改变任何一个变量，都有可能引起变化。线性思维往往忽视了复杂性和多元性，它倾向于将事物简化为单一的因果关系，忽略了其中的复杂因素和相互作用，这使得线性思维难以应对复杂的问题和变化的环境。

在殖民时期，印度德里城里眼镜蛇泛滥，毒蛇伤人的事件频频发生，民间怨声载道。殖民政府看到这个问题后，想出来一个办法。只要抓到眼镜蛇，并上交给政府，就能够获得赏金。有道是有钱能使鬼推磨，全民抓蛇

政策取得立竿见影的效果，一时间野生眼镜蛇的数量少了许多。（如图4-1-11所示）

赏金多少 →正相关→ 群众捕蛇意愿 →正相关→ 上交的眼镜蛇数量 →反相关→ 野生眼镜蛇数量

图4-1-11　线性思维思考"捕蛇问题"

然而，印度政府忽视了另一个重要的因素——人为饲养。

眼看眼镜蛇数量越来越少，赏金也越来越难获得，于是一些人动起了小聪明，通过偷偷饲养眼镜蛇来换取赏金。殖民政府察觉出了其中的猫腻，于是取消了赏金政策。赏金取消之后，眼镜蛇也就没有了价值，还十分危险，于是饲养的眼镜蛇被放生，再一次泛滥了起来，这就是著名的眼镜蛇效应。

案例中的眼镜蛇泛滥问题是一个系统性问题，殖民政府用解决线性问题的思维去解决系统性问题（如图4-1-12所示），结果肯定行不通。

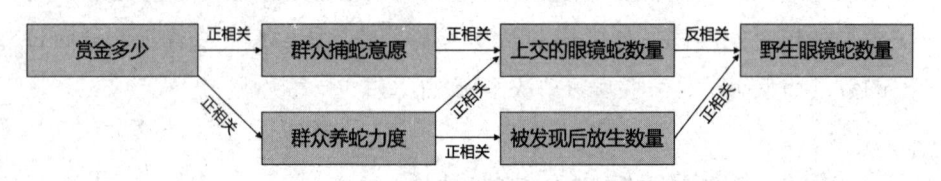

图4-1-12　系统性思维思考"捕蛇问题"

第2节 模型化思维：抓住本质，建立分析系统性问题的模型框架

既然系统如此复杂，我们要怎么解决系统性问题呢？答案就是模型化思维。

模型化思维通过将事物抽象化，简化为数学模型或概念模型，用以描述和理解复杂的现实世界问题。模型化思维可以将问题的本质及其内在关系清晰地呈现出来，加深对问题的理解和洞察。通过建立模型，可以预测问题的结果、评估不同方案的优劣、找出问题的根本原因等，从而帮助人们做出更明智的决策和解决问题。

用模型化思维解决系统性问题可以大致可以分为三步。首先是通过控制变量，找到影响系统发展的各个因素及关键变量；其次是通过抽象化概括，将影响因素和关键变量之间的关系抽象成本质联系，即我们所说的规律；最后是对本质联系建立框架模型，展开针对性分析。

找到影响系统发展的关键变量

在控制学中有个著名的理论，叫做"黑箱理论"。"黑箱理论"是指对特定的系统开展研究时，人们把系统当成一个看不透的黑色箱子，研究中不涉及系统内部的结构和相互关系，仅从其输入输出的特点了解该系统的规律。

"黑箱"研究方法的出发点在于自然界中没有孤立的事物，任何事物间都是相互联系、相互作用的。所以，即使我们不清楚"黑箱"的内部结构，仅注意到它对于信息刺激作出如何的反应，注意到它的输入—输出关系，

就可对它作出研究。如果我们能设计出一个系统，在同样的输入作用下，它的输出和所模拟对象的输出相同或相似，就可以确认实现了模拟的目标。信息的输入，就是一个事物对黑箱施加影响；信息的输出，就是黑箱对其他事物的反作用。事实上人们在对信息进行分析和综合时，很少追求结构上的相似性，而总是把握信息的观点、行为功能的观点。

我们中学物理实验中有一个重要的实验方法就用到了黑箱理论，就是我们常用的"控制变量法"。控制变量法指的是在众多的影响某个物理量的因素和条件中，通过控制某些物理量不变，而只改变我们要研究的那个因素的值，从而观察和分析出这个因素对这个物理量的影响。

例如，在研究蒸发快慢与液体温度、液体表面积和液体上方空气流动速度的关系时，我们发现涉及的变量有温度、表面积、空气流动三个因素，也就是三个变量。我们要研究单一变量对蒸发快慢的影响，就应该控制其中的两个变量。

所以，我们通常会做三组实验。首先，我们会将相同的两件衣服洗完后，同时展开晾晒在两个不同的房间，一个房间18摄氏度，一个房间28摄氏度。我们发现28摄氏度房间里的衣服要比18摄氏度房间里的衣服晾干得快，从而得到结论，温度越高蒸发得越快。

然后，相同的两件衣服洗完后，一个展开晾晒，一个不展开，放在同一环境中，发现展开晾晒的先干，得到蒸发快慢与液体表面积有关的结论。

最后，相同的两件衣服洗完后，同样展开晾晒，一个置于密闭房间，一个置于通风的房间，通过温控系统让两个房间温度相同。我们发现通风房间里的衣服干得快，从而得出蒸发的快慢与空气流动速度之间的关系。

综上，三个变量与蒸发快慢的关系我们就得到了，液体蒸发的快慢与液体的温度、表面积和上方空气流动速度成正向关系，温度越高、表面积越大、上方空气流动速度越快，蒸发越快。

控制变量法之所以能够有效地验证影响实验结果的因素，是因为它通过对可能影响实验结果的各个因素进行控制，只留下一个因素变动，从而分析这一个因素对实验结果的影响。将系统性问题转化为线性问题进行分析。

例如这个实验的第三步，为什么要用温控系统让两个房间的温度相同呢？因为我们在改变两个房间空气流度速度的时候，不能确定有没有对房间的温度也造成了改变。毕竟生活经验告诉我们，夏天的时候开电风扇，风越大越凉快。所以要人为地切断"空气流动速度"与"温度"之间的影响，让蒸发速度快慢的问题与这几个因素之间呈现单纯的线性的、互不影响的关系，从而探讨每个因素对实验结果的影响。

所以说，控制变量法的本质，是将系统性问题人工干预成线性问题，然后逐个探讨分析各个因素对问题结果的影响。

当然，这是对于简单的系统性问题，我们能进行的研究方法。如果是一些复杂的系统，控制变量就显得不切实际。因为复杂系统中变量太多，如果这些变量都能够被控制起来，那么系统也不能被称之为系统了。

将关键变量抽象成本质联系

找到了影响系统发展的各个因素及变量，我们仅仅只是完成了第一步，我们还需要将这些影响因素和关键变量抽象成本质联系。

前几年，新冠肺炎疫情彻底改变了我们的生活方式。疫情的传播就是一个系统性问题，涉及诸多因素的影响。

首先，疫情的传播是由病原体在人群中的传播引起的，这需要具备一定的传播途径。例如，呼吸道疾病的传播途径就包括飞沫传播和空气传播。此外，病原体还可以通过接触传播、消化道传播等不同的途径进行传播。

其次，人群的身体免疫力也是影响疫情传播的重要因素。当人体免疫力低下时，容易被病原体感染并传播给他人；而当人体免疫力较强时，可以有效抵抗病原体，降低疫情传播的风险。

此外，疫情的传播还受到人口流动和交往活动的影响。当人群间的流动性增加、密集接触频繁时，病原体传播的机会也更多，疫情传播的速度也会加快。例如，节假日期间的人群聚集，会增加疫情传播的风险。

除了人群间的交往活动，环境因素也会对疫情的传播产生影响。例如，高温、高湿度的环境条件利于某些病原体的生存和传播；相反，低温、干燥的环境条件可能会抑制病原体的传播。

传播途径、人群免疫力、人口流动、接触频率、环境因素等多个因素相互叠加，共同影响疫情传播，且各个因素之间还会相互影响，例如人口流动会加大接触频率，环境因素会改变人群免疫力。那么，究竟该从哪方面入手呢？

为了更加科学、高效地控制疫情传播，流行病学专家总结出了一个疫情传播动力学模型：$R_0=kbD$。（如图2-1-1所示）通过这样的一个模型，我们可以更加深入地理解疫情的应对措施。

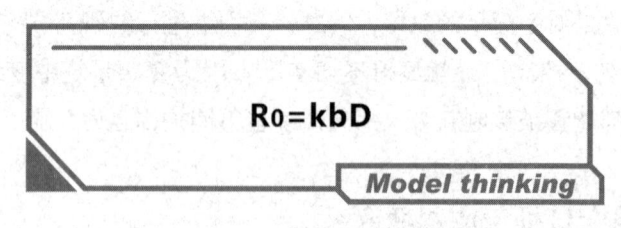

图4-2-1　疫情传播动力学模型

在这个模型中，R_0为基本再生数，即在没有人为干预下平均每个病人能传染多少人。影响R_0的一共有三个变量，也是流行病学专家总结的在疫情传播过程中有且仅有的三个影响因素。它们分别是：

k，即一个有传染能力的患者，平均每天和易感人群的接触次数；

b，即每次接触传染成功的概率；

D，即可以传播的时间。

换言之，只要我们把这三个因子控制好，就可以有效地遏制R_0的增长，也就是新冠病毒的传播。

比如如何减少患者和易感人群的接触次数？对应的措施就是"所有人避免外出，减少聚会"；如何降低接触传染成功的概率？对应的措施就是"做好各种防护措施，戴好口罩，勤洗手"；如何减少传播的时间？对应的措施就是"让被感染的人尽快隔离"。

我们用"黑箱理论"的视角来审视这个疫情传播模型。传播途径、人群免疫力、人口流动、接触频率、环境因素这些影响因素就像是黑箱的内部，它们在一个混沌的社会系统中盘根错节，我们很难量化它们内部联系和对系统的影响。我们将思维跳脱出黑箱的内部，将这些因素抽象成本质关联——不管传播途径、人群免疫力、人口流动、接触频率、环境因素如何变化，最终影响到一个感染者能传染多少人的维度，一定是易感人群接触次数k、每次接触传染概率b、可以传播的时间D。

通过这种将关键变量抽象成本质关联的方式，我们就可以从黑箱的外部找到系统问题的解决方案。

对本质联系建立框架模型

用模型化思维解决系统性问题的最后一步，是对本质联系建立框架模型。

南方人来到北方生活，如果观察细致的话，就会发现北方的蚂蚁个头普遍都比南方的大。仔细想想，不只是蚂蚁，好像印象中北方动物的体型都要比南方的大一些。东北虎比华南虎大，东北棕熊比马来熊大，就连北方人的个子也普遍比南方人大。这是什么缘故呢？

生物学家猜想，会不会跟南北方温度的差异有关。北方的天气比南方冷，动物为了适应寒冷的环境而做出的进化。动物身体体积越大，其体表面积与体积的比率则越小，维持体温的效率就越高。反之，身体体积越小，其体表面积与体积的比率则越大，维持体温的效率就越低。

怎么样证明这个猜想呢？其实挺难，因为蚂蚁的身体形状不规则，我们如果用微积分将蚂蚁的身型表达出来，这个证明过程可能会极度复杂。这个时候，我们通常将将蚂蚁的身体抽象成一个立方体的小方块，建立几何立体模型。

蚂蚁的每个细胞都要代谢，而代谢产生热量必须通过动物的体表发散掉，体积越大的蚂蚁需要散发的热量越大；而体表面积越大，与空气的接触面积也就越大，散热也就越快。所以，蚂蚁的体积大小跟代谢总热量成正比，而蚂蚁的体表面积与散热速度成正比。

我们假设有2只蚂蚁，将其抽象成2个立方体。假设第一只蚂蚁立方体的棱长为1，第二只蚂蚁立方体的棱长为2。（如图4-2-2所示）

体积 = 1
表面积 = 6

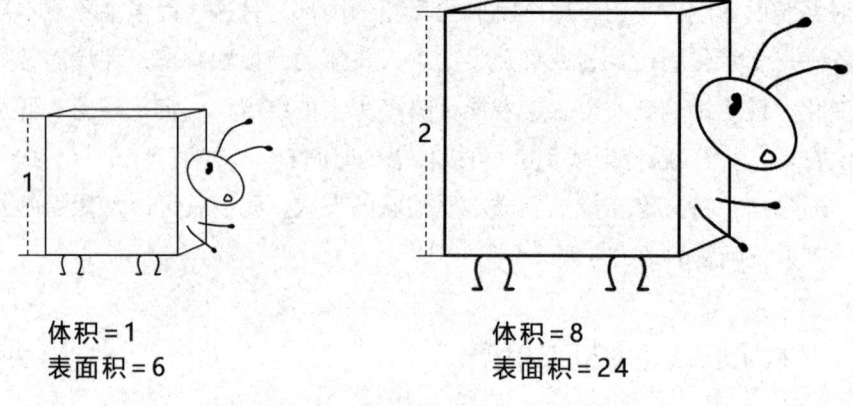

体积 = 8
表面积 = 24

图 4-2-2　将蚂蚁抽象成立方体模型

那么第一只蚂蚁的体积就是 1^3，也就是 1；而第二只蚂蚁的体积则为 2^3，也就是 8。第二只蚂蚁的体积是第一只蚂蚁的 8 倍。

第一只蚂蚁的表面积是（$1^2 \times 6$），也就是 6，第二只蚂蚁的表面积是（$2^2 \times 6$），也就是 24。第二只蚂蚁的表面积是第一只蚂蚁的 4 倍。

所以我们看到，第二只蚂蚁的体积是第一只蚂蚁的 8 倍，也就是说第二只蚂蚁的产生的热量也是第一只蚂蚁的 8 倍。而第二只蚂蚁散热速度却只是第一只蚂蚁的 4 倍，这说明体积越大，散发单位体积内产生的热量就越慢。这也就解释了北方的蚂蚁会让自己进化得更大，其目的就是为了减慢散热，以适应寒冷的环境。

通过建立模型我们可以证明，一般情况下在低温的环境中，生物的体型就会呈现巨大化，巨大体型能够更好保持生物体温以适应寒冷的环境。

同样地，生物学家在研究老鼠和大象的新陈代谢速度时，也用到了类似的建模方法。（如图 4-2-3 所示）通过下面的简单计算，老鼠的表面积:体积=5:1，而大象的表面积:体积=1:15，也就是说，平均而言，老鼠的散热速度是大象的 75 倍。所以，对于要维持相同的温度，大象必须比老鼠代谢得慢。如果大象和老鼠有一样的代谢速度，会因为散热不够而热到冒烟并爆炸，我相信自然界不会有这样的大象。

图4-2-3　将老鼠和大象抽象成立方体模型

以此延展，还有一个很有意思的话题：地球上为什么不会出现像奥特曼那样的巨人？这个问题也可以通过模型思想来解决。假设奥特曼的身高是人的10倍，通过建立模型，我们可以算出它需要进化出相当于人类1000倍大小的脚掌，才能保证他对地面的压强与人类相同，从而不会踩坏地面。身高是人的10倍，而脚掌大小却是人的1000倍，这看起来是极不协调的，也是不符合自然界生物进化规律的。

综上，通过建立模型，我们可以将研究对象置于一个框架体系之中，从而更加科学地量化因素之间的本质联系，解决看似复杂无解的问题。

模型化思维实例：用博弈模型具象化描述策略结构

正因为系统的混沌性与复杂性，我们考虑问题的维度不再单一而线性，所以策略就有了结构。策略的结构是极度抽象的，但我们仍然可以用一些方法将其具象化表达出来，模型就是其中的一种。

在博弈论中经常用到博弈模型。博弈模型的研究对象是策略集合，首先给出一段百度百科上对于策略集合的定义：策略集合指博弈参与者可能采取的所有行动方案的集合。策略集合必须有两个以上元素，否则，无所谓对策，只是独自决策。

我们用一个矩形单元格来表示策略集合，将其按照"策略宽度"和"策略深度"来进行描述。"策略宽度"指的是组成决策的元素个数，策略宽度越大，则代表一个博弈参与者在决策中的可选方案越多。"策略深度"

指所有决策元素能够带来的变化量，这个变化量可以是博弈参与者之间的竞争关系或格局的改变。策略深度与游戏的复杂度有直接关系，策略深度越大，则表示一个决策元素的变化量对整个策略集合产生的影响越大。

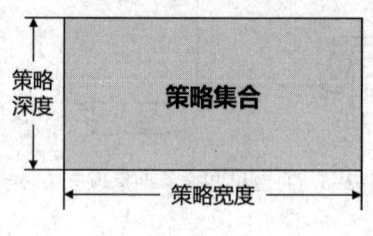

图 4-2-4 策略集合示意

把博弈的情形抽象化，我们就可以得到一个基本博弈模型。基本博弈模型分为三个部分，分别是对方策略区，也是本方的盲区；博弈区，双方均可见；本方策略区，也是对方的盲区。

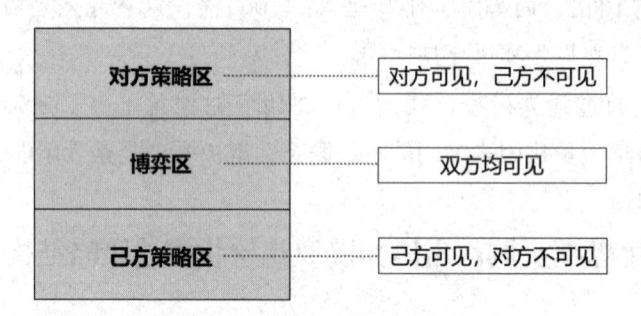

图 4-2-5 基本博弈模型示意

为了让这个模型更好理解，我们对斗地主、麻将、象棋、围棋这几种游戏的博弈规则用这个博弈模型进行解读。

以斗地主为例，三方起手抓完所有牌，然后轮流出压制牌，直到一方把牌出完。在起手时，每个人的牌最多，策略宽度和深度都是最大的。博弈区就是打出的牌，因为只有最后一次出的牌对后续决策有影响，所以博弈区的宽度只是在一个很小的范围内变化。每打出一次牌，自己的策略宽度和深度都在缩小，但是也越接近胜利。对于高手而言，通过记牌和揣测其他人剩余手牌，让盲区变得逐渐透明来获取竞争优势。

如图 4-2-6 所示，麻将与斗地主类似，也是起手抓牌，然后轮流出牌。

出一张牌的同时再抓一张牌,所以对方和己方手里的牌数都是一定的,也就是策略区的宽度是不变的。不同的是,经过几轮抓牌与出牌,每个人手里的牌会更顺,直到听牌后只要一两张牌就能和,所以策略区的深度是不断缩小的。

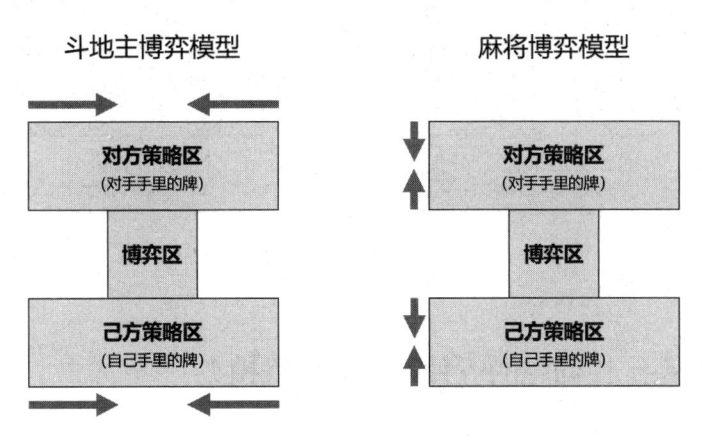

图4-2-6 "斗地主"与"麻将"的博弈模型对比

而对于象棋而言,所有的棋子都是摆在博弈区中的,而玩家的博弈行为只是移动棋子。

同样地,在开局时对弈区面积最大,因为棋子最多。随着棋局进行,有棋子被吃掉,双方的对弈区宽度逐渐缩小,但是剩下的每个棋子的策略深度随之加大,即每个棋子有更大的活动空间,所以在象棋中有解"残局"的玩法。

如图4-2-7所示,围棋的对弈区则非常庞大,虽然盘面上的棋子无法再移动,但是棋子之间的相对位置所构成的对弈局势却是比象棋复杂的多。玩家的未决策略只有下一手的棋子所摆放的位置。

围棋对弈开局时台面上没有棋子,此时的策略宽度和深度都是最大的,随着手数增加,对弈区的策略宽度和深度都在逐渐缩窄。所以在围棋对决中,中盘认输的现象会比较常见,因为当对弈进行到一定程度,劣势一方可能已经丧失翻盘机会。

象棋博弈模型　　　　　围棋博弈模型

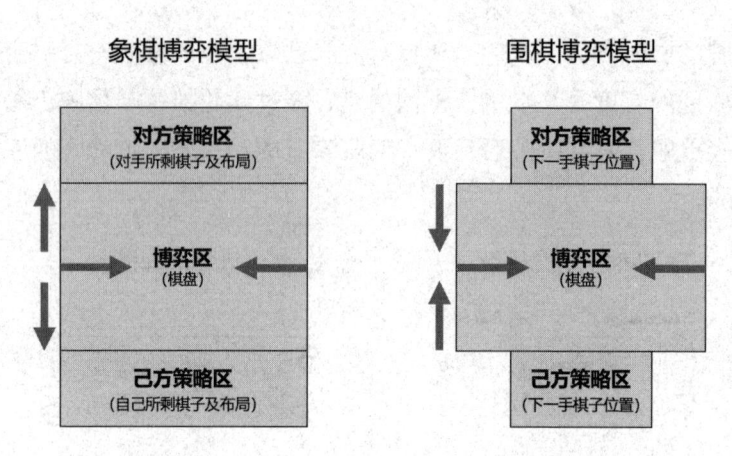

对方策略区（对手所剩棋子及布局）
博弈区（棋盘）
己方策略区（自己所剩棋子及布局）

对方策略区（下一手棋子位置）
博弈区（棋盘）
己方策略区（下一手棋子位置）

图4-2-7　"象棋"与"围棋"的博弈模型对比

解决系统性问题的五种常见的思维模型

解决系统性问题常见的策略思维模型包括类比化思维模型、图形化思维模型、纲目化思维模型、公式化思维模型和逆向化思维模型。这些思维模型能够帮助我们将复杂的问题抽象简化，从而更好地理解和解决系统性问题。

类比化思维模型通过将问题与已有的类似情景进行比较和类比，找到问题的共性和规律，从而将其抽象成更一般化典型场景的模型，并用这种典型场景模型用来解释某一类问题。例如囚徒博弈模型、锚定效应模型等。类比化思维模型使得我们能够从过去的经验中获取启示，并指导我们在新的情境下做出决策和行动。

图形化思维模型是通过绘制图表、示意图等可视化工具来模拟和展示问题的思维方法。营销管理领域有很多图形化思维模型，例如销售漏斗模型、需求金字塔模型等。通过图形化思维，我们可以更好地理解问题的关系、交互和变化，并提取出重要的变量和因素。图形化思维使得问题的复杂性可视化，使我们能够更快速地理解问题的本质和相关因果关系。

纲目化思维模型是基于洞察，将核心策略以字母缩写、简称等提纲挈领的形式展现出来的思维模型。例如4P理论模型、AISAS模型等。纲目化思维模型通过缩略化的形式高度凝炼策略内容，提升信息密度，方便记忆与传播。

公式化思维模型是将抽象问题用数学公式进行量化表达的思维模型。在营销领域有很多公式化模型，例如销售转化率公式、品牌资产公式、用户忠诚度公式等。通过建立数学模型，我们可以将问题转化为可计算、可量化的形式，使问题更加精确、可验证，帮助我们在决策和评估中进行准确的推理。

逆向化思维模型是通过从已知结果逆向推导出问题的思维方法。这种思维方法使我们能够倒推出问题的原因和解决方案。逆向化思维强调逆向思考的重要性，帮助我们从问题的结果出发，寻找问题的源头和解决方案。

这些常见的策略模型思维方法可以相互配合使用，根据具体问题的特点采用不同的思维方式。通过运用这些模型化思维方法，我们能够更好地理解问题背后的规律和本质，并提出创新的解决方案。无论在个人还是组织的发展中，掌握和应用这些模型化思维方法都是非常有价值的能力。

本书的第五章至第九章，我们将对以上五种常见的思维模型展开详细的探讨。

第3节 模型至简：越本质，越简单

奥卡姆剃刀：回归事物最基本的框架

爱因斯坦曾经说过一段名言，如果给我一小时解答一道决定我生死的问题，我会花55分钟的时间弄清楚这道题到底在问什么。一旦清楚到底在问什么，剩下的5分钟足够回答这个问题。弄清楚这道题到底在问什么，其本质是建立事物的边界，锁定事物本质特征的过程。

我们遇到的很多看似棘手的事情，本质上都是由于缺乏定义或者定义不清。生活中，不论面临多么复杂的局面，追本溯源地问问自己，要解决这个问题的前提是什么？前提的前提又是什么？直到推演出问题的根源时就会发现，其实我们要完成的无非是一个定义性的工作。当这项工作完成了后，就不需要空想和发散了。就像剥洋葱一样，一层又一层地剥开外层，直到看到本质——让逻辑推着我们走，见招拆招，自然水到渠成。

14世纪英格兰圣方济各会修士威廉曾提出了著名的"奥卡姆剃刀"理论：如无必要，勿增实体。"奥卡姆剃刀"理论只承认确实存在的东西，认为凡是干扰这一具体存在的空洞的普遍性概念都是无用的累赘和废话，都应当被无情地"剃除"。

"奥卡姆剃刀"理论对后期工业革命和人类科技的发展影响深远，因为它道出了一种"简化"的科学思想——抓住本质，把复杂的事情简单化，就能提升效率。

"大道至简"是自然界的规律。生活中很多乍一看很复杂的事物，不过是若干简单事物的组合。正如人类的遗传基因，由多达30亿个盐基排列构成，但是表达基因的密码种类仅有4个。

稻盛和夫也说过："事物的本质其实极为单纯，但我们往往有一种倾向，就是将事物考虑得过于复杂。"工作中，有很多人常常把事情想得很复杂，做执行时又把原本复杂的问题更加复杂化，让人摸不着头脑。大概是因为如果对简单的事情做简要说明，让人觉得没什么了不起，不足以体现他的高水平，所以就故意复杂化，即使是再简单的问题，也一定要让它复杂起来，似乎只有先让问题复杂起来，才能让别人感觉到问题很大，工作难搞。如此，才能获得领导的重视，才能在解决问题上凸现自己的能力，炫耀自己的学问。

真正头脑聪明的人，恰恰是那些能把复杂的事情做简单说明的人。而能够把复杂问题简单化，这说明他能够准确抓住事情的本质。对复杂事情做复杂说明的人，他自己就不理解事情的本质。

吉利汽车创始人李书福在最初决定造汽车时，合伙人都觉得不靠谱。因为彼时的吉利只是一家制造摩托车的公司，而制造汽车是一件极其复杂的工作。一辆汽车总共约由1万多个不可拆解的独立零部件组装而成，结构极其复杂的特制汽车，其独立零部件的数量可达到2万个之多。

为了给团队打气，李书福说了一句至理名言——"汽车就是给沙发加四个轮子"。这句话乍听起来很接地气，却也精准地道出了造车的最本质特征。直到今天，关于汽车的所有研发，都是围绕"沙发"+"四个轮子"展开的。

为了让"沙发"更舒适，工程师设计了座椅加热、座椅按摩；为了让"沙发"更安全，工程师设计了安全气囊、各种主被动安全配置；为了让人坐在这个"沙发"上更便捷，工程师开发了许多智能化配置。工程师所有对车厢内部的优化，其本质都是在提升人坐在"沙发"上的体验。

而排量更高动力更强的发动机，是为了让"四个轮子"加速更强；风阻系数更低的流线型车身，是为了让"四个轮子"跑得更快；换挡更平顺的变速箱，是为了让"四个轮子"更容易操控；甚至像ABS防抱死系统、EBD电子制动力分配系统，都是为了让"四个轮子"更好地推动汽车前进。

去掉一切不必要的干扰，才能看见事情的本质

小的时候我特别喜欢玩迷宫游戏。面对每一个新的迷宫，都要重新费尽心思的寻找出路，每走出一个迷宫，都充满了快乐和成就感。

直到有一天，我在书上看到一个走出迷宫的万能法则，那就是永远靠着一面墙走，就永远能够走出任何迷宫。我开始还不信，接连试了十几个迷宫，都用这种方法成功地走了出来。（如图4-3-1所示）

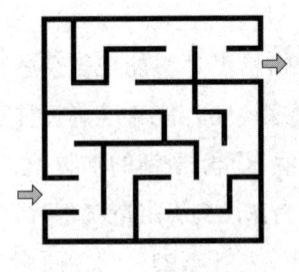

图4-3-1 迷宫示意

这是为什么呢？刚开始我百思不得其解，后来随着空间思维能力的提升，才慢慢找到答案。

这一秘诀的背后，就在于迷宫的拓扑结构。从入口走到出口，不管中间有多少岔路，如果能走出来，其实质就沿着墙的一侧。如果把迷宫的墙想象成绳子，无论围墙是多么的蜿蜒曲折，把它抻直了也就是一根线段而已，迷宫的出入口分别对应着这条线段的两个端点。我们从入口进，或者选择该条线段上任意一点开始，沿着这条线笔直走下去，当然会走到出口。（如图4-3-2所示）

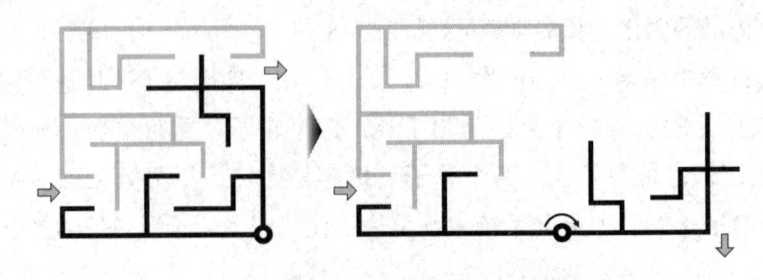

图4-3-2 迷宫拓扑结构拆解示意

生活中，类似于迷宫的问题有很多。它们看似复杂，但实际上就像这迷宫里面蜿蜿蜒蜒的岔路一样在迷惑我们；而只要我们掌握了方法，这些岔路就是我们根本不必要考虑的部分。去除掉一切不必要的部分，思考事情的本质，能够让我们更加清晰地看到机会所在。

第4节　知模型然，更要知模型所以然

普通人追求确定性答案，而高手不停在追问

生活中，我们似乎有一种不好的习惯——当面对一种被大众广泛认为正确的事物时，只是去接受，却从不去质疑，从不去格物致知；只要它能够帮助我们成功解决问题，那么它就是"金科玉律"，从不从原理的角度去理解它为什么正确。

爱因斯坦说，提出一个问题往往比解决一个问题更加重要。因为解决一个问题也许只是数学上或实验上的一个技巧问题，而提出新的问题，从新的角度看问题却需要创造性的想象力，这才标志着科学的真正进步。

一个人如果把知识当作"句号"，就是一个完成式，表明你的成长已经结束了。真正的学习不是获得知识，而是击穿知识，知识的流动比知识本身更重要。

所以，我们不能只追求一个确定性的答案，而是需要不停地追问答案背后的原因。很多时候，"问号"比"句号"重要得多。

SWOT分析模型大家都听说过，它将研究对象以S（Strengths）优势、W（Weaknesses）劣势、O（Opportunities）机会、T（Threats）威胁四个维度进行总结，并依照矩阵形式排列，把各种因素相互匹配起来加以分析，从中得出一系列相应的结论及战略决策。

但也很少有人会去思考，这个模型为什么正确？为什么优势、劣势、机会、威胁这四个维度就能全面衡量事物的发展状况？有没有这四个维度之外的第五个维度？带着这样的疑问，我们尝试着对当年韦里克提出SWOT模型的思路进行复盘。

这个模型背后的一个核心思考，是一个自然发展的深刻规律——任何一个研究对象的发展状况，取决且仅取决于内部因素与外部环境两个层面的因素。这也是在哲学上相互耦合的两个因素。

可以举几个例子。小米能发展起来，一方面在于小米自身在产品和商业模式上的不断创新，另一方面取决于中国移动互联网的行业风口；阿里巴巴能发展起来，一方面在于创始人自己坚持信念、不断努力，另一方面取决于电子商务的大势所趋。大到一个国家、一个民族，小到一家公司、一个人，内部因素与外部环境都缺一不可。

如果大家认同这一点，那么我们再将这内部因素和外部环境这两个层面按照好坏两个方面进行区分：内部因素的好坏即为"优势"和"劣势"，外部环境的好坏即为"机会"和"威胁"。由此我们也就得到了SWOT四个维度，这四个维度也是相互耦合的，所以能够涵盖事物发展的所有方面。继续将这四个维度两两结合进行分析，我们可以得到SO增长型策略、ST多种经营型战略、WO扭转型战略、WT防御型策略。这也是事物发展态势分析的万能公式。SWOT分析模型把这一整套思考过程，用这种矩阵的方式进行归纳和总结，这也是系统分析常用的方法。SWOT分析模型背后的策略思考，其实就是系统分析法。（如图4-4-1所示）

图4-4-1 SWOT分析模型

除了SWOT模型，波士顿矩阵也是我们做营销时常用的模型。相信很多人已经理解了波士顿矩阵的使用方法，但是有没有人想过，波士顿矩阵的两个维度为什么是市场占有率和市场增长率？

波士顿矩阵是根据产品的市场表现来分析产品结构的工具。从时间维度上讲，产品的市场表现包括产品过去的市场表现、产品现在的市场表现和产品未来的市场表现。而从实际分析的角度出发，产品过去的市场表现已经是过去式，它的结果直接反映到产品现在和未来的市场表现上，所以分析的意义并不大。

产品现在的市场表现和产品未来的市场表现，对应的正是产品的市占率和增长率。

从投资学的角度上讲，产品现状反映了增长的基础，而未来增长趋势则反映了未来增长的空间与潜力。生活中很多时候，都用到了这个简单的原理。企业招聘的时候，HR首先会看重面试者目前的能力现状，这决定了他是否能很快上手工作，为公司创造价值；当然也会看重应聘者未来的发展潜力，例如会考察他的学习能力、他对未来的职业规划、他对企业的忠诚度等，因为这决定他以后的成长空间和持续创造价值的能力。而对于他过去的考察，例如学历、过往工作经历等，HR在乎的不是这些过去经历的本身，而是通过过去经历来判断他的现在和未来的依据。

在选择男女朋友的时候，我们通常会更看重对方的现状，例如身高、长相、人品等；除此之外还有未来的发展潜力，例如是否有理想、未来的人生规划等。而对方过去的经历，例如过往恋爱史，主要是为了佐证他的现状。个中缘由，也是波士顿矩阵的底层逻辑。

所以说，任何理论模型都不是天上掉下来的，都是我们的前辈们上下求索的智慧资产，它们的价值可能远超我们的想象。我们只有深刻理解模型背后的原理，才能真正理解模型的奥妙；如果不思考背后的原因，我们顶多是一个不断去寻找模型然后去套用的工具人而已。

三国战略背后的"枪手博弈"模型

三国时期，刘备三顾茅庐，诸葛亮为刘备定下了"东联孙吴，北拒曹操"的战略方针。这八个字的战略方针，完美展现了刘备集团军师诸葛亮的强大策略能力。你会发现整部三国史，《三国演义》洋洋洒洒几十万字，都是围绕着这八个字来展开的——不管是草船借箭、火烧赤壁，还是水淹七军、六出祁山，均出自"东联孙吴，北拒曹操"的大战略之下。诸葛亮带领蜀国在魏吴两家阴谋阳谋之下游刃有余。

那么，今天的我们用现代博弈论的观点审视这条战略，它究竟为什么正确呢？

这条战略的背后，其实是博弈论的经典场景——三方平衡博弈模型。在任何情境下，老大老二和老三构成三方势力鼎足而立，老二和老三都不能在对方灭亡的情况下自己独活。老大可以灭掉老二，这样老三也活不了；老二可以灭掉老三，这样老二也活不了。要想平衡下来，唯一的办法就是老二和老三结盟共同对付老大。

三方平衡博弈模型的雏形，是博弈论中著名的案例"枪手博弈"。有三个枪手，甲的命中率是80%，乙的命中率是60%，丙的命中率是40%。让这三人自由对射，目的就是杀死另外两位，让自己活下来。那么，在第一轮结束时，存活率最高的是谁呢？竟然是那个枪法最差的丙。因为站在甲的角度，乙的威胁要大于丙，所以甲一定会将乙作为最大竞争对手而向乙开枪；而站在乙的角度，甲的威胁要大于丙，所以乙一定会将甲作为最大竞争对手而向甲开枪，因此反倒丙的成活率是最高的。（如图4-4-2所示）

命中率：80%　　　命中率：60%　　　命中率：40%
存活率：24%　　　存活率：20%　　　存活率：100%

图4-4-2　枪手博弈

三国当中，任何一方都不可能在三足鼎立的前提下，有效胜出，尤其是蜀国。诸葛亮虽足智多谋，但是兵少将寡。倘若诸葛亮倾全国之力灭了曹操，那么形势就会突变。吴国甚至会联合曹操旧部先灭蜀国。毕竟没有绝对的朋友，只有绝对的利益，在利好形势下，吴国会先灭蜀国。而蜀国因为全力灭曹军力大减，加速自身灭亡。所以既要打，让曹操知道自己是不好惹的，又要追曹，让孙权知道吴蜀联盟中蜀国尽了全力，同时还要让关羽放走曹操，让曹操回去休养生息，继续保持三足鼎立的局面。

在三国中，平衡的三足鼎立才是最优状态，任何一方都不具备实力灭掉一方后可以高枕无忧。所以对于博弈论来说，博弈只为平衡，而合作才是最优的状态，毕竟没有绝对的朋友，只有绝对的利益。这也是孙刘联盟成立的基础。

在一个系统中，如果一家独大，那么其他的几家就会联合起来，以达到一种权力制衡，这是系统平衡的结果。战国时期，秦国独霸一方，其余六国只能联合起来对抗。这种平衡一旦被打破，其结果一定是旧系统的分崩离析，而造就秦国统一全国的新系统。

三国如此，战国如此，现实中的商场职场亦是如此。

电视剧《天道》中有一段精彩的情节，后来被奉为职场谋略的经典案例。故事主角之一的韩楚风在一家公司担任副总裁，公司还有两位副总。有一天总裁突然离任，按照董事会的规定，需要三位副总裁竞争，争夺总裁之位——未来一年里谁的业绩好，谁就是总裁。于是韩楚风向丁元英请教要怎么做才能赢得这场斗争。丁元英的建议是：退出竞争，专注工作。韩楚风照做，向董事会提出退出总裁的竞选。不久后，另外两位副总交恶，为夺总裁之位斗得你死我活，元气大伤，甚至不顾公司的利益，也要置对方于死地。而韩楚风这边，因为得以专心工作，业务表现远超其他两位副总。最终董事会为公司发展考虑，决定废除其他二位副总的竞选资格，直接由韩楚风出任总裁。

这是一个十分精妙的策略，韩楚风没有勾心斗角，直接躺赢。因为丁元英知道，在他们三人中，韩楚风能力最强。他一旦加入三人的竞争，就一定会迫使另外两位结成同盟来对付他；而他一旦退出竞争，就势必会让另外两人专心争斗。这也是"枪手博弈"模型的典型案例。

场景化价值评估模型背后的启示

我们再来看一个案例。广告公司的工作需要"策划"和"创意"两种职能才能完成，假设现在市场上有A、B、C三种人才，A人才只会策划，B人才只会创意，C人才既会策划也会创意。如果你是公司的老板，A人才与B人才的工资市场价均为1万元，那么应该给C人才开价多少？

很多人觉得应该是2万元，因为工资是跟价值挂钩的，而价值又是跟技能挂钩的。C会的技能是A、B之和，所以工资也应该是A、B的工资之和。

其实不然，我们换个角度考虑一下。

公司在运营的过程中存在以下四种情况：

一是既没有策划，也没有创意

二是只有策划，没有创意

三是只有创意，没有策划

四是既有策划，也有创意

我们分别来看看在这四种情况下，广告公司要能够正常运转，A、B、C三人的价值分别是怎样的。（如图4-4-3所示）

人才	场景1 既无策划，也无创意	场景2 只有策划，没有创意	场景3 只有创意，没有策划	场景4 既有创意，也有策划
A类人才 （只会策划）	× 无价值	× 无价值	√ 有价值	× 无价值
B类人才 （只会创意）	× 无价值	√ 有价值	× 无价值	× 无价值
C类人才 （既会策划，也会创意）	√ 有价值	√ 有价值	√ 有价值	× 无价值

图4-4-3 分场景价值评估示意图

情况1，A人才没有价值，因为在公司既没有策划也没有创意的时候，只有A也无济于事；同理B人才也没有价值；而C人才在这个时候是有价值的，因为C可以发挥策划、创意两种技能完成工作。

情况2，A人才没有价值；B人才有价值，因为B正好和策划搭配在一起完成工作；C人才也有价值，因为C人才可以发挥创意职能，顶替B人才的位置，与策划搭配完成工作。

情况3，A人才有价值，B人才没价值，C人才有价值。

情况4，A、B、C都没有价值。

可以看到，A和B都只在一种情况下有价值，而C在三种情况下有价值。所以C的整体价值应该是A或B的3倍，C的工资应该是3万元。

看到这里，相信很多读者可能会觉得，"诶，好像挺有道理"，然后就翻篇了。

但你是否有想过，为什么呢？为什么要按照不同的场景去分析一个人的价值呢？直接按照一个人所会的技能给予相应报酬的方式又错在哪里呢？

其实这个问题就涉及价值评估模型背后的模型化思维。首先，我们要明确一点：一个员工的报酬是跟他的价值相关。只要能科学量化一个人的价值，那么就能对他的报酬做出相应的判断。

而价值的本质是什么呢？这就是我们这个案例的核心——价值的本质在于"被需要"，而非"拥有"。怎么理解这句话呢？

假如你在沙漠中迷路了，你的背包里有一沓钱和一瓶水，请问这个时候哪个对你有价值？毫无疑问是水，因为在这样的条件之下，水可以救命，而钱只是一堆纸。钱是你"拥有"的，但不是"被需要"的，所以钱在这种情况下价值为零。

那么同理，在这个案例中，衡量一个人的价值不是这个人"拥有"什么技能，而是这个人在公司四种不同的场景下技能"被需要"的程度。所以不能将一个人所会的技能的价值叠加等同于这个人的价值，这就是这个价值评估模型的底层逻辑。

明白了这个价值评估模型背后的思维方式，不仅可以提升我们的商业策略思维，更可以很好地指导我们为人处事的态度和原则。

很多人说自己工作的终极目的，是为了实现自己的价值。价值的本质在于"被需要"，所以一个人价值有多大，决定于这个人有多么被他人需要。

所以，我们应该把"利他哲学"作为我们工作的原则——努力让自己成为一个对他人有用、被他人需要的人，自己也就有了价值。而当你有了价值，什么金钱、物质、回报，都不在话下。

这便是《道德经》中"天地之所以能长且久者，以其不自生，故能长生""天之道，利而不害；人之道，为而不争"利他哲学的底层逻辑。正如电影《教父》中说的那样，"真正的人脉从来不是那些能帮助你的人，而是你能帮到的人"。这句话道出了人际关系的本质——价值交换。只有你能给别人带来价值，别人才可能成为你的人脉，从而为你带来价值。

二八定律与马太效应的底层逻辑

1906年意大利经济学家帕累托提出了著名的关于意大利社会财富分配的研究结论：20%的人口掌握了80%的社会财富。这个结论对大多数国家的社会财富分配情况都成立，因此，该法则又被称为二八定律。

这一发现不要紧，人们发现二八定律不只适用于社会财富的分配，生活中的各种现象都遵循二八定律。例如，20%的人喝掉了80%的酒，20%的顾客贡献了80%的利润，20%的员工创造了80%的业绩，20%的重大变革推动了80%的历史进程。20%与80%，神秘地决定着世界的走向。

后来，朱兰博士在管理学中采纳了该思想，认为在任何情况下，事物的主要结果只取决于一小部分因素。这个思想经常被应用到不同的领域，经过大量的试验检验后，被证明其在大部分情况下，都是正确的。所有变量中，最重要的仅有20%，虽然剩余的80%占了多数，控制的范围却远低于"关键的少数"。至此，二八定律正式成为一个管理学理论模型。

二八定律处处可见，它的普适性为我们透露出两条重要的信息。

首先，不均衡是世界的真相。如果处处是重点，就是没重点；如果处处都关键，就是不关键；如果人人都优秀，就是人人都平庸。因为不论是重点、关键，还是优秀，都不取决于定义它们的标准，而是它们存在的比例。优秀不是你的能力有多强，而是比80%的人强；富有不是你具体有多少钱，而是比80%的人有钱。

其次，人人有饭吃是人类前进的动力，而不均衡才是人类前进的活力。社会不均衡归根结底是人性所致，就像公交车效应，要是自己没上车就会让前面的人挤一挤，要是自己上车了就想让后面的人等下一趟。所以，只要一点一点向上奋斗，我们就越可能用更少的时间换取更多的财富，越轻松的同时也会越有钱。

"二八定律"分布现象还引出了管理学中的一个重要发现——马太效应。马太效应指的是在某种领域中强者越强、弱者越弱的现象。这个概念最早由美国社会学家罗伯特·马顿在1968年提出。马太效应在各个领域都有所体现，包括经济、教育、科技等。

在一个繁华的街角上有两家新开的奶茶店。其中一家门前人潮涌动，排起了队；而另一家店门口却显得冷冷清清，没有一个顾客。

一位路人想买一杯奶茶，他抬头望着第一家奶茶店门前的长队，不禁脑中闪现出一个猜想：之所以第一家有这么多人排队，一定是因为第一家的奶茶更好喝。于是，他决定也加入第一家的队伍，期待着品尝到美味可口的奶茶。

随着时间的推移，越来越多的路人纷纷选择排队等候在第一家奶茶店门前，因为大家都相信，既然有这么多人选择这家店，那肯定是因为这家店的奶茶口味独特而出众，这种心理导致了第一家奶茶店的队伍不断变长。而与此同时，第二家奶茶店却无论如何也无法吸引到顾客，成了永远无人问津的角落。然而，是否排队越长就意味着奶茶的品质更好，却仍是一个未知的答案。

马太效应人人都懂，而今天我们要探讨的是，为什么会出现马太效应？马太效应的底层驱动力到底是什么？

有人把"马太效应"的"底层原因"归结为两个方面：资源积累和机会不平等。

例如，富人拥有更多的资源，从而能够更好地利用这些资源去获取更多的财富，而财富又可以转化为资源。资源本身是具有积累效应的，资源的原始积累越多，那么资源所产生聚集效应也就越大，所能够产生的财富和权力也就越多。社会的资源总量是一定的，富人对资源的垄断加剧了贫困群体的资源缺乏，从而难以改变贫困的状态。

同时，富人享有更多的机会，比如更好的教育、更广阔的人脉和更多的机遇等，这使得他们在竞争中更具优势。而穷人由于缺乏机会，常常陷入贫困的恶性循环。这种机会不平等导致了贫者愈贫的现象。

这个解释看似合理，却只道出了表层原因，仍然没有深入到马太效应的最底层。例如为什么"资源本身具有积累效应"？这个解释无法回答，但这是问题的关键。

马太效应的本质，是一个数学演化的问题。

马太效应有一个前提，就是所有元素需要形成一个网络。这就意味着网络之中每个元素之间不是独立的，而是可以相互关联和影响。

当一个新的元素进入系统后，会作为一个新的节点链入网络，从而与系统发生关联。对这个网络系统进行数学建模，演算第x个元素链入网络后，其度（与该点相连的边数）为x的概率与x的函数关系。最终我们会得到一个幂律分布的图像。（如图4-4-4所示）

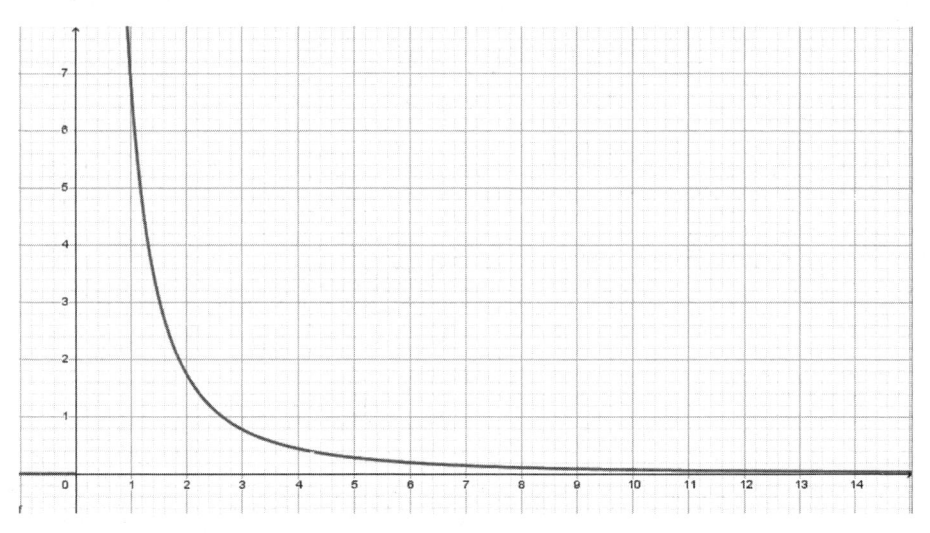

图4-4-4　幂律分布图像

这个数学证明过程相对比较复杂，感兴趣且有数学基础的读者可参读相关资料。

所以，元素之间相互关联和影响，才是造成马太效应的根源。

例如，富人与穷人同时在一个社会经济系统中，他们时时刻刻产生各种经济关系，例如消费与投资、购买与售卖、打工与雇佣等，正是这些关系的不断演化，从而造成强者愈强的贫富差距。如果把人与人之间的经济关联割裂，富人与穷人相互独立，那么社会财富领域的马太效应就一定不会发生。同样地，一个想要购买奶茶的人因为能够看到其他购买者的行为，所以才会被影响自己的选择；如果切断这种影响，例如让所有购买者蒙上眼睛选择奶茶店，那么奶茶店排队的马太效应现象也一定不会发生。

第五章

触类旁通
——"类比化"思维模型

章前语

"一只南美洲亚马逊河流域热带雨林中的蝴蝶,偶尔扇动几下翅膀,可以引起美国得克萨斯州的一场龙卷风。"其原因就是蝴蝶扇动翅膀的运动,导致其身边的空气系统发生变化,并产生微弱的气流,而微弱的气流的产生又会引起四周空气或其他系统产生相应的变化,由此引起一个连锁反应,最终导致系统的极大变化。

这只小小的"蝴蝶"改变了20世纪系统学领域的研究方向,并创造了人类一个全新的研究学科——混沌学。这就是著名的"蝴蝶效应"。

生活中很多微小力量产生超预料严重结果的现象,都可以用"蝴蝶效应"来概括,不管是股市利空引发的集体踩踏,还是"风起于青萍之末"的自然现象。当我们谈起这些现象的原因时,不用做过多解释,"蝴蝶效应"四个字就一言以蔽之。

管理学中有很多这样的模型,例如"破窗理论""囚徒困境""死海效应""锚定效应"等。这些模型的本质说白了就是打比方,即都是构建一个典型场景去概括同一类底层逻辑相同的现象的方法。在本章,我们就此类模型进行探讨,看看"类比化"思维模型背后的思维逻辑。

第1节 打比方：思维模型的"通感式"表达

"通感式"表达的画面感与共情力

文学中，有一种修辞手法叫"通感"。通感又叫"移觉"，是在描述客观事物时，用形象的语言使感觉转移，将人的视觉、嗅觉、味觉、触觉、听觉等不同感觉互相沟通、交错，彼此挪移转换，将本来表示A感觉的词语移用来表示B感觉，使意象更为活泼、新奇，同时更深刻、更准确的一种修辞格式。

为什么要用"通感"呢？很大一部分原因在于，要描述的那种感觉过于抽象，难以形容，所以将其转化成了另一种感觉来进行类比形容。例如这句"你多情的目光，像丝绸般滑过我的脸庞"，你的目光有多么多情我不知道，但我知道丝绸般滑过脸庞的感觉是怎样的。

又比如朱自清《荷塘月色》里的"微风过处送来缕缕清香，仿佛远处高楼上渺茫的歌声似的"。清香是嗅觉，到底是怎样的清香，很难客观地用文字描述出来。于是作者把这种清香比作"远处高楼上渺茫的歌"，将嗅觉转化成了听觉，你可能无法直接感受这种清香，但你一定听过"远处高楼上渺茫的歌声"吧！两种不同的感官传递的情感体验却是一样的，通过这种不同感觉的互通，让表达与描述更具共情力与感染力。

打比方之所以更具有说服力，在于它所基于的这个现象、例子是大家耳熟能详、深入人心的。例如当我们说一个人心胸宽广，我们会形容为"宰相肚里能撑船"，顿时会很有画面感，同时引发我们的共情力。因为"撑船"这一场景很多人都见过，它已经在大家的心中建立了一个认知场景，所以利用这一既有认知，能够很容易唤起大家心中对这一场景的画面感，从而高效地传达你想要表达的信息。

在第一章我们讲到过，大脑处理信息基于"节俭原则"。当我们遇到一些陌生的、从未见过的事物时，总是习惯性地在大脑中搜索与之相似的模型。世界上的事物千奇百怪，很难保证它们都是在同一个感官纬度，这个时候如果不同感官纬度却具有相同的感受，大脑便会将另一种感官体验的模型套用在这种感官体验上，从而形成不一样的艺术表达力。这也就是通感的心理学意义。

高手，通常都是会打比方的人

芒格说，"在商界有一条非常古老的守则，它分两步：找到一个简单、基本的道理，非常严格地按照这个道理行事。"

这个世界的很多事情，往往都遵循着最朴素的规律。世界上有很多道理都是相通的，就像人类通过观察老鹰飞翔发明了滑翔机，通过观察蝙蝠而发明了雷达。

高手，通常都是会打比方的人。因为高手善于洞察本质规律，然后触类旁通，用另一件熟悉事物的规律和特征进行类比。他们对于一些抽象、晦涩难懂的概念，基于对事物本质深刻的洞察，总能轻描淡写地打个比方，让人拍案叫绝。

近些年，中国电动汽车行业飞速发展，而人们对于电动汽车到底是不是比燃油汽车更环保的问题一直争执不下。争执的核心在于，有人认为虽然电动车日常使用过程中没有尾气排放，但是电动车的电池是有寿命的，等到电池寿命殆尽，需要进行分解处理，而分解处理带来的能量消耗和环境污染，不一定比燃油车造成的污染小。那么同样是污染环境，凭什么认为电动车比燃油车更环保呢？

对于这个问题，我在一本杂志上看到了一个有些不雅但很贴切的比喻——电池统一回收就像公共厕所，燃油车污染就像随地大小便。你是希望出门后看到到处都是粑粑，还是希望出门看到的是花花草草，呼吸道新鲜的空气呢？这才是电动汽车的核心优势，电动汽车实现的是排放物集中处理，并且是在偏僻的地方高空处理，对于人类聚居区的空气质量影响要缩减很多。而且即便是有排放的火电站，由于是大规模作业，其脱硫脱硝去粉尘的蒸汽轮机对排放的控制也要理想很多。

通过"公共厕所"与"随地大小便"的比方，作者将排放物统一处理相比于零散化处理的优势表现得淋漓尽致。无需太多解释，人们也能轻松理解。

在人力资源管理领域，也有一个著名的"换血比喻"。有研究称女性的平均年龄高于男性，是因为女性生理期每月都会出血，导致女性体内造血干细胞不断更迭循环，加速体内毒素排出，所以女性寿命更长。这个比喻用到人力资源管理领域，卓越的公司永远都保持一定比例的人员流动，既不会伤筋动骨，也不会一成不变一潭死水。通过不断的换血，才能永葆生机，长久发展。

有的比喻甚至能够流芳千古。柏拉图的著作《理想国》中有一个著名的故事，学界称之为"洞穴隐喻"。在这个故事中，柏拉图描述了一个洞穴式的山洞，一条长长的通道连接着外面的世界，只有很弱的光线照进洞穴。一些囚徒从小就住在洞中，头颈和腿脚都被绑着，不能走动也不能转头，只能朝前看着洞穴的墙壁。在他们背后的上方，燃烧着一个火炬，在火炬和囚徒中间有一条路和一堵墙。

洞穴之中的世界相应于可见世界，而洞穴外面的世界则比作可知世界。柏拉图明确声称囚徒与我们相像，即是说他们代表人类无知的状态，而囚徒走出洞穴的过程则被比喻成通过教育而获得真理的过程。而其中转向是个至关重要的举动。"洞穴隐喻"之所以流传千古，在这个隐喻准确地洞察了洞穴场景中的人与现实世界的基本规律。

第2节 打比方的本质就是建立通感式模型

前文说到，策略的本质是建立既有现象的规律模型，然后应用到未来的行动中来。

大千世界，万物流转，而它们运行的规律却是相通的。打比方，就是根据联想，抓住不同事物的相似之处，用浅显、具体、生动的事物来代替抽象、难理解的事物。

在现代企业管理中，有一个很形象的理论，叫做"火车头模式与动车组模式"。

火车头模式，顾名思义，指的是团队全靠一个领头羊来带动。领头羊是团队的主心骨，掌握着团队的核心竞争力与资源分配权，为团队指明前进的方向；而其他人则在领头羊的带动下各司其职，最终完成团队任务。这是一种传统的团队管理模式，过去讲火车跑得快，全靠车头带，团队的整体实力，取决于这个领头羊的能力。而随着时代的发展，这种火车头模式已经适应不了日益激烈的市场竞争。要想让更多的人为团队发挥出自己的作用，就要转变成为动车组模式。将团队划分为若干个小团队，每个团队都有自己的领头羊，就像动车组一样，每节车厢都有一个发动机，共同推动着车厢前进。发动机更多，所以这列动车的速度也就越快，从而达到"多头驱动，齐头并进"的效果。

这是典型的模型化思维。火车头与动车组原本是两个不同的火车驱动形式，而这个管理模式的创造者洞察了两种驱动形式的本质区别，即化整为零，分组管理，从而为管理方法论提供理论基础。

当我们形容一个市场的竞争程度的时候，经常会用到"红海市场"和"蓝海市场"。红海代表现今存在的所有产业，也就是我们已知的市场空间；

蓝海则代表当今尚待开发的产业，这就是未知的市场空间。

而最近出现了一个新的概念：蓝冰市场。蓝冰市场区别于大家已知的红海市场和蓝海市场，是一个待开拓的有巨大发展潜力的崭新市场。

蓝冰市场有两层含义：首先，冰是硬的，需要不断敲打才能击碎；其次，冰是会化的，一旦春暖花开或者敲冰人的能力变强，冰就会融化。在发生和成长期，"蓝冰市场"非常坚硬，随着需求的不断扩大，技术的不断成熟，"蓝冰市场"将逐渐融化。

例如目前的养老行业，就是一个典型的"蓝冰市场"。老龄化是中国社会未来的趋势，但由于目前人们对养老院观念上的抵触，加之养老行业从业者能力素养参差不齐，导致养老行业市场需求较为疲软。所以，养老行业未来会井喷式发展已是行业共识，但至少目前来看还需要等待这块行业蓝冰的融化。

怎样打出一个绝妙的比方

有个成语叫"深入浅出"，意思是分析的切入视角要深刻，而最终展现出来的却要浅显易懂。这与我们说的"打比方"有着异曲同工之妙。

怎样打好一个绝妙的比方呢？通常有三个步骤：首先，找到要描述的这个陌生事物的本质规律；然后，在模型库里匹配具有相同本质特征大家熟悉的事物；最后，用这个熟悉的事物，解释那个陌生的事物。

我们常说，依葫芦画瓢，瓢就是那个陌生事物，葫芦就是那个熟悉的事物。

中国哲学的开山鼻祖老子，就十分擅长这种"打比方"的模型化思维。老子的《道德经》中，有很多基于自然现象的哲学思考。自然界事物的运行法则就构成了一个模型，通过对自然界中模型的洞察，再将洞察运用到生命的哲理上。从自然界的现象中悟出哲学思想，这就是一种模型化思维。

例如，《道德经》第十一章，"三十辐共一毂，当其无，有车之用。埏埴以为器，当其无，有器之用。凿户牖以为室，当其无，有室之用。故有之以为利，无之以为用。"翻译过来意思是，三十根辐条汇集到一根毂中的孔洞当中，有了车毂中空的地方，才有车的作用。揉和陶土做成器皿，有了器具中空的地方，才有器皿的作用。开凿门窗建造房屋，有了门窗四壁内的空虚部分，才有房屋的作用。所以，"有"给人便利，"无"发挥了它的作用。

不得不佩服老先生的洞察与思考。因为"无"，我们才有了"有"的空间和可能，"有无相依"正是在告诉我们不要计较一时的得失。

《道德经》中还有一句话，"江海之所以能为百谷王者，以其善下之"，意思是江海之所以能够成为百川河流所汇往的地方，是由于它善于处在低下的地方，所以能够成为百川之王。这句话的哲学我们用现代物理学来解释的话，就是当你处在低下的地方时，那么位置比你高的人的重力势能就比你高，你就能获得对方能量向你汇聚的潜力。也就是说在为人处事的过程中，当你放低身段的时候，你就会获得他人流入的"情感势能"与"情绪势能"，从而让你更加轻松、顺利地完成目标。

关于中国移动互联网的发展，我见过一个从"狩猎模式"到"农耕模式"再到"牧场模式"的绝妙比方。

2017年以前，中国移动互联网用户处于疯狂增长的时期，彼时的互联网公司获取用户的方式被形容为"狩猎模式"——成千上万的用户如同脱缰的野兽在原野奔跑，这时互联网公司只要骑上快马，就能射下诸多用户。那个年代，不管是共享单车疯狂烧钱布局市场，还是社区团购撒钱拉新，似乎只要谁占据了先发的时间优势，谁就能收获用户。

然而2017年以后，中国线上流量进入存量时代，增长逐渐乏力，这时靠快马狩猎，已经很难高效地俘获用户。渐渐地，互联网公司策略开始调整，从"狩猎模式"进入"农耕模式"。"农耕模式"不求用户马上成为自己产品的粉丝，而是先划出自己产品的圈层和领地，通过深度耕耘促进潜在客户的培养与转化，以用户运营的手段，将普通消费者逐步变成自己的用户与粉丝。这种模式的代表是小红书。

而进入2020年以后，由于疫情等因素，自己圈层和领地的那些用户也开发到了极致，中国互联网用户运营模式进入第三个阶段——"牧场模式"。不再局限于自己的圈层和领地，而是将全网的用户当作自己的潜在用户，通过破圈内容传播等方式，将全网变成自家的牧场，进行用户培养、转化，最终收割。

稍许有点历史知识的同学，都知道原始社会人类获得食物的生产方式是采集或狩猎；农业革命后，农耕成为人类社会获得食物的主要生产方式。采集或狩猎因为偶然性大，没打中猎物的饿着肚子，打中猎物的撑死肚皮，有句很形象的表达"三年不开张，开张吃三年"，说的就是这种模式。农耕模式春播秋收，只要没遇到重大自然灾害，收入基本稳定。如果想获得更多收入，就需要不断拓荒开垦更多农田。

所以可以看到，中国互联网从"狩猎模式"到"农耕模式"再到"牧场模式"，是市场发展与竞争的结果。

综上所述，打比方的本质，就是建立一个特定的、典型的场景化模型，用以概括同一类事物及现象的规律。在营销管理学中，有很多打比方类的模型，例如破窗理论、囚徒困境、蝴蝶效应等。下文中，我们将就几个著名的类比化模型展开分析与探讨。

第3节 探寻"破窗理论"模型背后的驱动逻辑

"破窗效应"的由来和应用

1969年美国斯坦福大学心理学家菲利普·津巴多教授做了一项实验,他找来了两辆一模一样的汽车,然后停放在不同的街区。他将其中一辆汽车的车牌摘掉,顶棚打开,结果当天这辆车就被人偷走了。而另外一辆车在另一个街区放了一个星期依旧完好无损,然后教授就用锤子将这辆车的车窗玻璃敲了一个大洞,结果就过了几个小时,这辆车就不见了。

以这项实验为基础,政治学家威尔逊和犯罪学家凯琳提出了一个"破窗效应"理论,即如果有人打坏了一幢建筑物的窗户玻璃,而这扇窗户又得不到及时的维修,别人就可能受到某些示范性的纵容去打烂更多的窗户。久而久之,这些破窗户就给人造成一种无序的感觉,结果在这种公众麻木不仁的氛围中,犯罪就会滋生、猖獗。

"破窗效应"不只是一个犯罪学概念,更是在生活中很多其他领域屡见不鲜。我们在等红绿灯时,当红灯亮起,大家都在静静地等候,这时,只要有人迈出了第一步,就有很多人跟着一起闯红灯;公园里面的草坪,有人为了节约时间,直穿而过,后面的人也随之效仿。

共享单车作为解决"最后一公里"通勤问题的重要交通工具,目前已越来越受到市场的认可。而共享单车刚面世的时候,很多人没见过这新鲜玩意,都不敢轻易尝试。后来,随着更多共享单车品牌的加入以及共享单车的投放越来越多,共享单车变得满大街都是,这个时候开始出现了个别人给共享单车上私锁、恶意破坏等现象。这种现象一旦出现且没有得到整治,便开始疯狂蔓延,一发而不可收拾,在很长一段时间内人们在高峰期几乎很难骑上一辆正常的共享单车。因为没有在萌芽阶段遏制这种现象，错过了解决问题的最佳窗口期，共享单车运营公司不得不开始投入大量的人力、物力、财力来整治这种现象，最后在公安行政机关和全社会的共同监管下，这种现象才得以缓解。

我们经常在讲，要把问题扼杀在摇篮里，其实原理就是"破窗效应"——在问题显现之初就予以解决，是效率最高、边际效益最大的选择。亡羊补牢，为时未晚，当第一扇破窗出现时，我们要及时去修补，避免事件出现进一步恶化。

破窗效应也常常出现在股票市场之中。当股票或基金出现亏损时，部分投资者也出现破罐子破摔的心理，想着既然这只股票已经出现亏损了，那么不如放手一搏，或许还能早点回本，于是乎就频繁加减仓，最终的结果就很可能造成亏损加剧，甚至清仓出局。

在股票的买卖中也常常有庄家利用"破窗效应"诱导股民。当某只股票一路下跌，甚至跌破某个关键价位时，只要庄家不护盘，那么跟风的股民就会受到其诱导，纷纷选择抛出，从而出现亏损；相反，当庄家护盘时又会放出诱导信号，诱导投资者不断追加投资，准备迎接牛市的到来，实则越追越多，越亏越加，最终导致投资者无力承担。

我们来看看，破窗效应模型有哪几个成立的条件。（如图5-3-1所示）

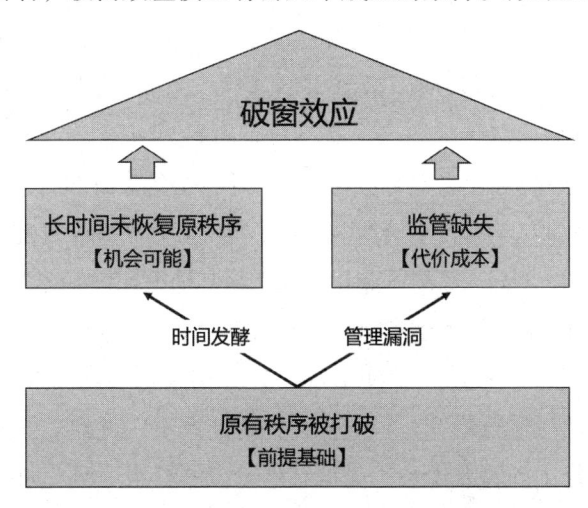

图5-3-1 "破窗效应"形成逻辑拆解

首先，破窗效应的启动基础是原有秩序被打破。这是破窗效应出现的前提，是一切裂痕的开始。

其次是长时间未恢复原秩序。这为破窗效应的产生提供了时间与机会可能，如果破窗很快被修复，那么破窗效应就得到遏止；反之，则会有人跃跃欲试。

最后是监管缺失。当社会的监管机制缺失或者存在漏洞时，犯罪行为的成本代价就会大大降低。想象一下，如果在菲利普·津巴多的实验中，两辆车的旁边分别站着两个警察，那么路人还敢为所欲为吗？答案显而易见。

所以，任何事情只要满足以上三个条件，那么破窗效应成立的基础也就形成，出现破窗效应的概率也就大大增加。这种效应会造成问题的加剧，必须及时采取措施来恢复秩序和加强监管，以遏制破窗效应的蔓延。

"破窗效应"造成的同化作用最终让系统崩溃

我们在社交群里，经常会看到在群里发广告、垃圾信息的人。有了第一次"破窗"而群主不加制止，就会有越来越多的人在社交群中发送垃圾信息，形成了一个个"破窗者"肆意妄为，从而导致成员不断退群的恶性循环，一个社群就此终结。对于这种现象，我们必须采取措施减少"破窗"的行为发生，打破这个不良的生态链，营造一个良好的社群氛围。

这也暴露出"破窗效应"最严重的危害，就是会同化周围的环境，最终让整个系统濒临崩溃。

传染病传播的过程中，当社会中出现一小部分感染者的时候，如果没能控制住这部分人，那么则会传染给给多人，形成对环境的同化影响。当一个城市出现零星的确诊病例时，就要开始重视起来将其消灭在摇篮之中，如果放之任之，那么带来的后果一定是越来越多的人感染，疫情会越来越严重地蔓延。

堤坝上发现了一只白蚁不加重视，就会招来更多的白蚁，堤坝一旦出现溃烂，就要及时进行修整，否则就会越来越严重，直到千里之堤崩溃。

企事业单位中的腐败现象，也是破窗效应的鲜明写照。如果单位环境政治清明、纪律严明，是很难出现第一位打破这种环境的腐败者。因为人总是希望能合群的，希望与大多数人保持一致，才能获得心理上的安全感。然而，一旦出现了这第一位贪腐者，那么就会引发连锁反应，就会有更多的人在这种"破窗效应"下加入其中，于是形成拉帮结派、结党营私等腐败现象。更严重的是，这种小圈子天然具有"排异效应"，长期搞人身依附，不是小圈子的人被排挤出局、冷落一边，有的长期排挤、打击清廉干部，致使一些干部得不到重用，出现"劣币驱逐良币"的现象，导致政治生态恶化。

破窗效应的底层驱动因素

弄清了破窗效应的概念，我们还要了解破窗效应发生的底层驱动因素。破窗效应的本质是环境对人们心理造成暗示性或诱导性影响的一种现象，而这种暗示性或诱导性影响主要体现在三个方面。

首先是"弃旧心理"。怀有这种"弃旧心理"的人往往是这样一种思维模式："既然已破废，既然没人管，那就随它去吧"。如果一个物件仅仅是因为破损并且具有一定的修复价值就轻易弃掉，则是一种浪费；如果是一项规定、制度、法律仅仅是因为执行的不利或遭到破坏就轻言放弃，就会给管理造成无序，给社会造成混乱。

网上经常看到一句话："婚姻中出轨只有零次和无数次。"以前以为这是主观臆断只为放大焦虑的毒鸡汤，后来才知道这背后暗藏着破窗效应的潜在心理。

就像我们新买了一部手机，我们会爱护有加，给它戴上保护壳，贴上膜。然而如果有一天我们不小心摔了一下，屏幕摔出了一条裂痕。即便是一条很小的裂痕，我们以后可能也不会像刚买时那样爱惜它了。换句话说，当这手机第一次摔下的那一刻起，就注定了它会摔第二次、第三次……

婚姻中的一方第一次出轨，就像细心保护的手机上摔出了裂痕，这会直接激发"弃旧心理"。正是这种"弃旧心理"作祟，婚姻中再次出轨的概率大大增加。

其次是"从众心理"。《乌合之众》一书中讲到，"聚集成群的人，他们的感情和思想全都采取同一方向，他们自觉的个性消失了，形成一种集体心理。在集体心理中，个人的才智被削弱，从而他们的个性被削弱了。异质性被同质性所吞没，无意识的品质占据了上风。"人们总是会不自觉地跟随大多数，良莠不分、盲目随从、消极地规避风险与责任；甚至明知是错误的，却要"别人能够做，我就可以做；别人能够拿，我就可以拿；别人做了没受惩罚，我做了就不会受惩罚"。在这种环境的诱导下，人们往往不考虑承担行为的后果。

最后是"投机心理"。"投机心理"是一种不想努力就要达到目的的歪曲心理，当看到有机可乘并且能得到既得利益的时候，就会侥幸去试一试。"投机心理"有时是"从众心理"的阶段性、机会性的表现，看见别人这样做过了，静观其变，无"不良"后果，认为时机成熟，开始行动。这种非光明正大之人，往往是偷鸡不成反蚀一把米，甚至付出惨痛的代价。这种心理是可怕的，危害都是巨大的。

这三种心理，分别对应了"破窗效应"模型的三大成立条件。原有秩序被打破，让环境由"治"变"乱"，由"新"变"旧"，从而激发了路人的"弃旧心理"；长时间未恢复原秩序，让路人看到了做坏事的可能，从而激发出他们的"从众心理"，引发他们去模仿第一位破窗者以身试法；最后监管的缺失，又强化了路人的"投机心理"——反正没人管，侥幸试一试。在这三种心理的催化下，破窗效应就像生长在罪恶土壤下的野草，其根系在看不见的地下疯狂蔓延。（如图5-3-2所示）

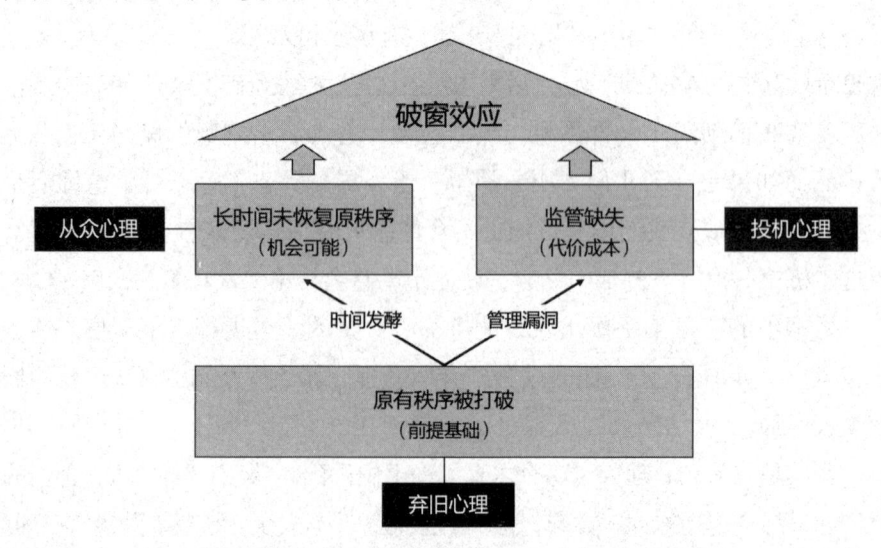

图5-3-2 "破窗效应"对应的心理

第4节 囚徒困境——最经典的博弈论模型

我们在开车的时候,最烦遇到别人加塞的问题。为什么加塞的现象会屡禁不止?这其中除了涉及司机的个人素质外,还有一个关乎人性的心理博弈问题。

如果大家都遵守交通规则不加塞,这是最理想的状态,是整体的最优解;但任何一个司机都会考虑,无论别人是否加塞,我加塞都可以使自己的收益变大——别人加塞时,我蒙受损失,我只有跟着一起加塞,才能弥补损失;别人不加塞时,如果我加塞的话,我就会节约时间占到便宜。正是因为这种心理,最终导致大家都会加塞,从而加剧道路拥堵,反而不如大家都不加塞走的快。

明明可以"共赢",大家却选择"共输"。这种心理的底层逻辑,就是囚徒困境模型。

囚徒困境背后的思考路径

囚徒困境是博弈论中的一个典型场景模型。两个嫌疑犯作案后被警察抓住,分别关在不同的屋子里接受审讯。警察知道两人有罪,但缺乏足够的证据,于是警察告诉每个人:如果两人都抵赖,各判刑1年;如果两人都坦白,各判8年;如果两人中一个坦白而另一个抵赖,坦白的免除刑期,抵赖的判10年。(如图5-4-1所示)

情况	A坦白	A抵赖
B坦白	A判8年 / B判8年	A判10年 / B免除刑期
B抵赖	A免除刑期 / B判10年	A判1年 / B判1年

图 5-4-1 "囚徒困境"基本情形示意图

此时，这两位囚徒A和B，各自有两种策略：坦白或者抵赖，故有了如下的博弈过程：

此时的A会思考：我并不知道B如何选择，如果他选择抵赖，那么我最好的策略是选择坦白。因为我将获得免除1年刑期，从而获得自由；如果他选择坦白，那么我最好的策略也是选择坦白，因为如果我选择抵赖，那么我将获得10年刑期，坦白后我只获得8年刑期。所以，无论B如何做，我选择坦白对我都有利。（如图 5-4-2 所示）

A的思考路径

情况	我选择坦白的话	我选择抵赖的话
当B选择坦白时	8年刑期 <	10年刑期
当B选择抵赖时	免除刑期 <	1年刑期

图 5-4-2 "囚徒困境"中A囚徒思考路径

同样的道理，此时的B也是这样想的，无论A怎么做，选择坦白对他也是最有利的。（如图 5-4-3 所示）

A和B明明都选择了对自己最优的策略，却得到了最糟糕的结果。明明二人都抵赖的话，只有1年的刑期，结果都坦白，导致了8年的刑期。警察也就借助这种心理特点，成功破案。

第五章 触类旁通——"类比化"思维模型

B的思考路径

情况	当A选择坦白时	当A选择抵赖时
我选择坦白的话	8年刑期	免除刑期
我选择抵赖的话	10年刑期	1年刑期

图5-4-3 "囚徒困境"中B囚徒思考路径

囚徒困境模型今天看来尤其具有现实意义。我们处在一个合作的时代，分工合作能促进社会不断演化发展，但合作并不是天然就能形成的，甚至很多情境下，理性利己决策会导致不合作。囚徒困境即是如此。我们假设一种情况：如果两名罪犯A和B在被抓捕之前，两人商量好都保持沉默，会导致最终结果的改变吗？我相信也不会，即使两人已经商量好，但是一旦他俩被分开审讯，那么利己的原则就会不自然地起主导作用，因为从个人的角度来看，合作是不理性的。

20世纪90年代金融危机，华尔街六个投行买的一堆股票都在下跌。现在摆在面前的问题是，六家大投行都得快点卖出股票，但如果这六家都疯狂快速抛售，股价就跌得更惨，他们卖出去的股票价格也就越低。于是他们六家约定，手里的股票要一点一点慢慢卖，避免股市出现踩踏效应。但事实表明，在人性面前，这个约定是无效的。因为谁先卖出去，就不用怕股票暴跌，反正都已经卖完了；但如果所有人都想早点卖，那么最后总会有人以低股价卖出。谁都不想成为最后的这个人，于是大家都争先恐后早点卖出，踩踏效应就成必然。

华尔街的大投行拥有全球最顶尖的经济学家和金融家，他们都懂博弈论，也都懂囚徒困境。但是在这种情况下，所有的理论都失效了，谁都不讲信用，也不相互信任。

所以，囚徒困境暴露的不是制度的缺陷，而是人性的弱点。

商业活动中的囚徒困境最终导致恶性竞争

商业活动中的寡头垄断场景和囚徒困境非常相似，假设有A和B两个老板，他们共同承包一个鱼塘。鱼塘中鱼的总价值按照往年的行情大概为120万元。A、B两家各有一艘打渔船，每艘打渔船的成本为10万元。此时两艘打渔船共同瓜分鱼塘里的鱼，所以双方的利润都为$120 \times 1/2 - 10 = 50$（万元）。

而A、B两家都不满足于当前的利润，都盘算着要不要再引进一艘打渔船。这时，双方就产生了类似囚徒困境的博弈。

A老板此时这样想：

①如果B老板选择再引进一艘打渔船，而我不引进，那么当前总共有3艘打渔船，他就占有2/3的鱼塘资源，即$120 \times 2/3 = 80$（万元），而我就只占有1/3的鱼塘资源，即$120 \times 1/3 = 40$（万元），B的利润为$80 - 2 \times 10 = 60$（万元），而我的利润为：$40 - 10 = 30$（万元）。

②如果B老板选择再引进一艘打渔船，我也再引进一艘，那么当前总共有4艘打渔船，我俩各占1/2的鱼塘资源，即$120 \times 1/2 = 60$（万元），我俩的利润都为$60 - 20 = 40$（万元）。

综上所述，A老板绝对会选择再引进一艘打渔船，而B老板同理也会选择再引进一艘，故产生了如下四种情况：

①如果A、B两位老板都选择再引进一艘打渔船，那么都将获得40万元利润；

②如果A选择再引进一艘打渔船，B选择不引进，那么A将获得60万元利润，B将获得30万元利润；

③如果B选择再引进一艘打渔船，A选择不引进，那么B将获得60万元利润，A将获得30万元利润；

④如果A、B都选择不再引进打渔船，那么A将获得50万元利润，B将获得50万元利润。

再次验证了上面的结论，A和B本来都能获得50万元利润，但由于利己原则的作用，都走向了糟糕的结果。

在存量市场的竞争中，也会出现各种囚徒困境的例子。两家手机公司垄断整个市场，公司互相竞争，受影响最大的是广告投放，即一公司的广告被顾客接受则会夺取对方的部分营收。但若二者同时期发出质量类似的广告，收入增加很少但成本增加。但若不提高广告质量，生意又会被对方夺走。

此时两家公司有可以有两种选择：第一种选择时互相达成协议，减少广告的开支；第二种选择是拒不妥协，都增加广告开支，设法提升广告的质量，压倒对方。

若两家公司不信任对方，无法合作，背叛成为支配性策略时，两家公司将陷入广告战，而广告成本的增加会损害两家公司的收益，这就是陷入囚徒困境。在现实中，要两家互相竞争的公司达成合作协议是较为困难的，所以多数都会陷入囚徒困境中。

囚徒困境在消费决策中的启发

在中国，以京东为代表的高品质电商平台，运营了八年才做到盈利，而以低价低品质著称的拼多多却三年内超过淘宝成为最大C2C平台。这其中除了中国的国情和社会环境，还有一个更加深刻的消费心理学原因，那就是囚徒效应。

假设一位顾客想在网上购买一件商品。这件商品按价格的不同可分为高价和低价，按品质也可以大致分为高质量和低质量。因为顾客是在网上购买，没法对实物进行考察和测试，所以顾客不知道现在加入购物车的这件究竟是高质量的，还是低质量的。商家虽然明确把他的商品的质量等级向你表明了，但是顾客不知道他说的是真是假。

所以作为顾客，面临着四种可能的结果：高价高质、高价低质、低价高质、低价低质。

我们把顾客购买这件商品所得到的价值回报用大致的金额数值来表达：

假如顾客用高价买到了高质的商品，那么顾客的价值回报是7元。多出些钱买到一个好东西，还是值得的。

假如顾客用低价买到了高质的商品，那么顾客的价值回报是10元。这么便宜买到这么好的宝贝，你会觉得自己赚大了。

假如顾客用高价买到了低质的商品，那么顾客的价值回报是-5元。当你意识到的时候可能已经完了，这单交易你已经亏了。

假如顾客用低价买到了低质的商品，那么顾客的价值回报是3元。反正也没花多少钱，买的就是便宜货，就这样了。

总结一下顾客在博弈中的回报情况可知，不论商家提供的是高质量商品还是低质量商品，顾客出低价购买时获得的回报总是要高于出高价购买时获得的回报。所以单从博弈的角度上讲，顾客更倾向出低价购买商品，因为那样回报更大，风险更小。（如图5-4-4所示）

顾客在博弈中的回报情况

情况	商家提供高质量商品	商家提供低质量商品
顾客出高价购买	顾客回报7元	顾客回报-5元
	∧	∧
顾客出低价购买	顾客回报10元	顾客回报3元

图5-4-4　顾客在博弈中的回报情况

接下来我们来看看商家的情况。商家同样也有四种选择：高价卖高质、高价卖低质、低价卖高质、低价卖低质。商家在这四种情况下得到的回报金额是：

假如商家以高价卖掉了高质的商品，那么商家得到的回报是7元。商品质量可靠，利润也可观，不错。

假如商家以低价卖掉了高质的商品，那么商家得到的回报是-5元。做生意做成这样，卖家可能哭晕在厕所。

假如商家以高价卖掉了低质的商品，那么商家得到的回报是10元。虽然有宰客的嫌疑，但作为商家来讲这可能是他最乐于看到的事。

假如商家以低价卖掉了低质的商品，那么商家得到的回报是3元。这个商家可能天生就是摆地摊的。

总结一下商家在博弈中的回报情况可知，不论顾客出高价购买商品还是出低价购买商品，商家提供低质量商品时获得的回报总是要高于提供高质量商品获得的回报。单从博弈的角度上讲，商家更倾向提供低质量商品，以让自己更大概率获得高回报。（如图5-4-5所示）

商家在博弈中的回报情况

情况	商家提供高质量商品	商家提供低质量商品
顾客出高价购买	商家回报7元 ＜	商家回报10元
顾客出低价购买	商家回报-5元 ＜	商家回报3元

图5-4-5　商家在博弈中的回报情况

所以我们看到，在电商购物这个博弈游戏里，无论商家如何选择，顾客总是出低价更划算；另一方面，无论顾客如何选择，商家总是提供低质商品更划算。二者同时影响，所以以低价格、低质量著称的拼多多的优势就显现出来，这也就是拼多多能够成功赶超京东在消费心理层面的原因。

这就是顾客和商家之间博弈的囚徒困境。明明顾客出高价购买高质量商品时，双方的回报都是7元；而顾客出低价购买低质量商品时，双方的回报都只有3元——顾客商家明明可以共赢，却因为互不信任对方，导致博弈的结局注定是一个对双方来说都更差的结果。

第5节　聚光灯效应：来自我们内心的心理牢笼

你其实并没有那么引人注目

很多人一到公共场合就会觉得局促不安，比如在公交车上打电话时觉得所有人都在盯着自己看，刚刚理发觉得所有人都在评判自己的发型帅不帅，聚会上自己说错了话觉得所有人都在看自己的笑话。难道自己真的如此独特、如此引人注目？为什么我们总会如此在意别人对自己的看法？这就是聚光灯效应。

聚光灯效应来源于心理学家季洛维奇和佐夫斯基的一个奇装异服实验。他们让一些学生穿上奇怪的衣服去上课上完一节课后，让着装奇怪的学生猜测有多少人注意到自己的衣服。这些学生认为全班会有50%以上的人会注意到自己，然而事实证明全班只有25%的学生注意到了身着奇装异服的人。这就是聚光灯效应。有时候我们总是不经意地把自己的问题放到无限大，当我们出丑时总以为所有人都会注意到，其实并不是这样的。没有多少人会注意你，即使有人看到你出丑事后也会很快忘记，没有人会像你自己那样关注自己。所以说聚光灯效应只存在于我们的头脑中，而非真实情况的反应。

那么，什么性格的人容易产生聚光灯效应呢？主要有下面三种类型。

第一种是自卑缺乏自信的人。他们总是觉得自己有很多缺点，而且没有足够的勇气去面对这些缺点，所以他们担心别人看穿自己的缺点，暴露自己的头脑。

第二种是比较自恋的人，他们总是希望给别人留下完美的印象，所以会过度关注自己，哪怕一个微小失误，他们也久久无法释然。

第三种是性格内向敏感的人。他们害怕听到别人对自己的负面评价，害怕在公众面前展示自己。所以一旦在公众面前讲话整个人从里到外都会瑟瑟发抖。

这三种人之所以会出现聚光灯效应，是因为他们总是高估由于自己社交失误所带来的影响，认为一些出丑的瞬间会永远定格在其他人心中，给对方留下不可磨灭的印象。实际上忘不了一些出丑尴尬局面的就只是我们自己而已，别人都在忙着自己的事情，哪有那么多时间关心。所以说聚光灯效应是自己把自己困住了，自己给自己找烦恼。

那么我们该怎么做才能摆脱聚光灯效应的影响呢？当一个人在做事的时候通常有两种不同的心态。

第一种，时刻关注自己的情绪，这样的人无论在干什么注意力都在自己的感受。比如说和同事一起工作的时候，他可能会想同事的话让我不开心了；在演讲开始之前，他可能会想怎么办我好紧张；和喜欢的女生聊天的时候，他可能会想她会不会觉得我很蠢。像这样一味把注意力放在自己的情绪与感受，也就很容易陷入聚光灯效应的陷阱当中。

第二种，做事的心态集中在方法目标上。具有这种心态的人注意力不在自己的情绪上，而是在做事方法。当一个人把注意集中在目标与方法上的时候，他不会在乎自己有没有口误，有没有出丑，他在乎的是自己的想法有没有清晰地传达出去，对方有没有理解自己的意图。有句话说得好，成大事者不拘小节，或许自己说话磕磕巴巴，或许自己被别人嘲笑，可是这些都不重要，只要你把事情做成，你所谓的"出丑"也会变成历史故事。

总之，聚光灯效应是我们自己为自己设置的心理牢笼，根本没有那么多人在意，同样也不用那么在意别人的看法。比尔·盖茨曾经说过这个世界并不在乎你的自尊，只在乎你做出来的成绩，然后再去强调你的感受。这个世界是现实的，我们不需要外人理解，只有把成绩做出来，自然会有人理解。当你能输出价值的时候，人们自然会向你靠拢。

怎么样克服"聚光灯效应"

一方面，我们要撕掉别人给的标签。心理学上有个理论叫"标签理论"，它是指人的表现跟行为，会受到别人为我们贴的标签所影响。其实仔细想想就很容易明白，当别人认为我们很优秀的时候，我们会尽可能地表现得比原本更优秀的样子。所以我们常说，父母不可以常骂小孩子没用，因为这就等于替他贴上了一个标签，久而久之孩子丧失自信，于是就很可能连简单的事也难以做好。

当一个人一直被周遭的人认为是一种固定的性格时，这个标签如果一直贴在他身上，久了之后，这个人就会越来越贴近那种性格，也就是标签理论。它可能会影响一个人的行为跟内心想法，而这个人受到标签的影响之后，如果也对别人对自己的看法信以为真，那他就会直接受到影响。因此，我们在和别人交往时，应该更加听从内心的声音，不要总是去想自己在别人心里是什么样的，会不会有很多人关注自己。

另一方面，不要太在意别人的目光。外界的看法重要吗？重要的。是这些看法组成了我们自己，给了我们行动的标准。但外界的声音常常众口难调。无论你做什么，总会有人说你是错的。

可以尝试与一些性格外向的朋友参加一些社会活动，认识不同的人，以谦卑的心态，学习他们身上的优点，不做完美的人，而是做真实的人。在活动中转移自己的注意力，不要太过在意别人的目光，不要太把自己当回事，要把自己当下做的事当回事，活在当下，全情投入时便可以忽略他人视线，获得一种全新的精神体验，再不断地参与累积体验和自信。

第6节 死海效应："劣币驱逐良币"的恶性循环模型

优劣人才失衡的"大企业病"——死海效应

死海是位于以色列和约旦之间的大湖泊，湖面海拔远低于海平面。尽管有约旦河水流入补充水量，但死海水平面依然因蒸发而不断降低。这意味着，随着时间推移，死海已经变成盐湖，其咸度是正常海水的8倍。有鉴于此，死海中几乎没有生命存在。只有春季来临，大量淡水补充进来，海水咸度降低后，才会短暂出现生命迹象。

许多大型企业会出现一种"大企业病"，让整个公司看起来就像死海一样毫无生机，我们称之为"死海效应"——企业在经营过程中逐渐流失了优秀的员工，但却吸引了一大批难以胜任工作的人，导致企业整体能力不断下降的现象。这种现象可以被视为企业内部人才流失和人才吸引机制的失衡。

有才能、效率高的员工往往是最可能离开的人。这是因为真正的人才通常不可能忍受频繁出现的愚蠢行为和职场问题，而这些又是大企业必然会存在的问题。由于真正的人才是最有可能获得其他机会的人，因此也更容易离开。

那些倾向于留下来的可以说是"残渣"——也就是才能与效率最低的员工，很感激现在这份工作，在管理上的要求也更少，即使有工作上的不悦，也不太可能挪窝。这部分人群倾向于保全自己，成为维护关键体系的专家好手，承担他人不想承担的责任，最后组织就离不开他们了。

大公司失去了真正有才华的员工，而留下来的都是没那么有才华的人，而这已违背了这些公司的初衷：即淘汰低才低效人，引进高才高效人。而且这个效应还有自我强化功能：一个企业越是差劲，它就越难吸引到高才高效的员工加入其中，也越难保留人才。这种情况会达到一个临界点就是：一个组织里有才华的人都是新人，刚进来时可能对这家公司还了解不多，但一旦对公司有所了解后，就很可能出现离职的情况。

在这个恶性循环中，优秀员工就像是水，不断蒸发流失；而低效员工就像是盐，不断留存沉淀。留下的低效员工越多，就越会造成团队效率低下，同时沉滓一气让企业环境恶化，继而让优秀员工越难以生存，形成"劣币驱逐良币"的"排异反应"。于是水分进一步蒸发，团队素质越来越差，整个企业如死海一般毫无生机。（如图5-6-1所示）

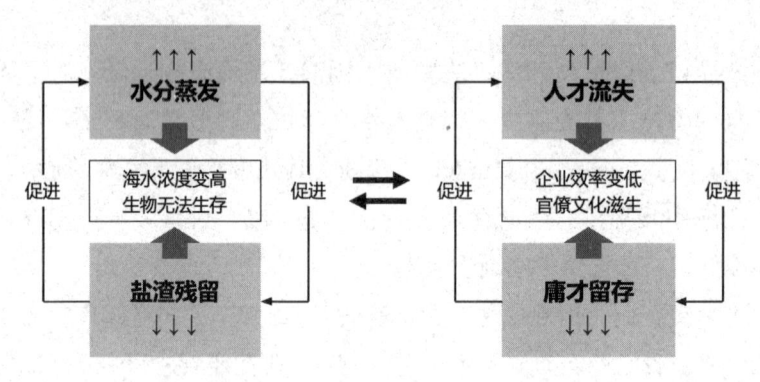

图5-6-1　企业"死海效应"示意

死海效应的底层成因

首先，企业的"死海效应"通常源于其管理层的问题。当企业管理层缺乏人才管理的能力和经验时，他们往往无法正确判断员工的核心能力和潜力。这会导致他们在招聘过程中误判人才，并且更倾向于选择与其思维方式相似的人，而不是寻找具备多元思维和创新能力的员工。这样的偏向会滋生官僚主义，同时造成企业内部的人才结构单一化，而缺乏多样性的团队难以应对快速变化的市场环境。

其次，企业的"死海效应"还可能源自企业内部的工作环境和文化问题。如果企业的工作氛围缺乏合作与沟通，员工可能会感到被忽视和不被认可。这会导致优秀的员工感到沮丧，他们在寻找更好的发展机会时会离开企业。另一方面，企业文化如果过于保守、守旧，缺乏创新和激励机制，也会让有潜力和创新思维的员工感到无法施展才华，进而选择离开。

最后，企业的"死海效应"还可能受到市场竞争和经济环境的影响。在竞争激烈的市场环境下，优秀的员工往往会被其他企业挖走，而较差的员工则可能会选择留在企业中，导致企业人才水平整体下降。此外，在经济不景气时期，企业往往会削减招聘预算和提高员工福利待遇，这可能会导致较优秀的员工离职，而较差的员工会选择留下来。

为避免企业的"死海效应"，企业管理层应重视人才管理和培养，建立科学的人才选拔和培养机制，注重多元化的人才队伍建设。此外，企业应提供积极的工作环境和文化，鼓励员工的创新和激励机制，以吸引并留住优秀的人才。企业还应时刻关注市场竞争和经济环境的变化，灵活调整人力资源策略，以提高企业在人才争夺战中的竞争力。只有保持良好的人才流动和人才吸引与留存的平衡，企业才能持续发展并保持竞争优势。

第7节　锚定效应——骗过大脑的思维魔术

生活中无处不在的锚定效应

生活中经常可见一些有意思的现象：

场景1：定价488元的商品感觉要比定价500元的商品便宜好多。

场景2：标价800元的衣服感觉很贵，但如果它标明原价2000元，然后4折出售，你就会觉得很便宜。

场景3：同样一件标价800元的衣服，如果摆在地摊卖你会觉得贵得离谱，但如果把它放进商场卖就完全可以接受。

看了这三个例子，相信你也会跟我有一样的感受：我这不争气的脑子，为什么一直被商家牵着鼻子走？

我们冷静下来复盘一下以上三个现象中我们的大脑是如何被骗的。

场景1中，当我们看到一个产品的定价是488元的时候，我们潜意识里会给自己一个暗示：这个东西的价格是400元多。就像我们看表时永远都是先看时针再看分针，虽然我们很快冷静下来知道488元只差12元就是500元了，但在这种潜意识的影响下，我们还是会觉得488元要比500元便宜很多。

场景2中，当我们看到一件衣服原价2000元时，会下意识地觉得这件衣服原本就价值2000元，与原价相比，800元简直就太便宜了。

场景3中，当我们走进高端商场地那一刻，其实我们潜意识就已经接受了这里地商品大部分都比较贵的事实。有了这样一个心理暗示基础，所以感觉800元也不贵！

这三个场景我们可以总结出一个共性，就是在人做判断时，在我们的潜意识里都出现了一个参考的标靶，就是它在悄悄影响我们的决策。心理学上，把这种现象称为锚定效应。

锚定效应又称沉锚效应、锚定陷阱。这个概念最早由2002年诺贝尔经济学奖获得者丹尼尔·卡尼曼提出，他对锚定效应的具体描述是：当人们需要对某个事件做定量估测时，会将某些特定数值作为起始值，起始值像锚一样制约着估测值。也就是说，人们在做决策时会不自觉地受最初所获得的信息影响。锚就是我们的第一眼印象。而锚定，则是我们习惯性地将第一印象作为判断的参考系。（如图5-7-1所示）

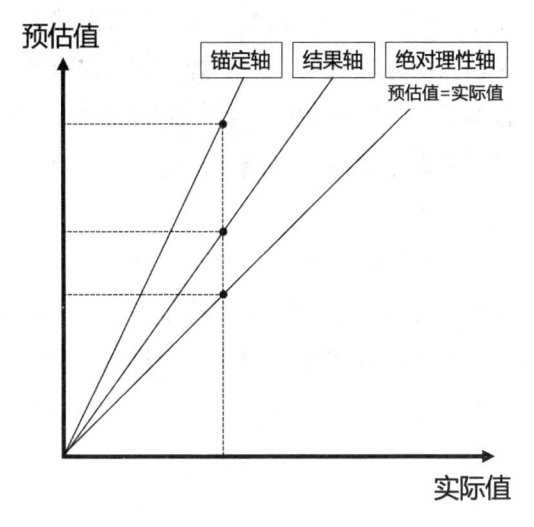

图5-7-1 "锚定效应"中锚定值对预估结果的影响

丹尼尔·卡尼曼为了验证这个效应，在1974年做了一个实验。他把高中生分成A、B两组，让他们在5秒内估算一个乘法算式的值：

A组：看到的是$1\times2\times3\times4\times5\times6\times7\times8=?$

B组：看到的是$8\times7\times6\times5\times4\times3\times2\times1=?$

你已经发现，这是两个完全一样的算式，结果也一样，是40320。而实验给出的时间是5秒内。这么短的时间内，几乎没人能真正正确地计算出结果。当然，这个实验不在乎学生是否能猜对，而是研究学生们估算值的差异，A组学生估算值的中位数是512，B组学生估算值的中位数是2250，差距足足有4倍。

这个实验说明了，在不确定状况时，对于首要获得的信息人们更为重视，有种先入为主的印象，即决策判断会受到锚定值的影响。也就是说，在不确定的情况下，人们会犯"锚定效应"的偏差。

生活中也有很多例子证明，我们很容易被各种"锚定"左右思考和判定，形式不一。

两家卖粥的小店，每天顾客的数量和粥店的服务质量都差不多，但结算的时候，总是一家粥店的销售额高于另一家。探其究竟，原来效益好的那家粥店的服务员为客人盛好粥后，总问："加一个鸡蛋还是两个？"而另一家粥店的服务员总问："加不加鸡蛋？"接收到第一个问题的客人考虑的是加几个鸡蛋的问题，而接收到第二个问题的客人考虑的是加不加鸡蛋的问题。考虑的问题不同，答案自然也不同。通过不同的提问方式，第一家粥店实际上是给消费者设定了"要加鸡蛋"的锚，从而不知不觉地多卖了鸡蛋，增加了销售。

为什么一些不知名的品牌要找大牌明星代言？为什么有人称上海为东方巴黎？为什么是上有天堂下有苏杭？为什么写本书要找大咖做序？为什么汽车销售商要写一个建议零售价？都是为了给我们输入锚值，因为消费者需要在不确定性中寻找确定性，需要一个参照物。这些锚定，会在我们无意识间左右我们对某一问题的思考和判断。

锚定效应的成因和机制

人为什么会有这种非理性的行为呢？这与几百万年以来人类进化过程中大脑决策的意识缺陷有关。

首先，人类必须要在特定的决策时间内给出一个问题的解答。进化学理论中曾提及早期人类在演化过程中会遵循"节俭原则"。人类的行为决策，一般以"最小能量消耗""尽量避免危险"为导向，简单来说就是费力不讨好的事情不要做。我们在第一章中讨论的大脑总喜欢套用公式就是这个原因。

假如，你是一个早期人类，出门狩猎，看到一个蘑菇，不知道这个蘑菇能不能吃。你必须要在极短的时间内判断这个蘑菇是否能吃，不能坐在那里研究个三天三夜，否则你早就被野兽给吃了。

再例如，远处来了一匹狼，还有30秒就扑过来了，是打还是跑？你要在10秒内做出决策。

所以，特定环境中要快速地做出决策，但是太快，就不能收集太多的信息再做思考。狼就要扑过来了，假设你能打得过狼，目前有条件A、条件B、条件C……人的脑子处理不了这么快，若真这么墨迹，人类可能早就走向灭亡了。

人在极少时间内处理信息，这就要求人能够精准地做出效益评估。而人类为了更加精准地做出效益评估，就不自觉地以曾经的经历和认知为基准，引入了一个可用作基准的参考系。有了参考系只需要计算相对量就可以做出效益评估，减少消耗。

如果喜欢看动物世界可以知道高等动物比如猴群竞争首领，并不是进行淘汰赛从头打到尾。当有几个身强力壮的猴子打斗确定出优胜者之后，大部分猴子都不会尝试挑战胜利者。

猴群内两两之间经常会有些打斗，逐渐会形成一些共识，哪些比较厉害的，自己能不能打得过它。这几个厉害的角色就是锚，如果其中一个厉害的落败了，自己平时又不是它对手，基本上就不会去挑战胜利者。毕竟挑战的结果有可能是伤痕累累。

人类也是在进化过程中，选择了锚的方式，快速有效地去进行决策并避免不必要的伤害。这样的认知习惯被慢慢遗传了下来，第一印象或者第一次接触到的信息，成了我们决策的依据，慢慢地导致了我们会犯锚定效应偏差。就像在信息浓雾中寻找方向，只有抓住第一次看见光线的方向前进，才不至于迷失。

所以，简单来说锚定就是设定一个标靶，一个参照系。人在极少时间内处理信息时，往往是先处理最先想到，或者最先碰到的。比如，在此前你看到自己的同伴用一根木棒打赢了狼，这就变成了一个"锚"存在于你的大脑中。而今你也遇到一匹狼，而你手上有把锄头，这时候你会把手上的锄头和参照系木棒进行比较，最终让你决定拿起锄头上前迎战。

为什么锚定之后很难改变？

那么，为什么锚定之后很难改变？这是因为决策需要消耗意志力。任何的锚定都会有一定的代价，更换锚也需要花费相当大的精力。这种对新锚的抵触是写在人的潜意识里的，因为它违背了大脑的"节俭原则"。

为什么有人选择一个品牌后会长时间忠于这个品牌？其实并不是不存在其他替代品。比如就现在的家用电器而言技术已经相当的成熟，故障率非常低，功能和外观也大同小异。但据我了解的情况，很多家庭会一直选用自己习惯的品牌。这是因为人对陌生的事物，都会存有戒心，这是人进化而来的秉性。当他要去判断这个东西好还是不好时，需要花费相当的精力来进行决策。

锚定效应是人类在演化过程中形成的意识缺陷，当没有足够的异化驱动力时，人们很难去改变锚定的东西。

例如消费主义就是借助锚定效应来制造焦虑，让我们进入消费陷阱的。

抖音上都是清一色的美女帅哥，肤白貌美大长腿，英俊潇洒气质佳，让我们觉得自惭形秽，见不得人；小红书上人均年薪百万元，男士标配法拉利，女士标配古驰、LV，和他们的200平方米大房子相比，我们简直生活在贫民窟；知乎上人均985、211，个个都是企业高管、敲钟老板，我们却拿着微薄的工资，还在公司吃着泡面加着班。

而真相是，中国14亿人口中，有6亿人口的月均收入不到1000元；中国大学生占总人口比重不超过10%，其中具有本科学历的只有5000万人。身处城市的我们看到的都是城市的光怪陆离，忘却了城市之外还有一片广大的农村。网络上看到的只是少数人的生活，而在锚定效应的作用下我们却把它放大成大多数人的生活，从而以此为参考标准衡量自己，陷入焦虑。

第六章

以形观势
——"图形化"思维模型

章前语

摩根大通在对美国疫情后经济发展现状的分析报告中，提到了一个"K型复苏"的概念：少数科技型企业、大型企业以及金融等虚拟经济部门出现了高速增长，富豪和高净值群体的资产规模也得益于股市的大幅上涨再创新高，他们构成了字母K的上臂；而非科技型企业、小型企业及其蓝领工人们则与之相反，他们的复苏速度不仅严重低于前者，还有相当一部分仍处于低迷状态甚至是陷入了衰退，他们构成了字母K的下臂。这种经济的不同部分以不同的速度、时间或程度复苏，类似于"K"两臂的现象，就被称为"K型复苏"。（如图6-0-1所示）

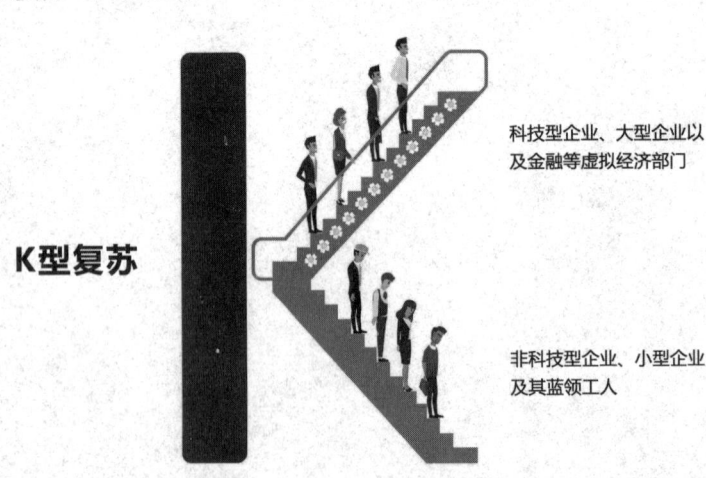

图6-0-1　K型复苏

吴晓波在2022年跨年演讲中也引用到了"K型复苏"的概念，他认为中国也正在进入"K型时代"。简单理解就是行业的剧烈分化，利益集中在少数玩家手中。

"K型复苏"的概念表达十分生动，让人一看就懂。很多策略如果用直白的语言描述出来，会非常晦涩难懂。如果我们用一些图形、字母的形状来生动概括，就会非常形象。

管理学中，还有一大类以这种图形、形状为基础的思维模型，例如金字塔模型、漏斗模型、T形战略模型、同心圆模型等。通过将思维策略图形化展示，我们可以更加精准地表达出思维想法的精髓，大大提高沟通的效率。

在本章，我们将对这类"图形化"模型展开探讨。

第1节　图形是表达信息的有效工具

提到图形，可能大家想到的会是一些规则的几何形状，或者是一些精美的美术图案，再或者是一些符号标志。不管是PPT上装饰的小图标，还是衣服上的花纹，在大多数情况下，图形更多起到的是一种装饰效果。科学家在显微镜下观察到，一片普通的雪花六边形美轮美奂，一颗钻石切割后也呈现精美而规则的图形。（如图6-1-1所示）这些都是大自然的美学杰作。在我们的固有印象中，当我们描述一个图形的时候，会说它很精美、很别致，由此可见，图形更多承载的是一种美学上的意义。而今天我们这一章要探讨的，就是模型所承载的信息结构传达的问题，图形更是表达信息的有效工具。

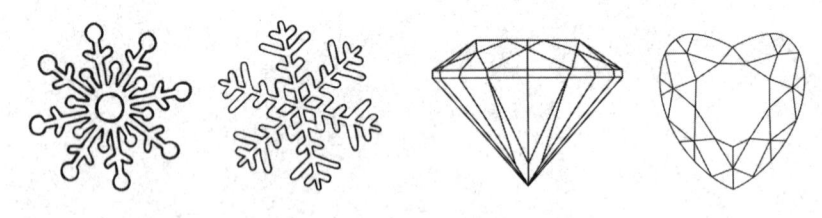

图6-1-1　自然界中各种美丽的形状

图形承载了人类对世界最原始的认知

中国古代素有"天圆地方"的说法。天和地这两个无形的东西，在我们古人眼里却拥有了形状。古人为什么觉得天是圆的？主要是因为当人抬头看天，从天的这边看到那边的时候，视线是圆弧型的，所以古人认为天就像一个锅盖一样，盖在平坦的大地上。而地之所以是方的，可能源于古人对于东南西北四个方位的认知。即天和地是没有连接的，在大地的角落上存在柱子，支撑着天，四个方位的四根柱子，正好构成了一个方形。于是乎古人便有了"天圆地方"的"世界观"。

我们今天当然知道古人的这种认知是错误的。天地原本无形，而中国古人之所以认为"天圆地方"，是因为他们很难想象到天是无穷无尽的，大地是连在一起的这种场景。"圆"和"方"这两个图形，虽然简单粗暴，却构成了古人对世界具象化的认知模型。这种图形化模型，承载着古人对世界最原始的认知。（如图6-1-2所示）

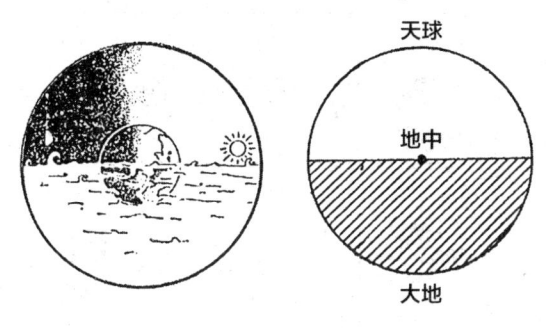

图6-1-2 "天圆地方"世界观

其实，图形诞生之初是为了方便人们之间的表达和交流的，后来才具有了审美的价值。近年来，陆续有考古学家在世界各地的山洞石壁上发现了距今几万年的远古人类壁画。很多壁画是一些奇奇怪怪的形状，虽然大部分图形科学家至今也无法破解其中的含义，但科学家还是发现了一些共通的地方。例如，圆形普遍代表太阳，三角形普遍代表山，方形普遍代表大地。这足以说明，在文字形成之前，远古时代的人类就是用图形来记录信息和表达交流的。

后来，随着人类生产生活效率的提升，这些简单的图形已经无法满足人们更高质量沟通的需要，图形便逐渐演变成了效率更高的文字。很多文字依然保留了图形最初想要表达的意思，也就是我们所说的象形文字。埃及象形文、苏美尔文、古印度文以及中国的甲骨文，都是独立地从原始社会最简单的图形和花纹产生出来的。例如，汉字"日"的由来，就像一个圆形，中间有一点，很像人们在直视太阳时所看到的形态。（如图6-1-3所示）

这些象形文字是人类智慧的结晶，能够形象地反映我们的祖先认知这个世界的心理过程。

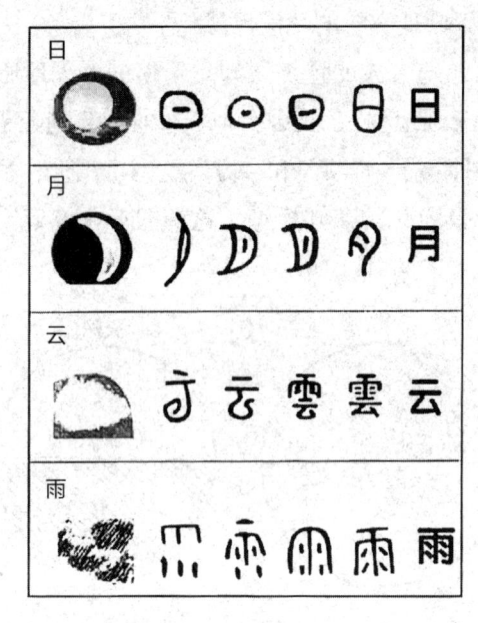

图6-1-3 象形文字的诞生

文字诞生后，人类沟通效率显著提升，人类文明得到迅速发展。但我们必须明白，文字的信息传达效率之所以比图形要高，是因为相比于图形的这种直接的形象投射机制，文字实际上是一种通过学习事先约定好的符号含义而明白意思的间接转译，是需要学习成本的。文字是以提升学习成本、牺牲门槛的方式，提高了传达信息的效率。

图形还在很多方面优于文字表达。但为什么又需要文字表达呢？重要的一个原因是若没有经过抽象，原始图形很复杂，不利于信息交流。而文字本身就是从最初的图像中抽象出来的信息载体，所以文字用于表达也是必不可少的。

与文字相比较，图形更具有天然性，也更具有象征性。人们在画图的时候，会很自然地浮现出一些联想、记忆或某些片断，我们不会具体去探究那是什么，但是会把这些情绪、体验用线条和形状表达在图画中。这时图画就具有某种象征意义。它确实包容了我们的体验或经验，但我们不必担心它们有什么威胁，我们只是把它表达出来。所以，图画的象征性使其成为距离潜意识更近的一种工具，或者我们称其为潜意识直接表达自己的工具。

所以，我们也会发现一个有意思的现象——小孩子一般都是先会画画，然后才学会写字。这是因为，写字是需要学习成本的，而图画是表达自己对周围事物的感受和内心意愿的最直接的方式。

图形可以反映人思维潜意识层面的信息

很多心理医生做心理咨询时的一个常用的方法，就是让患者画简笔画，通过画出来的图形来判断患者潜在的心理问题。画画的过程是一种心理学的投射，它能够把人们内在的、潜意识层面的信息反映出来。因为大部分人在随手涂鸦时都不会有很多的防御心，会很自然地流露自己内心真实的想法、愿望和追求。而当患者把自己心中的图画落笔到纸上时，它就变成了有具体信息的载体，心理医生就可以一目了然地得到主要信息。

一副画传递了事物相对位置、颜色、主题等丰富的信息。所以，有时一幅画胜似千言万语。例如：在孩子眼中，周围世界中所有事物都像人一样有生命、有感情。我们看到，在孩子的笔下，太阳公公笑眯眯地看着大地，花朵小草都在跳舞，小动物穿着漂亮的衣服在一起玩耍，这是特有的"泛灵心理"，也是在图画中寄托他情感和愿望的表现。在一个小女孩的作品中画中的孩子总是留着又长又粗的辫子，特别夸张。原来是这个小女孩很想留长头发却因种种原因未能如愿。由于在现实生活中未能达到自己的愿望，孩子便在图画中尽情抒发自己的情感寄托，通过图画来满足自己的需求，以此求得心理平衡。

某大学的一个儿童心理学研究小组曾经做过一个实验，实验对象是100位5—7岁的儿童。他们给到每位小朋友一张水彩画，水彩画中画的是一片森林，森林中有一个小房子。研究员告诉小朋友，这个房子里住着兔子一家人，兔爸爸和兔妈妈出去找吃的去了，房子里只有小兔子一个人在家。交代完故事背景后，给小朋友一支铅笔，让小朋友在小房子里画一个想象中的桌子。我们知道在汉语的语境里，桌子是不分圆桌和方桌，而小朋友在画桌子时会选择圆桌还是方桌，从某种情况上讲就能反映他当时内心的心理状况。研究小组按照圆桌和方桌，将小朋友分成了两组，并对他们的家庭情况进行了调查。结果发现，画圆桌的小朋友的家庭普遍要更加和睦，父母更加亲切，而画方桌的小朋友的家庭则多为单亲家庭或者留守家庭。虽然圆桌和方桌在生活中都存在，但一个人潜意识里的选择。他们的这一实验是为了证明一个结论，即圆形在一个人的潜意识里更多代表着美好和圆满，而方形则指向潜意识中的刻板和严肃。

图形所传递的信息量远比语言丰富，表现能力更直观，而且在画图的过程中，人们进一步理清自己的思路，把无形的东西有形化，把抽象的东西具体化。人们常常有这样的体验：一幅言简意赅的画，只有方寸大小，寥寥数笔；但如果要把它的意思表达清楚，要用很多的文字。图画的表达力比语言更强，例如线条是图画的基本元素，不同的线条传递着不同的信息。长的线条表示绘画者能够较好的控制自己的行为，但有时会压抑自己，短而断续的线条表示冲动性，而强调横向线条表示无力和害怕，自我保护倾向或者是女性化，强调竖向线条代表自信和果断，强调曲线可能代表厌恶常规，线条过于僵硬代表固执或攻击性倾向，不断改变笔触的方向代表缺乏安全感。此外，无论是什么方向的线条，只要线条过长，或者是很僵硬，则反映出书写者的固执与不够灵活，甚至是攻击性倾向。

人们在传递一些复杂信息时，往往有口说不清，听者也感觉云里雾里，但如果借助图形或图画来表达，往往一目了然。画图的过程，本身就是人们思维再加工的过程，要求人们把复杂的东西简单化，立体的东西平面化，抽象的东西具体化，无形的东西有形化。

一图胜千言，图形的信息传达效率高于文字

很多人都有这样的感觉；有时表达自己一个想法时，别人听来听去听不懂，但当用了了几笔把自己的想法画成图、表时，别人就很容易理解。

以我们司空见惯的各种箭头符号为例，任何人看到"⇨"这样一个符

号，就能毫不费力地理解它所指的方向是向右。但用文字来解释向右，则首先需要学会文字，理解文字，再表达出来，显然，图像的理解性远高于文字。更重要的是，无论哪种语言，"⇨"的意思都是相通的，不需要经过翻译就能理解。从这个意义上讲，图形在表达意思方面远优于文字。（如图6-1-4所示）

图6-1-4 一个帽子形状，让"希特勒"秒变"卓别林"

从亲和力角度看，图形的亲和力也远胜于文字。丰富多彩的图形让人赏心悦目，也就更容易让人接受其中的内容和观点。以幼儿园小朋友为例，他们最初都是从玩具、绘画这些物件开始认识世界的，他们大多先会画画，后会写字。所以，图形对人类具有与生俱来的亲和力。

"百闻不如一见"。古人很有智慧，从社会实践中总结出凡事亲自去观察的重要性。所谓观察，就是要看实景，也就是要看到图像。随着实践的进一步深入，人们总结出更有代表性的俗语"一图胜千言"。为此，我们从为什么说"一图胜千言"这个话题入手，说说图形化思维的内在逻辑以及图形化思维的历史脉络和运用场景。

图形化思维助推人类思维水平迈上新台阶

上古以来，人类掌握的最初思考、记载方式就是图形，如各种壁画、结绳记事等，图形可以很直观表达自己的思想，别人也好理解。但经过不断的文字抽象演化后，一段时间里，图形的重要性被忽略了。好在人类历史上不断有开拓者，能从原始图像中抽象出概念图像，并建立起一套完整的科学体系，反过头来应用到现实中，极大促进了人类文明的进步。

这其中，居功至伟的人物当属古希腊数学家欧几里得，他把现实世界中的"点、线、面、体"等概念的核心要素抽象出来，形成纯数学概念，并在此基础上，建立起完整的欧几里得几何学。而这套完整的逻辑结构体系，在促进科学大发展的同时，也把人类的思维能力提到了一个新高。

17世纪法国著名的数学家、物理学家、哲学家笛卡尔，则开创性地将代数与几何进行了完美结合统一，再次将人类认识自然的水平提高了一个层级，并为人类解决很多现实问题提供了思考途径，这就是图形化思维不断抽象升级的结果。

再到了18世纪，著名数学家欧拉利用拓扑变形，解决了著名的"七桥问题"，在后来众多学者如庞加莱等努力下，更抽象的拓扑几何得以完善。拓扑几何反过来又极大推动了社会进步，我们现实世界中的很多建筑如广州"小蛮腰"、北京"中国尊"，都蕴含拓扑图形的思想。可以想见，图形化思维在不断助推人类思维能力提升的同时，也在不断自我提升。

第2节　浅析几种基本图形背后的思维结构逻辑

三角形往往暗示思维行进的方向和趋势

三角形有个特点，两个底角构成了大的一边，一个顶角构成了小的一边，所以这种特殊的形状往往可以暗示思维行进的方向和趋势。也正是因为这个原因，三角形被广泛地运用到各类思维模型中。

例如，我们做品牌分析时常常用到的销售漏斗，就是一个倒三角形。倒三角形上端大下端小，具备一种事物发展由浅入深、由多变少、不断聚焦的过程和趋势，正好与销售漏斗所表达的人在购买时从关注到好感最后到成交的不断筛选聚焦的趋势相吻合。

购买漏斗的底层逻辑是基于消费者购买行为的全链路而产生的阶段划分。对漏斗模型的了解稍加深入之后，觉得它不仅仅是一个模型，更是一种可以普遍适用的方法论，或者说是一种思维方式。

从媒介策略的角度，漏斗上端主要是为了引发消费者的关注和好感，让消费者更了解品牌和产品，而漏斗下端则是购买意向和购买行为，是直接促成成交的。所以从这个角度上讲，我们在媒介层面，我们应该在漏斗上端吸引用户花费更多的时间，因为消费者在漏斗上端停留时间越多，对品牌和产品的了解越深，就越能提升好感，从而进入漏斗下端。而在漏斗下端我们则应该让用户花费更少的时间，因为这个阶段的目的是直接促成消费者购买，消费者在这个阶段花费的时间越长，则可能会更犹豫，从而导致流失，速战速决避免夜长梦多，就是这个道理。

而正三角形则暗示思维从源点出发不断发散、逐渐分散的趋势，典型的例子是麦肯锡的金字塔原理。人对任何信息的处理都是按照金字塔形状排布的，前文已有探讨，这里不再赘述。

金字塔是明显包含等级、二八法则分布等性质的隐喻元素；金字塔的底端具有"基础因素""大多数人群"等比喻意义，金字塔顶端具有"顶级水平""极少数人群"等比喻意义。

在品牌营销中，我们还常常用到双三角形品牌价值推导模型，这是一个非常经典的品牌定位工具。它的经典之处就在于将这种品牌定位的思维图形化了。这个模型的基本思想是，品牌的核心价值是由产品特点和消费者需求两方面决定的，通过总结出消费者的三个关键词，提炼出消费者对于品牌需要的情感价值；总结产品的三个关键词，提炼出产品提供的功能价值。最后综合考虑情感需求和功能价值，推导出我们品牌的核心价值。我们可以看到，在这个模型中，上下两个三角形是向中心层层推进的关系。消费者侧的三角形，我们从消费者的三个关键词中总结了用户需要的情感价值。产品侧的三角形，我们从产品的三个关键词中总结了产品能够给用户提供的功能价值。两个三角形向中间聚焦，即可从消费者和产品层面，辅助我们来思考品牌的核心价值。（如图6-2-1所示）

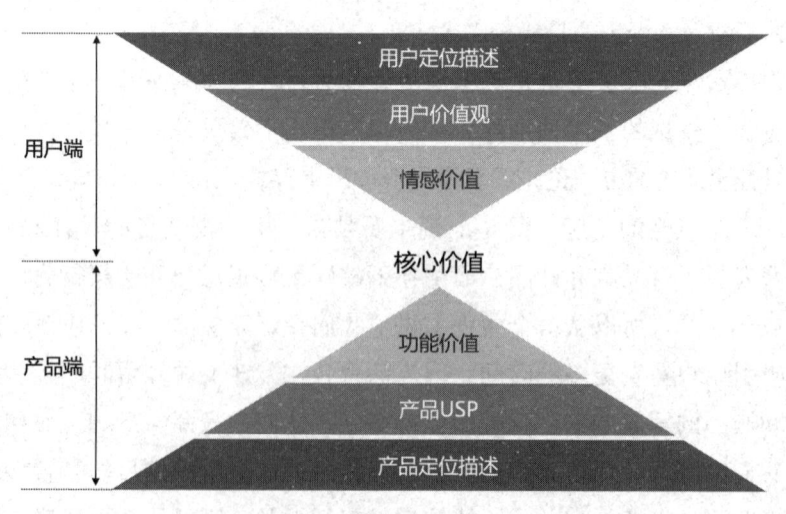

图6-2-1 双三角形品牌价值推导模型

等边三角形暗示元素间均等的地位

等边三角形是最稳定的图形，我们往往说三足鼎立。一般等边三角形模型会暗示三个元素之间均等的地位。

3C战略模型，由管理学家大前研一提出，他认为在制定任何营销战略时，都必须考虑这三个因素：顾客需求、竞争对手情况、公司自身能力或资源。（如图6-2-2所示）

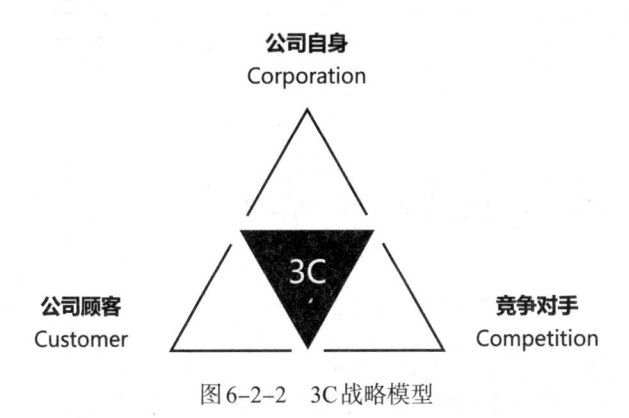

图6-2-2　3C战略模型

在这三个因素之下，又拆分出若干个详细的维度。例如公司顾客（Customer）包含客户定位、客户产品需求、客户市场规模、客户消费能力、客户渠道等；竞争对手（Competition）包含对手的现状竞争、对手的成功要素、潜在竞争者会对市场的影响等内容；公司自身（Corporation）包含产品经验、人才储备、品牌形象、市场与销售渠道、资金情况、政府关系等方面。

奥美广告公司的品牌定位三角模型，围绕品牌定位、用户以及品牌利益点展开，也是一个三方均等的等边三角形。用一个简单句式来陈述品牌定位就是：我是谁，为了什么样的人，提供什么样的好处。（如图6-2-3所示）

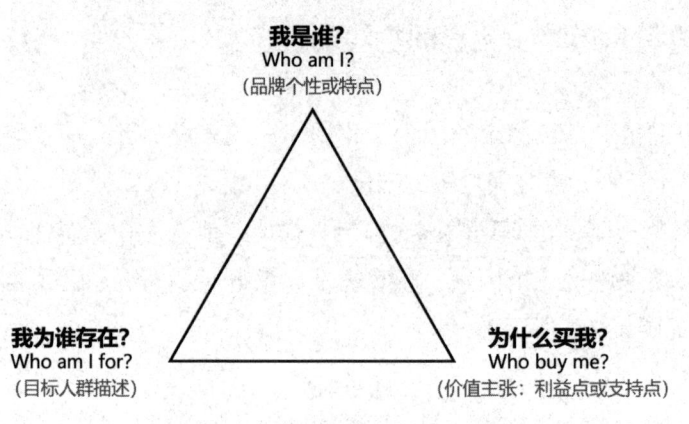

我是谁?
Who am I?
（品牌个性或特点）

我为谁存在?　　　　　　　　　　　　　　　　**为什么买我?**
Who am I for?　　　　　　　　　　　　　　　　Who buy me?
（目标人群描述）　　　　　　　　　　　（价值主张：利益点或支持点）

图6-2-3　奥美品牌定位三角模型

沙漏型模型的双维度思维

沙漏型模型在营销领域同样很常见，这其中最具代表的便是微博的"小蛮腰内容种草模型"。

"小蛮腰内容种草模型"强调了微博与其他种草平台"金字塔"式种草结构的不同。在微博种草的结构被总结为"小蛮腰内容种草模型"，即顶部是微博具备独特优势的明星、头部KOL、热点IP和大量行业专业媒体种草资源，可以助力品牌实现高效破圈。中部是企业蓝V、明星企业家、高管等，通过与品牌兴趣用户在微博上的持续互动，可以潜移默化的带动品牌口碑。最后底部是大量聚集在微博的腰部KOL和KOC，他们可以形成海量的种草声音为品牌实现长效种草。

要想理解"小蛮腰内容种草模型"的精髓，我们需要将其分成上半部分的倒梯形和下半部分的正梯形两个部分来看。首先是上部分的倒梯形，是从影响力的角度来衡量的，所以最头部的是以明星、头部KOL、热点IP为代表的微博公域影响力中心，媒体及行业IP次之，最终可以将影响力势能沉淀到品牌蓝V私域。同时，因为这些明星、头部KOL、热点IP涉及不同的圈层，这也为品牌提供了破圈传播的价值。而下半部分的正梯形，则是从群体数量基础的角度来衡量的，他们是数量庞大的腰部及尾部KOL、KOC。

正因为数量庞大，所以造就了其强大的口碑传播和长效种草的价值，同样会向上转化到企业蓝V私域中。（如图6-2-4所示）

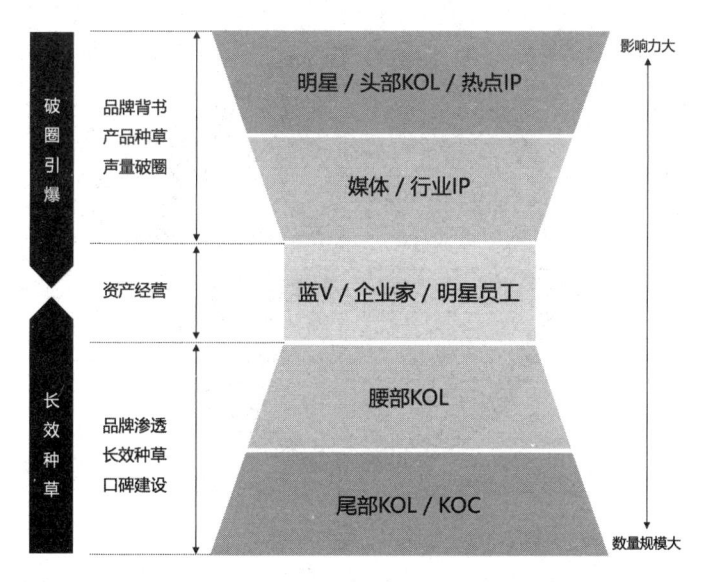

图6-2-4 微博小蛮腰内容种草模型

我们可以看到，"小蛮腰内容种草模型"创造性地将微博内容生态从影响力大小和基数大小两个不同的维度进行拆分，清晰地总结出微博的两大核心价值——内容破圈价值和口碑种草价值。有了这个模型，我们就能一眼窥见微博内容种草生态的全貌。

圆形暗示着事物发展的循环

圆是一个没有角、首尾相接的完整图形，隐喻事物的完整性、循环性、封闭性等诸多特点。例如PDCA模型，就用圆形代表着流程的循环。

PDCA模型是我们常用的质量管理与复盘的模型。PDCA模型是将质量管理分为计划、执行、检查、处理四个阶段。（如图6-2-5所示）它可以使我们的思想方法和工作步骤更加条理化系统化，一般来说完成一个完整的PDCA大概需要以下几个步骤：在计划阶段，收集信息、分析情况、确认目标、制定计划；在执行阶段围绕目标、采取措施、落实计划；在检查阶段评估效果、分析原因、总结经验；在处理阶段针对有效方法制定标准，以后就这么干。

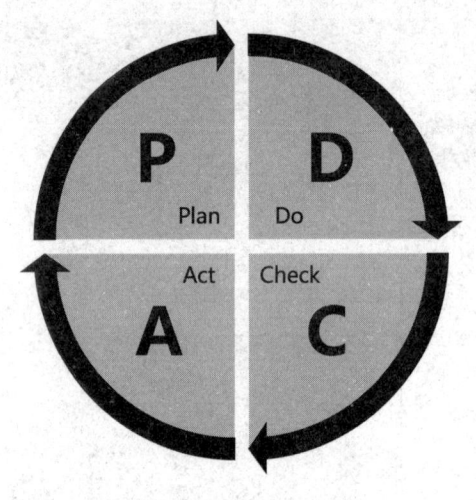

图6-2-5 PDCA模型

针对问题提出解决方案，交给下一个PDCA，如此反复，持续循环就可以实现对管理对象的持续优化。同时PDCA不仅可以单独循环，还可以大环套小环，小环保大环。也就是在你当下的PDCA中也可以完成一个小PDCA或者你当下的PDCA，也可以是更大的PDCA中的一环。

第3节　重新认识马斯洛需求金字塔
——写在人类基因里的需求进化密码

人类五大需求逐级演变的底层逻辑

提到三角形模型，相信很多人脑子中最先蹦出来的会是马斯洛需求金字塔。（如图6-3-1所示）这个金字塔将人类所有的需求分成生理需求、安全需求、社会需求、尊重需求和自我实现需求五类，依次由较低层次到较高层次。用金字塔的形式展现，从基础需求到高阶需求的变化。较低层级位于金字塔形状的底层，较高层级位于金字塔形状的顶层。

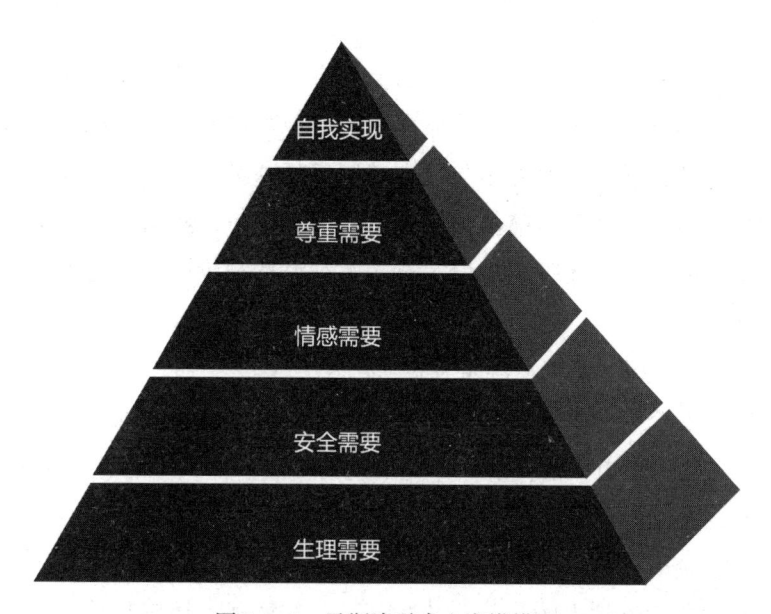

图6-3-1　马斯洛需求金字塔模型

处于金字塔最底层的，是生理上的需要。这是人类维持自身生存的最基本要求，包括饥、渴、衣、住、行的方面的要求。如果这些需要得不到满足，人类的生存就成了问题。在这个意义上说，生理需要是推动人们行动的最底层动因。所以，弗洛伊德提出了著名的"死亡驱动力"理论，即人的一切行为的动力，都来自于死亡。的确，对死亡的恐惧成为人类活着的原动力。我们吃饭喝水是为了摆脱死亡，生殖繁衍是为了延续基因，而人类文明社会所有的发明目的是生活便利，本质就是想让生命个体更加茁壮。只有这些最基本的需要满足到维持生存所必需的程度后，其他的需要才能成为新的激励因素，而到了此时，这些已相对满足的需要也就不再成为激励因素了。

其次是安全上的需要。这是人类要求保障自身生命安全、避免疾病侵袭等方面的需要。马斯洛认为，整个有机体是一个追求安全的机制，人的所有感受器官、效应器官都是寻求安全的工具，甚至可以把科学和人生观都看成是满足安全需要的一部分。这其实是在保证了生理需求的基础之上，用以维持这些生理需求不受到破坏的本能反应，是深深地刻在人类的基因中的。

为什么当一个人流落荒岛得知岛上只有他一个人的时候，他的内心会极度恐慌，那是因为远古时期的人类为了避免野兽的袭击而选择了群居生活，而现在却打破了几百万年前写在基因里的这种环境。很多人站在高处的时候，就会产生恐惧，就像很多景区的玻璃栈道，我明知很安全，但当我们站上去的时候却还是很恐惧。有人类学家猜测我们的祖先曾经从很高的地方摔下来过，所以拥有了这种对抗安全威胁的基因。当然，当这种需要一旦相对满足后，也就不再成为激励因素了。

生理和安全上的需求都有保障了，接下来就是感情上的需要。这一层次的需要包括两个方面的内容。一是友爱的需要，即人人都需要伙伴之间、同事之间的关系融洽或保持友谊和忠诚；人人都希望得到爱，希望爱别人，也渴望接受别人的爱。二是归属的需要，即人都有一种归属于一个群体的感情，希望成为群体中的一员，并相互关心和照顾。情感是神经系统工作机制在基因层面上不断突变、被选择的结果，不具备情感或者趋向于淡漠情感的基因不利于社会性物种的存在，就会被自然淘汰掉。

人类情感需求的源头，同样来自于远古时期人类的群居特性。因为那时候人类群居在一起抱团一致对外，情感会让组织效率更高，繁殖力更强，同时更加团结，战斗力更强，组织也就越容易生存下来。一代又一代传承下来，于是人类便有了情感需求的本能。所以最近生物学界有一个骇人听闻的观点，是说人的本质就是花心的，因为只有那些种马基因、滥情基因的人，才会有越来越多的后代；而那些专一的种族，都灭绝掉了。不必道德评判，这就是物竞天择，适者生存。

当然了，人类只是特例，而对于一些没有进化出情感的社会性物种，它们的统治者就只能依靠其他的化学手段控制族群了，比如蚂蚁、蜜蜂等。

随着人类社会的发展，感情上的需要比生理上的需要来的细致，它和一个人的生理特性、经历、教育、宗教信仰都有关系。

再次是尊重的需要。人人都希望自己有稳定的社会地位，要求个人的能力和成就得到社会的承认。尊重的需要又可分为内部尊重和外部尊重。内部尊重是指一个人希望在各种不同情境中有实力、能胜任、充满信心、能独立自主。总之，内部尊重就是人的自尊。外部尊重是指一个人希望有地位、有威信，受到别人的尊重、信赖和高度评价。马斯洛认为，尊重需要得到满足，能使人对自己充满信心，对社会满腔热情，体验到自己活着的用处和价值。

尊重在一开始并不是我们所定义的，这种心理上的敬佩，其本质是惧怕。在人类发展的历史长河中，绝大部分时间人类是要靠着肌肉、速度、健壮的体魄，去赢得生存和繁衍的机会的。当对方具有自己所不具备的能力、体魄，能够对自己造成一定程度的伤害时，我们第一反应是惧怕。而惧怕最直接的表现并不是尊重而是逃离，但是如果我们生活在一个族群当中，不但不能够逃离，还要天天相见，要合作，甚至还要靠他施舍的一些食物存活下去，那么这种惧怕就会变成一种形式化的体现，慢慢的就变成了我们所说的尊重。

所以能够被尊重，就意味着在群体中有更强的能力有更大的发言权，有获得实物的能力和繁衍后代的机会。而生物最大的渴望就是将自己的

DNA不断地传播下去，最终所有的这些行为，都会变成为生殖服务。雄性被尊重意味着它能够拥有更多传播自己DNA的机会，拥有更多自己的儿女。而雌性也会选择那些能够让自己的DNA更强壮的雄性与之结合。而在现在的文明世界当中，我们可能不再依赖于肌肉速度，而依赖于头脑、知识、技能、财富。但自远古以来就已形成的对强者的惧怕和敬畏却没有消失，而是随着DNA一同传承下来。

所以被尊重意味着对方认可你的能力，认可你可以在族群当中活得更好、获取更多的资源，认可你有能力把DNA传播下去。而如果对方感受不到你的尊重，那么就是对他最原始需求的一种伤害，你等于在告诉他你没有权力获得更多的资源、没有权力获得优质的食物、你没有权力去繁衍后代。这就是自尊心的来源。

最后是自我实现的需要。这是最高层次的需要，它是指实现个人理想、抱负，发挥个人的能力到最大程度，完成与自己的能力相称的一切事情的需要。也就是说，人必须干称职的工作，这样才会使他们感到最大的快乐。马斯洛提出，为满足自我实现需要所采取的途径是因人而异的。自我实现的需要是在努力实现自己的潜力，使自己越来越成为自己所期望的人物。

人类在情感需求和尊重需求满足之后，自我的概念开始逐渐被强化。而自我实现则是对他人尊重的一种逆反馈——大家这么尊重你，你自然要对得起大家的尊重。于是便有了自我实现的需求，来与尊重需求产生的驱动力相平衡。

我们可以看到，马斯洛需求层次理论的背后，实际上是远古人类的发展轨迹留下来的印记，是写在基因的密码中的。我们来重新复盘一下：首先，活着是一种本能，人一切需求的原点来自对死亡的恐惧，所以远古人类诞生了要活下去的最底层的需求是生理需求；生理需求得到满足后，为了维持生理需求的满足不受到破坏，于是便有了安全的需求；群居生活让安全得到了一定的保障，在群居的过程中，情感可以使族群生产效率更高、繁衍能力更强，于是情感需求便产生了，于是人类告别了冷血无情的野蛮社会；随着种群的发展，能力强的人与能力弱的人出现了分化，能力弱的人对能力强的人产生了惧怕，并随着相互和睦相处渐渐转变成了尊重；最后，能力强的那部分人自我意识开始出现，并产生了自我实现的需求，以平衡其他人对自己的尊重。

所以我们看到，马斯洛需求层次的逐渐提高，伴随的也是人类社会形态的不断进步。

马斯洛理论的作用规律

马斯洛提出人的需要有一个从低级向高级发展的过程，这在某种程度上是符合人类需要发展的一般规律的。一个人从出生到成年，其需要的发展过程，基本上是按照马斯洛提出的需要层次进行的。当然，关于自我实现是否能作为每个人的最高需要，目前尚有争议。但他提出的需要是由低级向高级发展的趋势是无可置疑的。

马斯洛的需要层次理论指出了人在每一个时期，都有一种需要占主导地位，而其他需要处于从属地位。这一点对于管理工作具有启发意义。例如幼儿园老师用美食作为奖励，让小朋友们完成任务，这实际上是因为在小朋友看来，美食代表的生理需要是最重要的。刘慈欣的科幻小说《朝闻道》中，丁仪等科学家为了一窥宇宙的奥秘而不惜一死在真理祭坛前，这是因为在自我实现需求的面前，他们的生命安全需求轻如鸿毛。

在马斯洛看来，人类价值体系存在两类不同的需要，一类是沿生物谱系上升方向逐渐变弱的本能或冲动，称为低级需要和生理需要。另一类是随生物进化而逐渐显现的潜能或需要，称为高级需要。

人都潜藏着这五种不同层次的需要，但在不同的时期表现出来的各种需要的迫切程度是不同的。人的最迫切的需要才是激励人行动的主要原因和动力。人的需要是从外部得来的满足逐渐向内在得到的满足转化。

低层次的需要基本得到满足以后，它的激励作用就会降低，其优势地位将不再保持下去，高层次的需要会取代它成为推动行为的主要原因。有的需要一经满足，便不能成为激发人们行为的起因，于是被其他需要取而代之。

高层次的需要比低层次的需要具有更大的价值。热情是由高层次的需要激发。人的最高需要即自我实现就是以最有效和最完整的方式表现他自己的潜力，唯此才能使人得到高峰体验。

社会格局的马斯洛现象

马斯洛需求金字塔模型不止适用于个人，更适用于考量一个社会和一个国家的整体需求形态。一个国家多数人的需要层次结构，是同这个国家的经济发展水平、科技发展水平、文化和人民受教育的程度直接相关的。在不发达国家，生理需要和安全需要占主导的人数比例较大，而高级需要占主导的人数比例较小；而在发达国家，则刚好相反。

在同一国家不同时期，人们的需要层次会随着生产水平的变化而变化，著名社会学家戴维斯曾就美国的情况做过估计，如表6-3-1所示

表6-3-1　不同时期的民众各层级需求占比

需要种类	1935年占比	1995年占比
生理需求	35%	5%
安全需求	45%	15%
情感需求	10%	24%
尊重需求	7%	30%
自我实现需求	3%	26%

可以看到，随着时代与社会经济的发展，人类对于马斯洛金字塔的整体需求情况也开始上移。物质匮乏的20世纪30年代，战争肆掠、饥荒遍地、瘟疫横行，如此恶劣的社会环境下能活下去就不错了，所以像生理需求、安全需求这种低层次的需求是更多人关心与关注的；而更加高阶的尊重需求、自我实现需求，就显得无关紧要了——毕竟，先活下去最重要。而到了生产力与社会经济高速发展的20世纪90年代，人们对于生理需要和安全需要就没那么在乎了，因为稳定的社会大环境对人身安全有了基本的保

障，这时候人们可以去追求更高层级的感情需求、尊重需求和自我实现需求了。

所以我们可以看到，一个金字塔三角形，通过层层递进，展现出了人类需求层次在历史演变过程、社会形态发展过程、个人成长过程中的变化。

第4节　T型模型：宽度与深度的辩证关系表达

T型战略：先垂直深耕，再横向拓展

T型战略是很多互联网公司立足市场的平台化战略。T型战略由两部分组成，第一部分是聚焦细分领域，垂直深耕，也就是T字母纵向的那一竖（"｜"）；第二部分是横向扩展多元化市场应用场景，也就是T字母的那一横（"—"）。

腾讯的崛起就是T型战略的成功实践。1998年，腾讯公司成立，创始人马化腾敏锐地捕捉到互联网即时通讯的巨大商业市场，推出聊天软件OICQ，也就是后来的QQ。2001年，QQ用户规模突破2000万，打败了MSN、人人网，成为中国用户量最大的即时通讯软件，奠定了腾讯在中国互联网社交领域的霸主地位。2011年，乘着移动互联网的东风，腾讯又顺势推出微信，一路高歌猛进，成为中国下载量与用户量最大的APP，再次垄断移动互联网社交市场。

互联网社交是个十分特殊的领域，其本身就具备社群化与网联化的天然基因，一旦形成规模化优势，其他竞争对手很难超越。腾讯以社交起家，在社交领域垂直深耕多年，为腾讯后来在其他领域的跨界与横向拓展打下了根基。

2012年以后，中国互联网BAT三巨头格局形成。百度、阿里、腾讯都有忧患意识，它们在不断强化自身核心业务的同时，也开启了疯狂投资并购之路。腾讯持续大手笔在市场上投资互联网公司，将大众点评、滴滴打车、美团、58同城等多个公司收入麾下。腾讯借助在社交领域建立的得天独厚的优势，让这些覆盖用户衣食住行几乎所有生活服务的业务单元在各

自领域迅速发展并占据一席之地。至此，腾讯帝国正式形成以社交为核心、业务覆盖国人360度生活全业态的超级互联网生态。特斯拉创始人马斯克曾盛赞腾讯："用微信一个APP，就可以解决一个人在中国的衣食住行所有的问题。"

可以看到，腾讯的"社交"业务就是腾讯T型战略纵向的那一竖（"|"），而基于社交延伸出来的美食、金融、电商、出行等全业态，构成腾讯T型战略的那一横（"—"）。

同时，T型战略作为一种平台化战略，为很多企业的平台化开拓给出了很多启发。从腾讯的例子中我们可以看到，找到形成核心价值的垂直细分领域非常重要。构建一个相关领域业务平台，首先要通过不断商业模式探索，围绕平台中的盈利性价值最强的业务，聚焦优势资源，进行垂直发展。业务定位越精准，业务做得越透彻，T的一竖扎得越深，后面所有业务的推广和运营才有真正的根基。

如果要打造一个平台型的企业，在稳固原有平台运营的基础上，一定要聚焦，再发展，不断的聚合各种人力、物力、财力和资源，把一个业务扎的越深，业务才能增长的越快，而且愈加稳固。

T型人才：广博知识领域为专业提供跨界储备

在人力资源领域经常会听到一个名词，叫做"T型人才"，或者叫"T型知识结构"。"T型人才"与刚刚提到的"T型战略"一样，同样是基于字母"T"的形状，描述他们的知识结构，从而将其区分出来的一种新型人才类型。T字母的一横一竖，其中横向（"—"）表示有广博的知识面，纵向（"|"）表示知识的深度，而两者结合的T表示既有较深的专业知识，又有广博的知识面。也就是我们所说的"一专多能"，不仅在纵向专业知识上具有较深的理解能力和独到见解，而且在横向上也具备比较广泛而全面的一般性知识综合修养。（如图6-4-1所示）

T 横：广博的知识面

竖：专项能力的深度

图6-4-1 "T型人才"示意

这类集"深"与"广"于一身的人，常常能够产生想法独到的发明创造。因为这些广博领域的知识储备一旦与其纵向专业知识相结合，就可能形成跨界交叉的全新思路，因此这类人才一般具有具备较强的跨界创新能力。

1909年诺贝尔化学奖获得者、德国科学家奥斯特瓦尔德，就是一个敢于跨界的"T型人才"。奥斯特瓦尔德出生在俄罗斯帝国，他从小便对世界充满好奇，对自然科学展现了浓厚的兴趣。大学时他虽然主修的是化学，却也没有停止在物理学、心理学，甚至是哲学等方面的探索。

他时而是教师，时而又是编辑和作家；他是精通物理学、化学、心理学的科学家，又是科学史家、语言学家和哲学家；他在休息时经常以画家和音乐爱好者的身份出现，而在社会上又经常扮演着参与者、宣传者、组织者、改革家和社会活动家的角色。他在每一个角色活动的舞台上都演得有声有色，在每一个研究领域都不是浅薄地涉猎。这一切与他教育的宽泛性，以及他自己的深厚功底和敏捷思维有关。

大学毕业后，在物理学家阿瑟·范·奥丁根的指导下，进行了各种物理分析手段的训练，这让他坚定了他的研究方向：结合物理手段与化学分析来进行科学研究。

1887年奥斯特瓦尔德创办《物理化学杂志》，从此，物理化学作为一门学科正式形成。物理化学作为跨专业学科，离不开奥斯特瓦尔德强大的专业深耕及跨界融合的能力。

"T型人才"进阶版："π型人才"与"梳型人才"

π型人才是在T型人才的基础上，进一步的进化。π型人才在拥有较高综合素质的同时，至少拥有两种专业技能，并且融会贯通。以前我们总说把专业能力精进到极致，就能在现代竞争社会高枕无忧了。而随着不确定性越来越大，很多行业里的高精尖人才，可能因为科技的快速更迭，在一夜之间失去工作。

π比T多出来的一竖，有可能是源于兴趣爱好，也有可能是工作所需。（如图6-4-2所示）但"两条腿走路"，势必有更强的抗风险能力和更强的市场变化应对能力。

T型人才	π型人才	梳型人才
T	π	ⅢⅢ
一专多能	至少拥有两种专业技能，并能将其融会贯通	有深入多领域的专业能力，同时保有终身学习的习惯

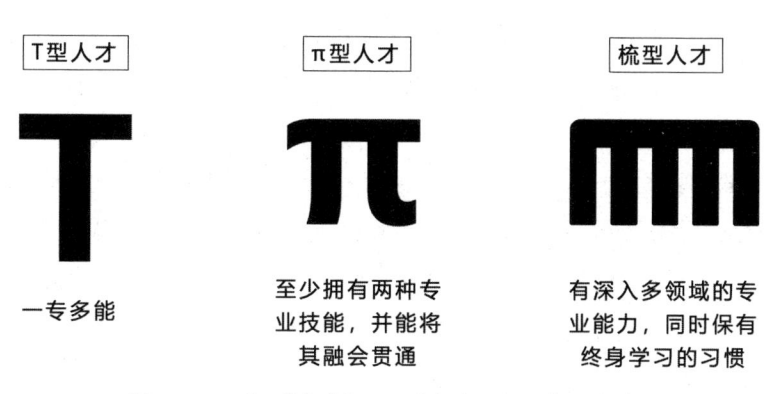

图6-4-2 "T型人才""π型人才"与"梳型人才"

所以我们看到，罗永浩创业失败后，直播说脱口秀也能养活自己并且可以偿还巨额债务。

而"梳型人才"则更夸张，妥妥的"斜杠青年"。即在多个专业有深入的专业知识，同时在顶层保持一个终身学习的习惯。

这个习惯即梳子的"一"，代表着强大的底层思维和逻辑能力，它的粗细长短决定了你是否具有知识迁移能力，一定要先夯实它，否则很容易变成三天打鱼两天晒网。

还有很多杰出的大佬，他们深耕自身专业的同时不断跨界，在多领域碰撞出不一样的火花。最典型的例子要数达·芬奇。达芬奇是文理兼修的跨界狂魔，他是一个艺术家、画家、雕塑家、插画家、绘图员、建筑师、工程师和数学家,是一位百科全书式的大师。美国人工智能之父赫伯特·西蒙文理通杀,他不仅是计算机科学家,还是心理学家、经济学家、管理学家。他陆续获得诺贝尔经济学奖、计算机领域的最高奖"图灵奖",以及心理学的最高荣誉"美国心理学会奖",成为20世纪科学界极为难得的全才。他在自传中这样评价自己:"我诚然是一个科学家,但是是许多学科的科学家。我曾经在科学迷宫中扮演了许多不同角色,角色之间有时难免互相借用。"

通识教育与专业教育并重的T型教育模式

为什么要培养T型人才呢?为什么不按社会需求培养专才呢?那是因为很多专业深入研究后,需要跨界思维。

中国教育体制也是紧扣"T型人才"模型而定制打造的。小学和中学学习语数外、理化生、政史地等多门课程,这是为了保证学生综合素质;而到了大学,就开始着重培养某一个专业技能。中国本科大学以专业进行区分,将学生往不同的专业方向上培养。这个专业,也就是T下面的那一竖,是这个人才深耕且成为核心竞争力的方向。但除了专业不一样,所有专业的大学生在大学里都要接受同样的课程教育,比如大学英语、马克思主义哲学原理、大学生思想道德修养等,又被叫做"通识教育",这就是T上面的一横。

当今中国大学教育中,专业化教育已经成为高校教育的主要特点。人们普遍看法是"上大学的主要目的就是为了找到一份好的工作",所以选一个好的专业很重要。同时大环境下对于技术性工人的需求增加,职业学校、技术学校的学生相比于大学生能更好适应这种需要而受欢迎,这就让高等教育界的老师们十分困惑。为了迎接这一挑战,高等教育界不得不舍通识教育而取专业教育,更加重视大学里专业与就业的密切联系,所以专业越分越细,也越来越面向市场,一所大学的教学成就也更多的是由它的毕业生就业率和工资水平决定,而不是它的历史底蕴与学术成就。

这就是当今中国大部分大学的现实,就业等同于一切,一个学生进入一个大学最重要的就是培养专业技能，以后找到一个好工作。当一部分大学秉承这样的一种办学宗旨时，无可厚非，但是当很大部分大学甚至是历史久远、底蕴深厚的大学也不得不以更细分的专业化教育应对这场以就业为导向的大战时，大学就已经变味了。曾经很多学者都说过，大学不能像职业学校、技术学校一样只教你一种专业技能，否则它和职校技校已经没有多大区别了。问题是我们的很多大学就是如此，我们的很多老师、同学、家长最关注的问题就是"能不能找到一个好工作"，而至于有没有培养一种富有批判性、社会责任感和自我反思能力的个性，说出来都会被很多人所不齿，这是事实。那么，在专业化教育大行其道的今天，通识化教育真的没有价值了吗？

所谓通识教育是指以传授知识为目的的教育体系。它并不是仅传授给学生一种知识，而是向学生传递一种科学精神和人文素养，培养学生的品格、能力和智慧。其实高等教育起源的时候最开始的目的就只是纯粹的思考方式培养与品格塑造，牛津、剑桥、哈佛这样的世界一流大学，都采用了通识教育的培养模式，在这些学校，通识教育是大学教育的一个主体部分，各个学科课程逐渐向科学与人文、专业与通识紧密融合的方向发展。

通识教育的优点很多。

其一，它的接触范围广，学科融合性强，更利于培养学生开阔的视野与博大的胸襟，同时它也更注重学生的人文素养与品德塑造，所以通识教育更容易培养综合性优秀人才。

其二，它让学生广泛接触各类知识，更加容易让学生找到自己的新兴趣点，也让学生更加有学习动力，而这一点往往是专业化教育最大的缺陷。

其三，通识教育培养出来的人才更具适应性。很多人都说通识教育教学方法最大的弊病是通而不精"，我们得承认通识教育相比于专业化教育确实在某一领域精通性差了一些，但高等教育传授的不是知识，而是一种思维方式。并且大学里所学到的能够用于社会实践的知识少之又少，那么以培养独特思维方式为导向的通识教育在适应多变社会方面也就更有优势了。

有人提出专业化教育与通识教育并存，其实从很多层面上讲，通识教育是优于专业教育的，但是基于中国的就业环境，完全的通识教育化并不现实，所以我们探讨将通识教育融于专业化教育，并逐渐地占据到主导地位，或者在通识化教育基础上让学生找到自己的兴趣点，再进行专业化教育。

通识教育逐步走进中国的大学校园，目标就是要寻求人文精神的回归，培养学生的社会责任感、使命感，使学生在知识的融会贯通中集聚智慧，获得心智的提升，使他们不仅具备创新精神、批判性思维以及跨学科知识，同时也具有爱心、责任心、崇高的道德水准，以及人与人和谐共处、共赢的健全人格。只有这样，我们才能回归培养独立思想人才、健全人格的大学教育之道。

第5节　V型思维：穿越失败周期的思维胜利法

困难所在，往往也是机会所在

人生之路，荆棘遍布。面对困难和挑战时，我们常常感到压力和焦虑，甚至开始怀疑自己的能力和价值。然而，如果我们能够换个角度思考，困难和挑战其实是我们成长和进步的机会。

在问题出现时，停止抱怨，避免陷入消极情绪，而是积极拐弯，考虑有没有新的道路通向目标。这就是我们所需要的"V型思维"。（如图6-5-1所示）

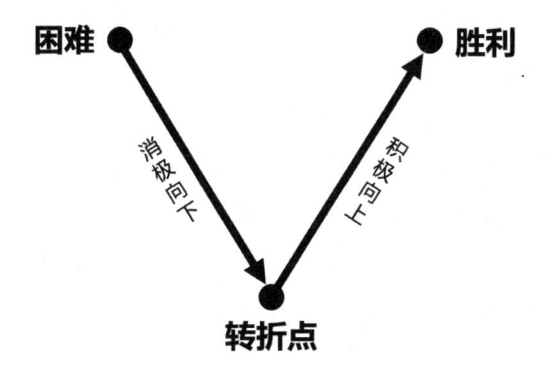

图6-5-1　V型思维模型

在"V型思维模型"中，上端的两个点，一个代表困境，另一个代表胜利。从困境到胜利，往往不能直达，而是需要经历一个曲折的过程。这种曲折会让我们经历一个消极向下的过程——向下的箭头即代表身处困境所引发的消极情绪，如果被这种情绪支配，就会牢骚、抱怨、找借口，很容易产生逃避心理从而放弃抵抗；最下方的点，则是形势的转折点，提醒我们转变思维，在困难和逆境中寻找崛起的机会；而紧跟其后的向上箭头，代表着积极的情绪和崭新的形势，最终到达胜利的彼岸。

"山重水复疑无路，柳暗花明又一村"，是对"V型思维模型"的写照。

这一图形，非常传神地表达出"V型思维"的特点：变问题为机会。这是一种从消极向积极转折、穿越失败周期并由此而产生新创造的思维。

当我们遇到困境时，往往需要仔细思考自己过去的行为和做事方式，找出问题的根源。这种反思过程有助于我们发现自身的不足之处，并且寻找到解决问题的新思路。通过反思和改变，我们可以更加成熟和进步。

在困境中，我们常常需要面对独特的挑战和问题，传统的解决方法可能无效。这时，我们需要发挥创造力，寻找新的解决方案。正是因为困难，很多人才会创造出让人眼前一亮的解决方法和创新产品。同时，我们也能够更好地了解和认识自己的潜力，意识到自己可以超越自我，做到更多。困难所带来的挑战，可以成为我们成长和进步的契机。

所以说，困难所在往往也是机会所在。当我们面对困难时，要保持积极的态度，并寻找解决问题的机会。困难不是阻碍，而是我们前进的动力。只有通过战胜困难，我们才能不断提升自己，迎接更大的挑战，并最终实现自己的目标和理想。

这就是"V型思维模型"带给我们的启示。在英文中，"V"代表"Victory"（译为胜利），而且人们也经常用"V"的手势，来表示胜利。以它作为这种思维的象征，传神地表达了这种无惧困难、走向胜利的特点。

用V型思维模型，发现夹缝中的微光

"V型思维"是一种积极向上的思维模式，它能帮助我们在困难和挑战面前迅速调整心态，发现更重要的价值。以下是一些关键点，帮助我们用"V型思维"扭转局势。

一方面，立即中止消极抱怨，开始积极拐弯。当问题出现时，我们的第一反应往往是诉苦或抱怨。然而，这种消极的态度只会陷入困境，并无助于解决问题。相反，我们应该迅速转变思维，寻找解决问题的方法。

另一方面，重点考虑是否能从困难中发掘更重要的价值。在积极拐弯的过程中，我们需要思考问题的本质，并寻找其中隐藏的价值。我们可能会发现，我们遇到的困难并不仅仅是我们自己面临的，而是很多人都会面临的。因此，通过解决自己的难题，我们有机会为他人提供有价值的解决方案，这也是价值所在。

这正是"V型思维法"最具魅力的地方，它让最平凡的人也可以成为优秀的创造者。目前许多拥有广大市场的产品，如安全剃刀、创可贴等，都是普通人因此而创造的产物。

我们来看一个"V型思维法"的一个生动例子。

滑板界传奇人物霍华德·海德起初只是一位飞机工程师，他对滑雪情有独钟，却因为滑雪时多次摔倒而心生恐惧。那块又长又重又难操控的滑板给他带来了心理阴影，在一次摔得遍体鳞伤后他下定决心再也不滑雪了。

然而突然有一天他灵光一闪：既然他对滑雪充满喜爱，这么有趣的活动却因为滑板不理想而让他放弃，为什么不改进一下滑板呢？他相信像他这样的人一定很多，如果他能发明一种更好的滑板，一定会有市场需求。

于是，他花费了几年的时间来进行滑板的改良研发，最终取得了巨大成功。它采用了轻量化材料，设计更加符合人体工学原理，提供更好的平衡和控制。这款滑板的问世，不仅解决了霍华德个人的问题，也帮助了更多滑雪爱好者解决了滑板难题，让滑雪变得更加容易。他成立了海德滑板公司开始销售滑板，还决定将专利授权给其他公司。其中，一家名为AMF的公司购买了他的专利，并通过这项创新获得了极大的商业成功，回报给了霍华德450万美元。

霍华德·海德的成功故事也激发了其他滑板爱好者的创造力和激情。越来越多的滑板改进和创新在市场上涌现，带动了滑板运动的发展。这也是霍华德·海德成为滑板界传奇人物的原因之一。

霍华德·海德用亲身经历践行了"V型思维法"，只要我们敢于面对困难并寻求创新的解决方案，我们就能够实现自己的梦想，并为世界带来改变。

风起于青萍之末，很多时候人生就像股市，当形势不断跌到谷底的时候，或许就是超跌反弹的时候。身处谷底时，我们要做的就是放平心态，掌握方法，逆势翻盘。

第6节　图形化模型形象描述系统发展状态

社会结构的图形化分析

在社会学里，按照一个社会系统中低收入、中等收入、高收入群体的数量，可将国家大致分为"丁字型社会""金字塔型社会""纺锤形社会"三种收入结构形态。

"丁字型社会"中，大部分人口集中在低收入群体，从而导致中等收入和高收入人口极少，从结构上看形成了一个倒丁字形。随着社会生产效率的提升，部分低收入群体收入增加，开始进入中等收入群体，于是导致社会形态逐渐转变成"金字塔型社会"。最理想的社会结构应该是大多数的人都是中等收入，只有极少人是高收入和低收入，这便是"纺锤形社会"。在社会收入结构中，高收入、低收入者较少，中等收入者占大多数的社会，即两头小中间大的社会收入结构，称为的"纺锤形"社会，也称"橄榄形"社会。

所谓纺锤只是某个国家的纺锤，剥削的是其他国家，总体来看，世界还是金字塔型。

其实这三种社会形态，从某种意义上讲正好对应不发达国家、发展中国家、发达国家这三种国家。如果对于社会阶层的话，分别对应低收入阶层、中产阶层、富裕阶层。（如图6-6-1所示）

以前人类生产力不足，生产效率低下，对于能源的掌控度不高，导致每个国家都是孤立的单元。随着社会的不断发展分化，不同阶层之间的发展差异越来越大，各个单元正在不断往金字塔型发展。

| 第六章 以形观势——"图形化"思维模型 |

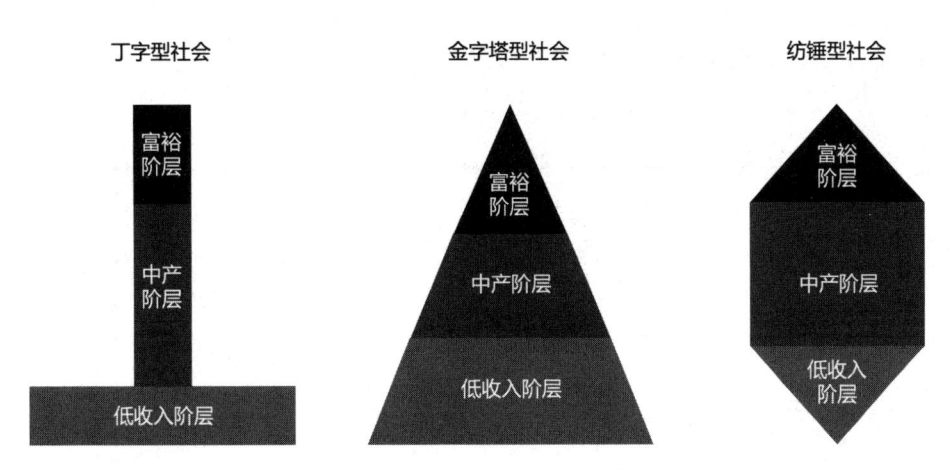

图6-6-1 "丁字型社会""金字塔型社会"与"纺锤型社会"

实际上，就物理学的角度来说，金字塔反而是比较稳定的社会结构。道理跟我们高中生物学的食物链理论一样，上一级食物链截留下一级10%能量。

大航海后尤其是第二次世界大战后全球化格局的形成，慢慢出现统一的趋势——本质上是人类控制截留能源的能力越来越强。如果这个社会不是金字塔型，那么就说明存在你没注意的能量通道。美国所谓的纺锤型社会，其本质是通过全球金融霸权剥削、收割全球的结果。要供养美国庞大的中产阶级，背后正是亚非拉的打工群体在支撑。这个世界是守恒的，当美国社会阶层被扭曲成纺锤形，那么其他国家自然就要承受这种扭曲带来的剥削。

而当代中国属于什么类型？2015年有个学者指出，比较第五次和第六次人口普查数据，中国社会结构发生了较大变化：从"倒丁字型社会结构"渐变为"土字型社会结构"。（如图6-6-2所示）

中国差不多14亿人口，如果真的成了纺锤形社会，那么起码一半人在中间收入水平。一切劳动分配都由市场自由进行，即使假设有一定干预，其实也很小，无非是通过税收等向高收入人群征税补贴低收入群体，但是这中间的剪刀差根本不可能完全消除，工农业的剪刀差从很早之前就有，收入再分配解决不了什么问题。各生产部门的效率不一样，久而久之低效率部门就会被高效率部门甩开，差距越来越大。

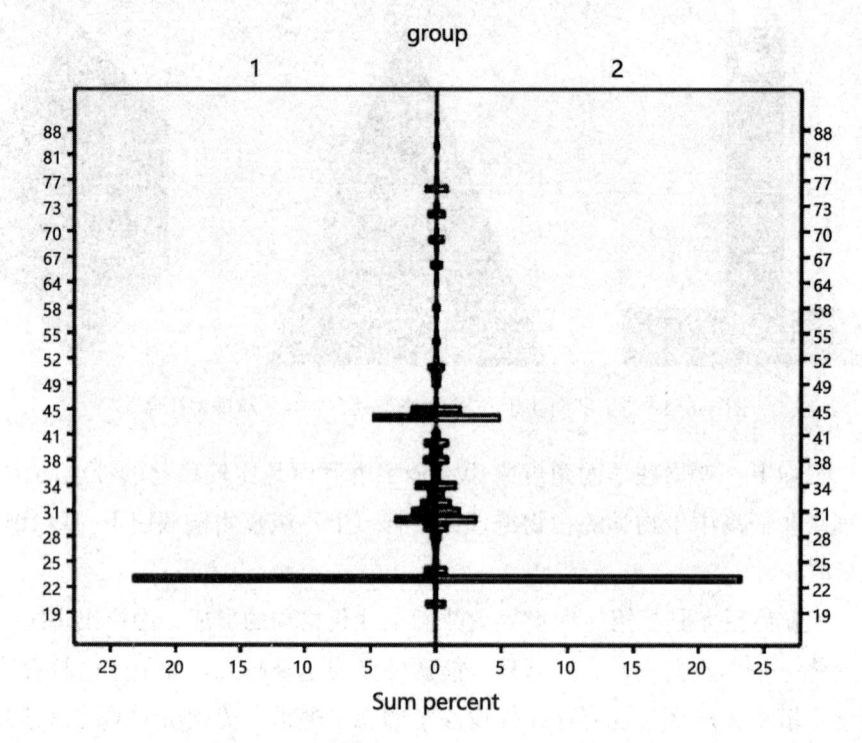

图6-6-2　2010年，中国社会呈现"土字型"

实际上，就物理学的角度来说，金字塔反而是比较稳定的社会结构。未来如果我们要往纺锤形发展，就需要把低效率的生产部门转移出去，在高效率部门投入更多。这也是为什么现在都说要发展新经济，调整产业结构的原因之一。

全世界呈现纺锤形社会形态是不可能的，毕竟这违背了能量的传递规律。

图形化模型生动描述市场结构

2021年我在广告公司给某新能源汽车品牌提案时，对当时的电动车市场做了分析。我们对中国电动车市场给出了一个形象的比喻——中国新能源

车市场由"哑铃形"向"纺锤形"市场格局发展。(如图6-6-3所示)

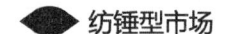

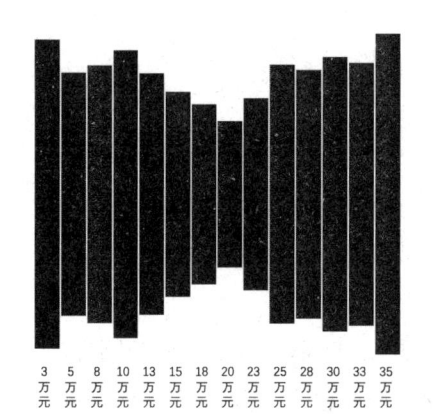

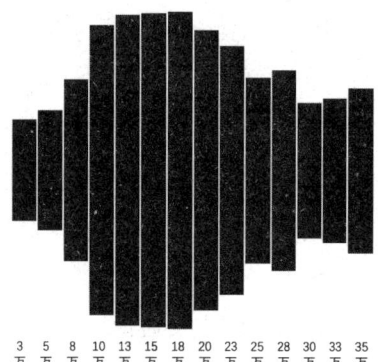

图6-6-3 "哑铃型市场"与"纺锤型市场"

汽车行业的共识是当前新能源汽车市场仍处在早期的"哑铃型"市场结构,即微型电动车和高端智能电动车为当下市场的主力。2021年新能源市场销量最好的两款车型,一款是售价2万元起的五菱宏光MINI EV,一款是售价25万起的特斯拉Model 3。这两款车正好构成市场的边界,两者占据较大的市场份额,而两者之中还存在大量机会。

而随着互联网企业、科技企业、实体制造企业等多方入局与发力,电动车发展将更加多元化与智能化,同时高端智能电动车的成本也会有所下降。当前的"哑铃型"市场结构将在外部环境不断变化下难以持续,最终将进入更为健康的"纺锤型"市场结构。

通过"哑铃型"和"纺锤型"这两个形象的图形比喻,不用过多的文字描述,就让给客户十分生动直观地看到了市场的变化。

第7节　同心圆模型：层层渐进的策略分级

同心圆模型也是营销管理中常用到的一种图形化模型形式。它一般由多个同圆心的圆叠加而成，因为几个圆的圆心相同，核心圆通常具有向心力，将外层的圆向内聚合在一起。

这里我们主要讨论一下诺尔·迪奇（Noel M. Tichy）的认知同心圆理论、佩格·纽豪热（Peg Neuhauer）的企业文化同心圆模型，和4F粉丝营销同心圆模型。

认知同心圆模型：跨出舒适区的重要性

认知同心圆模型

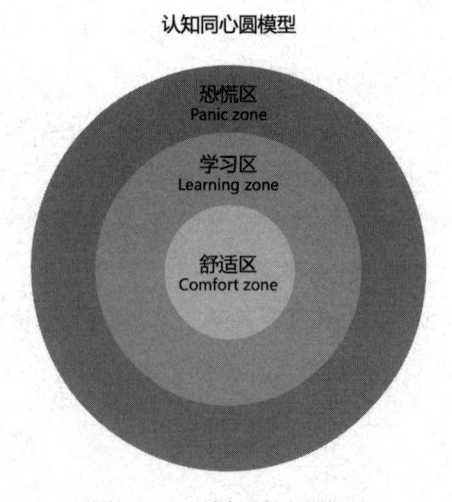

- 恐慌区 Panic zone
- 学习区 Learning zone
- 舒适区 Comfort zone

图6-7-1　认知同心圆模型

如图6-7-1所示，认知同心圆模型是美国密歇根商学院教授诺尔·迪奇提出的理论，它向我们展示了人在认知学习的时候，分三个区：第一个叫舒适区，第二个叫学习区，第三个叫恐慌区。这三个区像是三个同心圆，逐步向认知的边界扩展。

举个例子，比如说登山。你选择最常去的一座山，顺着最常走的一条登山步道，一路向上。这条登山步道你已经走了十几回了，你轻轻松松便登上了山顶，甚至连大气都不带喘一口。这便是你的舒适区，因为没有挑战性，一样的道路，一样的感觉，当然也是一样的风景。完成这个任务的时候不需要增长其他能力，没有挑战就进入了安逸状态，我们称之为叫舒适区。

终于有一天你厌倦了这一成不变的风景，于是你换了一条你从来没走过的路线。这条路充满了未知，荆棘丛生，很多地方甚至没有修步道，需要你开出一条路来。你需要依靠你的经验去判断哪条岔路可以走、哪个陡坡可以上、哪里需要借助工具等。这就有一定的挑战性了，你需要不断根据环境的变化调整登山策略，这个时候你就是在学习区。当然了，虽然路线不再熟悉，但山还是这座山，你知道这座山海拔只有几百米，你也知道这一带的气候规律。所以虽然你需要打起精神，却也不用过度紧张。

那恐慌区是什么呢？有一天你顿悟人生，觉得人生的意义在于经历，几百米的小山算什么，要爬就去爬华山！我们知道华山天险，2000多米海拔处处都是悬崖峭壁，稍有不慎就会跌落深崖摔得粉身碎骨。你知道这会冒很大得风险，所以你精神紧绷到了极点，但即便是这样，你还是尝试了一半便放弃了，因为你觉得风险太大了，这便是你的恐慌区。于是你还是回到了那座小山，你开始尝试从更多险峻的、未知的路线登上去，在"学习区"做更多的探索，以积累更多的经验。日复一日，终于有一天这些新的登山路线在你眼里也是轻车熟路，你发现你已经成长为一个经验丰富的登山专家，你已经具备了登上华山的条件。这一次你克服万难，如愿登上华山之巅。风险越大，收获也就越大，你被眼前云游天地间、一览众山小的场景叹服。

北宋王安石在《游褒禅山记》里说道："世之奇伟、瑰怪，非常之观，常在于险远，而人之所罕至焉，故非有志者不能至也。"王安石的思想与认知同心圆理论不谋而合。人生要想看到不一样的风景，就注定要走出舒适区，走上一条常人未曾走过、充满挑战的，甚至让人恐慌的路。当然，风险越大，收获也就越大，当你看到"世之奇伟、瑰怪，非常之观"的一刻，你会觉得一切都是值得的。

所以，同心圆理论至少给了我们两点启发。

第一，要远离舒适区，时刻让自己处于学习区。在舒适区，我们往往觉察不到任何压力，并且没有强烈的改变欲望，忽视环境的变化，放松对自己的要求，久而久之就像温水煮青蛙，最终只会让我们痛不欲生。只有在"学习区"内做事，人才会进步。每次你去尝试新的挑战，探索未知领域，都能开拓思维和视野，激发你的潜力。随着你对新环境感到适应，不再紧张害怕，你就把学习区转化为了你的舒适区。所以我们说，一个人成长的过程，其实就是舒适区不断扩大的过程。想扩大舒适区，前提是能够主动地跨出舒适区、跨入新的学习区，这需要勇气，需要自信，需要作出改变。

"最让你不舒服的话，是对你最有帮助的话；最让你不舒服的人，是你最该感谢的人。"如果有什么事情让你感觉不舒服，让你感觉紧张，不要回避它，做你应该做的事情，不要做你想做的事情。突破了，你就脱胎换骨又长大一圈；退缩了，你就还呆在以前的小圈子里原地踏步。

第二，如果你准备好了，那就来恐慌区吧！相比于"新手村"的舒适区和"闯关模式"的学习区，恐慌区可以算得上是"地狱模式"。这里的狂风暴雨虽然让你痛苦，却是水大鱼大，高风险伴随着高回报。这个痛苦我们称之为"成长痛"。痛苦代表你在成长，没有痛苦就没有成长，就像马云说过的一句话，"痛苦是成长所需的营养"。舒适区内练习是没有痛苦的，学习区内练习就稍微痛苦一点，而恐慌区则时时伴随着痛苦，直到你跨越它。

著名企业家雷军毕业后加盟金山公司，他从22岁进入金山，一直干到38岁，在金山工作了整整16个年头，期间完成了金山的IPO上市工作，身价几十亿元，早已实现了个人财务自由。金山对于此时的雷军来说，就是舒适区。雷军当然也很清楚，于是在2007年辞去金山CEO的职务，并开始思考新的时代机会。2010年，雷军创立小米公司，开始了移动物联网的探索。这一阶段的摸爬滚打，雷军积累了丰富的创业经验，可以算是他的学习区。

而2021年，当小米在移动物联网领域如日中天的时候，雷军毅然入局他从未涉足的汽车领域，开启他的第三次创业。直到如今，小米造车依旧困难重重，雷军也在恐慌区摸索着，但一旦成功，小米汽车的市场价值将不可估量。

企业文化同心圆模型："魂""法""形"三位一体的企业文化方法论

管理学中有这样一种说法：管理一个小企业靠权威，管理一个中型企业靠制度，管理一个大企业靠文化。优秀的企业文化，不仅可以提升员工的凝聚力和工作效率，更对消费者及社会大众具有强大的影响力。

那么我们要从哪几个层面去理解一个公司企业文化的内涵呢？企业文化同心圆模型给了我们答案。

企业文化同心圆模型由加拿大学者佩格·纽豪热提出，包括三个同心圆：内层圆、中层圆、外层圆。（如图6-7-2所示）

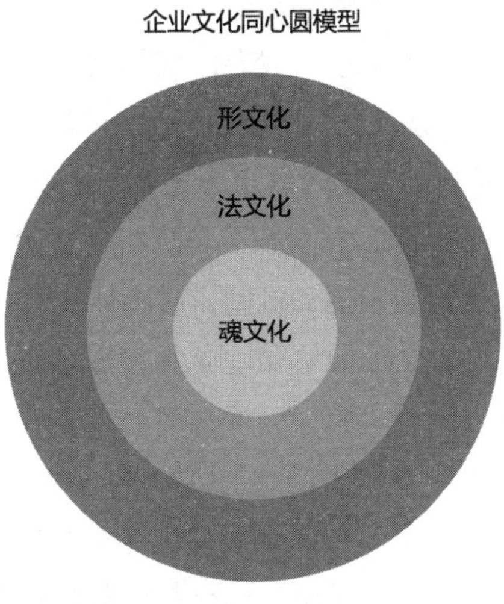

企业文化同心圆模型

（图中由外到内：形文化、法文化、魂文化）

图6-7-2　企业文化同心圆模型

内层圆是核心，它是以行业政策和企业价值观为宗旨的理念文化层面，简称"魂文化"；中层圆是保证，它是以行业法律法规和企业规章规范为内容的承上启下的制度文化层面，简称"法文化"；外层圆是基础，它是以市场认同为目标的产品文化、环境文化和服务文化等看得见、摸得着的形象文化层面，简称"形文化"。

企业文化的三个同心圆互相联系，互相制约，互相促进，缺一不可，最关键的是做到三位一体。因为"魂文化"是根本，"法文化"是保证，"形文化"是基础。有"魂"无"法"，"魂文化"不能实现，"形文化"没有保证；有"法"无"魂"，"法文化"和"形文化"便没有方向。只有"魂""法""形"相互结合，协调发展，才能达到预期效果。

企业文化同心圆理论如何应用在实践中呢？

首先，围绕内层圆"魂文化"，铸造企业经营理念。理念就是灵魂，就是一个企业的管理精髓。企业理念体系是同心圆文化的核心内容，通常以企业精神、企业哲学、企业信条等来体现。比如，某国有银行的企业理念概括为：内求凝聚、外铸品牌、人本经营。内求凝聚即对内加强感情培育和精神激励，提高凝聚力；外铸品牌即对外统一规范，完善服务，铸造精品形象；人本经营即抓住最重要的生产要素，重视人的价值，发掘人的潜能，提高人的素质，以人为本管理银行。这12个字的企业理念是企业内在素质与外在形象的统一，物质文明与精神文明的统一。

其次，围绕中层圆"法文化"，构造企业制度体系。企业文化建设是一场管理革命，这种变革既要正确的理念为先导，还须以"法文化"做保证。作为同心圆模式的关键环节，"法文化"是以行业法律法规和企业规章制度为基础承上启下的企业管理制度和机制，对上体现着企业理念，对下规范着员工行为，对外平衡着企业与社会、企业与客户的关系。为此，要建立切实可行的经营机制、竞争机制、决策机制、人才机制等，形成高效的现代企业制度文化。

第三，围绕外层圆"形文化"，塑造企业品牌形象。就像选择鸡蛋，无论蛋黄蛋清多么优质，人们总是通过观察蛋壳衡量鸡蛋的好坏。同理，无论"魂文化""法文化"内涵多么丰富，客户总是通过"形文化"评价企业的优劣。"形文化"是把精神变成物质、把制度变成行为，外界可直接感知的文化层面。但业务本身不是文化，贯穿业务之中的经营谋略、营销策略、服务技巧等才是我们需要塑造的文化。因此，兼有主导产品、优质服务、人才素质与企业实力等综合功能的品牌形象，才是同心圆文化的最高境界，也是同心圆模式的终极目的。

麦当劳的企业文化，便是企业文化同心圆理论模型的实践。

首先，麦当劳创始人雷蒙·克罗克认为，快乐是这个世界上最稀缺的资源，也是人追求的终极价值。消费者来餐厅吃饭，享受美味只是方式，最终目的还是获得快乐。所以要让消费者一走进餐厅，就能感受到快乐的氛围。所以，麦当劳一直将快乐作为最核心的企业文化，这便是麦当劳的企业"魂文化"。

其次，为了让消费者感受到这种快乐文化，麦当劳对店面装修、员工服务、产品制作等方面做了细致又严格的规定。例如，每个店内的装修要干净整洁，每隔半小时就要打扫一次；店面的灯光要明亮但不刺眼，温度要适宜，就连背景音乐都要欢快温馨，并且要求是独家版权的原创音乐；服务员要时刻面带微笑，汉堡的色泽要金黄饱满引发食欲等。通过建立各种各样的规范来保证这种快乐文化的最大化传达，这便是麦当劳的企业"法文化"。

最后，麦当劳通过各式各样的广告来向外界传递这种快乐文化，打造"快乐至上"的品牌公众形象。今天一提到麦当劳，我们耳边就会想起"芭拉芭叭叭"的经典快乐旋律，大脑就会浮现和谐的金色拱门、和蔼可亲的麦当劳大叔。据说，在美国儿童眼中麦当劳大叔形象是仅次于圣诞老人的第二个最熟悉的人物形象。这便是麦当劳的企业"形文化"。

正是这"魂""法""形"三位一体的企业文化，让麦当劳品牌成为企业文化成功传达的经典案例。

4F粉丝营销同心圆模型

随着市场经济和互联网媒介的发展壮大，粉丝经济已突破传统认知，从娱乐行业跨界至所有的商业领域，成为市场经济中不可忽视的新兴势力。任何一个品牌要想有话题有声量有人气，就一定离不开自己的品牌粉丝，

粉丝在品牌传播中的价值不言而喻。（如图6-7-3所示）

4F粉丝营销同心圆模型

Followers
Friends
Families
Fans

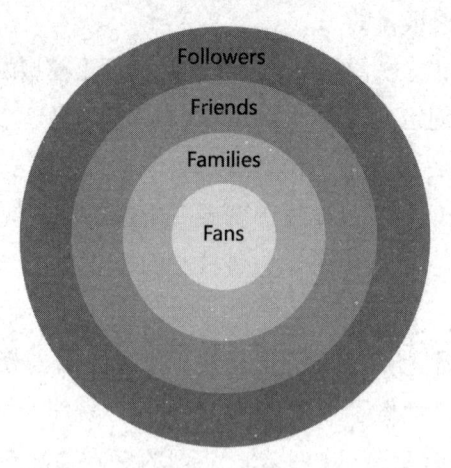

图6-7-3　4F粉丝营销同心圆模型

那么要如何运营好自己的品牌粉丝呢？我们可以从4F粉丝营销同心圆模型中窥见端倪。其实这个模型并不是什么新发明，而是旧瓶装新酒，营销领域早就有核心用户、种子用户、辐射用户、潜在用户的概念。不同的是4F粉丝营销同心圆模型更聚焦在品牌粉丝层面。同心圆的特别之处是，它按品牌粉丝对自己产品的向心力划分为Followers、Friends、Families、Fans四个粉丝层级。通过对品牌粉丝的分层级运营，从而提升品牌粉丝的聚合力。

Followers，即品牌追随者，一般来讲就是对品牌有一定兴趣、会关注品牌动向的人。值得注意的是，这里的Followers不一定指关注品牌社交媒体账号的人，而是更侧重于这个人对品牌的整体态度。

Friends，即品牌挚友，我们一般认为是熟悉品牌、认同品牌文化和品牌价值的人，但这种认同可能只限于品牌意识形态层面，让他们实际购买品牌的产品，他们可能会犹豫一下。

Families，即品牌家人，一般来讲是购买品牌产品的用户。这部分人即是品牌消费者，他们完成了购买漏斗里的最后一环。购买过产品，那么对品牌的价值观也大概率是认同的。

Fans，即品牌铁粉，指不仅热爱并购买品牌产品，对品牌价值观表示认同，同时还愿意把品牌分享推荐给更多人的品牌铁杆粉丝。这部分人对品牌来说具有十分珍贵的价值，当年的小米就是仅靠100位品牌铁粉实现了最初的品牌口碑原始传播。

品牌通过4F客户分层级管理，将受众逐级转化为品牌铁粉，构建品牌的用户价值。品牌的受众一旦进入4F客户分层级管理通道，就会形成一个正向循环流动，品牌也就获得了可持续的粉丝来源。

第七章

提纲挈领
——"纲目化"思维模型

章前语

在当前这个信息大爆炸时代，为了提高信息的传播效率，我们经常会用一些提纲挈领的专有名词来概括一类事物。例如我们用"四有青年"指代那些有理想、有道德、有文化、有纪律的新时代青年；"汽车新四化"指代汽车产业电动化、网联化、智能化、共享化。

还记得驾校教练教你的"一看二慢三通过"吗？这也是纲目化总结的实例，时至今日，相信你在通过路口时依旧记得要先看红绿灯，然后慢慢起步，最后通过路口。

在营销管理领域，我们也经常看到类似这种用字母缩写提纲挈领的模型，例如4P模型、4C模型、SWOT模型、AIDMA模型、AISAS模型等。这些模型的共同点，就是基于洞察，将内容核心以提纲挈领的形式归纳总结出来，形成字母缩写或简称，方便记忆与传播。我们将这些模型称之为"纲目化"思维模型。

在本章，我们就此类模型展开探讨。

第七章 提纲挈领——"纲目化"思维模型

第1节 纲目化表达提升语言的信息密度

典故是对道理的提炼压缩,成语是对典故的提炼压缩

在语言表述和思想传播中,日常语言的信息含量是非常低的,一个普通问题都需要很大的篇幅来说明,也因此在学术研究中需要引入定理及其案例来压缩叙述工作量。

语言里的许多东西,比如专业术语、基本概念,包括名词,都有这个作用。它们都是通过加大信息密度,从而提升沟通效率。

专业术语不用说,比如一个医学会议,如果参会的人都是医学界的,都掌握了会议上使用的专业术语,大家交流的效率就会提高很多,对不懂专业术语的人来说,专业术语所指代的意思需要成百上千字才能说清楚,但在专业表达里面,可能一个词就够了。

我们日常使用的基本概念,举个最简单的例子,比如苹果,假如两个没有掌握这个概念的原始人在沟通,其中一个人要向另一个描述自己白天在外面见到的苹果,其实是很难描述清楚的,唯一有效的办法,或许只有把苹果拿到人家面前,指着才能交流。但一旦他们掌握了苹果这个概念以后讨论起来,只需要说"苹果",大家就都懂了。

成语其实也是一样。成语是对传统文化和信息财富的高度总结概括,成语的出现不仅强化了文章的辞藻华丽之美,也极大提升了信息密度,从而提高了信息传播效率。

成语,众人皆说,成之于语,故称成语。正因为众人皆说,所以每个成语背后都会有一个典故,这个典故多是一个历史故事。我们把这个历史故事仅用四个字的成语进行提炼,且用来表达与这个故事背后的道理相似的现实意义。这里面打包了一个冗长的故事，一种复杂的情感，或者一连串的动作。如果是两个不知道这个成语的人在讨论这个事情，必须从头到尾讲一遍，但有了成语，而且两个人都掌握了，那交流起来效率就提升了许多，只要四个字一说出来，大家就理解了背后复杂的意思。

例如，我们只用四个字的"狐假虎威"，就能表达仰仗或倚仗别人的权势来欺压、恐吓人的含义；我们只用八个字的"成也萧何，败也萧何"，就能表达事情的成功或失败、好或坏，其关键原因都在同一个人或同一物身上的意思。

一个流传了两千年的成语，其实就是两千年前的老祖宗把故事、知识等复杂的事物打包到这个词语组合里，代代相传了两千年。两千年后的你我，只要掌握了这个成语，就能拿两千年前的素材作为沟通、交流的基础。结果就是，成语成为经过超级压缩的思想、逻辑、历史经验及其海量案例的数据库、程序库。引用成语来论述，不但相当于以短短四个字，承载了几千上万字的普通文字论述，更相当于召唤了史诗级的中国历史经验和先哲的灵魂参与话题的论述。

有典故可用，是巨大的优势，一句话可以节省了几千字的展开。有成语可用，对典故是又一次压缩提炼，其信息浓度更大，让论述具有更强的冲击力和说服力。

网络流行语的缩略化趋势

网络流行语是网络信息蓬勃发展的产物，也是网络交际对语言产生重要影响的标志。随着聊天工具的兴起，在线交际越来越普遍和高效，人们经常通过尽可能地减少字数、用最经济的表达方式实现信息的最大化，这就是网络流行语的缩略现象。

网络流行语最主要的特征就是简洁，不必要信息往往会被省略。

据《现代汉语》统计，现代汉语70%的词汇为双音节词，双音化是现代汉语词汇的主流，网络流行语缩略也不例外，如"尬聊"则精简自"尴尬地聊天"。但网络流行语缩略不止于原有词组字词的删减，而是充分运用已有的语言材料来创造新词，如三字格缩略。通常来讲，三字格缩略多为词汇层面的紧缩，如"高大上"是"高端、大气、上档次"的缩略形式。值得注意的是，不同于印欧语言的首字母缩略，在汉语中通常只有中心词才可以留存下来，这就是为什么"微小的、确切的幸福"只能缩略为"小确幸"，而非"微确幸"。

汉语四字格成语以其朗朗上口的节奏和丰富的文化内涵成为汉语一大显著特点，这也使四字格成为网络流行语缩略中最常见的一类。四字格缩略只是偶见于短语层面，比如"喜大普奔"的意思是"喜闻乐见、大快人心、普天同庆、奔走相告"。这类缩略更多发生在句子层面，如"累觉不爱"缩略自"很累，感觉自己不会再爱了"；"人艰不拆"缩略自"人生已如此艰难又何必拆穿"。由于汉语成语的强大影响力以及网络缩略语极富创造性的特点，四字格缩略俨然成为网络流行语缩略的主流。

除了上述词汇与句子层面的缩略语之外，汉语网络流行语中还存有少量的非典型缩略现象。一是受方言的影响，有些音节之间会连读，出现语音层面的紧缩现象。如在"表酱紫"中，"表"与"酱紫"分别代表的是"不要"和"这样子"。二是受外语，尤其英语的影响。如我们常用"厉害了，word哥"来代替"厉害了，我的哥"。这一类缩略语主要利用了语音或语义上的相似性，同时也符合网络流行语标新立异的主要特征。

在英文语境的实时交际中，缩略形式msg代替了message；在汉语网络交际中，则用拼音首字母缩略形式，如gg代替"哥哥"。这无疑提高了交际者文字输入的速度及交际的效率。与此同时，一些网络媒介的字数限制，例如一条微博只能发140个字，也从另一个侧面推动了网络流行语缩略的发展与繁荣。

网络流行语缩略还可以赋予现有的词汇以新的意义，例如我们可以构建起《西游记》中"白骨精"与职场中白领的联系，使其具有"白领、骨干、精英"这样的双关义。简言之，网络流行语缩略通过借词、加入流行元素或赋予旧词以新意等文字游戏来实现其"吸睛"的目的。

网络流行语缩略的魅力就在于通过仿构或重构实现信息的重组、删略或紧缩，产生一系列的新词或赋予旧词以新的意义。

其实，语言发展与变化所体现的主要的驱动机制就是交际与省力的互动。换言之，在语言产生和理解过程中，人类应该尽量减少发音，以减少因信息过多而造成干扰的风险。据此，哈佛大学的语言学家齐夫于1949年提出了齐夫定律，认为交际中单词使用的频率与省力原则成正相关。具体来说，在语言产生和理解中，对一个词或音施加的一种力，使其能够表达所有可能的意思，从而使说话人在交际中避免因选择适当的语言形式以表达其所要表达的意思时而耗费大量的脑力，这就是省力原则的运作机制。网络交际也不例外，在交际过程中，交际者总是有意无意地采用缩略形式来提高交际的效率，并展现其语言使用的创造性与新奇性。网络流行语缩略主要是基于说话人的语言经济原则，在省力原则驱动下，交际者可以使用更为经济的缩略语传达信息，受众可以在具体网络交际环境中相对容易地获得预期的意义，这样缩略语才能留下。

纲目化表达构建记忆链条，让沟通更高效

纲目化是一种高效的表达方式。通过将复杂内容精简为简明扼要的表达，可以帮助我们迅速抓住核心要点和重要信息。

中国传统语言文化中就有很多通过纲目化缩略进行高度凝练概括的专有名词。

例如"三教九流"。"三教九流"泛指古代中国的宗教与各种学术流派，是古代中国对人的地位和职业名称划分的等级。"三教"指的是儒教、佛教、道教三教。"九流"指先秦至汉初的九大学术流派，儒家者流、阴阳家者流、道家者流、法家者流、农家者流、名家者流、墨家者流、纵横家者流、杂家者流。通过这种缩写简略的形式，即使我们不知道三教是哪三教，九流是哪九流，我们也能感受到这个词背后指代的形形色色的人。

纲目化记忆能很大程度降低我们的记忆难度。小时候为了便于记忆，总是喜欢编一些诗，来对核心信息进行总结。例如，"夏商周秦西东汉，三国两晋南北朝。隋唐五代又十国，宋元明清帝王休"。短短28个字，便把中华上下五千年的朝代概括得清清楚楚。

还有串联中国省市自治区的歌谣,"两湖两广两河山,五江云贵福吉安,四西二宁青甘陕,海内台北上渝天。杳港澳门和台湾,爱我祖国好河山。"记下这首歌谣,就不怕背不出中国省级行政区的名字。

通过缩略简化提纲挈领的方式剔除冗余和次要内容,突出信息的主线和结构,使信息更易于理解和组织。同时也能够让表达更有冲击力,强化记忆链条,让人印象更深刻。

中国为什么要发展新能源汽车?关于这个问题,我听说过无数版本的解释,但真正让我印象深刻的只有一个。那是在一次演讲中,一位老师只用了三个"60%"的数字,就对中国发展新能源汽车问题的本质做了极为精妙的解释。

他是这么说的。首先,中国60%的石油靠进口。与大多数人印象有出入的是,中国其实并不算石油强国。中国虽然有大庆油田、塔里木油田等诸多年产千万吨级以上的大油田,但由于人口众多,能源消耗量巨大,目前中国大部分的石油还得靠进口。

其次,中国60%的进口石油要途经马六甲海峡进入中国南海。这就意味着中国的能源命脉掌握在马六甲海峡附近的美国及其盟国的手中,他们随时可以对中国的石油进行卡脖子。一旦出现意外,将给中国的"能源安全"造成极大隐患,形成所谓马六甲海峡困境。

最后,中国60%的石油用于汽车燃料。由此可见,一旦中国出现能源危机,受影响最大的将会是汽车出行问题,所以对汽车的能源升级,成为迫在眉睫的课题。

三个"60%"一出,这个问题的本质也就清晰化地展现在我们眼前——中国大力发展新能源汽车,看似是工业问题,实际上是基于能源安全的重大问题。

在这个案例中,三个"60%"就像是三个文件袋的索引夹,它们将这三部分的内容串联起来。多年以后,只要你还记得这个三个"60%"的含义,你就不会忘记这段精彩的分析解释。

通过这种提纲挈领地方式建立纲目化模型,能够将记忆碎片串联在一起,极大地提升了信息表达与传播的效率。

第2节 从AIDMA到AISAS，看用户消费习惯之变

AIDMA模型，传统消费行为模式的基本规律

AIDMA是消费者行为学领域很成熟的理论模型之一，由美国广告学家E.S.刘易斯在1898年提出。该模型认为，消费者从接触到信息到最后达成购买，会经历引起注意（Attention）、提起兴趣（Interest）、唤起欲望（Desire）、留下记忆（Memory）、购买行动（Action）这五个阶段。（如图7-2-1所示）

图 7-2-1 AIDMA 模型

A：Attention（引起注意）——首先，商家最先要做的就是引起我们的关注，让我们停下来。例如骇人听闻的标题党、花哨的封面设计、提包上绣着的广告词等方法。这期间销售方会以广告、用户体验等形式让消费者了解其商品，当然如果其商品无人问津，那消费者们就都是"不知情者"。

I：Interest（提起兴趣）——然后，让我们产生兴趣、留住我们。例如某些广告开头的提问和共鸣、戏班子的开场演绎、电影上线前预告片，把他们最精彩的和我们所关心的、害怕的、期待的，甚至焦虑的都提出来，勾起兴趣。当消费者愿意接受销售方通过演示或展示、讲解商品，让消费者进一步了解商品，从而让其感兴趣，到此阶段为止消费者属"被动了解者"。

D：Desire（唤起欲望）——当目标客户的兴趣被激发以后，商家就会通过一些方式继续唤起目标客户的购买欲望。例如，推销茶叶时，要随时准备茶具，给顾客沏上一杯香气扑鼻的浓茶，顾客一品茶香体会茶的美味，就会产生购买欲；推销房子的，要带顾客参观房子；餐馆的入口处要陈列色香味具全的精制样品，让顾客倍感商品的魅力。如消费者开始对该商品、终端公司提出问题，即表示消费者已经成为"主动了解者"，此时销售人员需积极获取其信任，交易成功与否，很大程度在于哪个销售方获取了消费者信任，并激发消费者的消费欲望。

M：Memory（留下记忆）——一位成功的推销员说："每次我在宣传自己公司的产品时，总是拿着别公司的产品目录，一一加以详细说明比较。因为如果总是说自己的产品有多好多好，顾客会不相信你，反而想多了解一下其他公司的产品，而如果你先提出其他公司的产品，顾客反而会认定你自己的产品。"消费者对某商品已有很高的消费欲望时一般会货比三家，记忆中留下最深印象的那家是其最希望与其达成交易的一方。但是如果消费者的经济能力小于消费欲望时，其很多时候只会把对某商品的消费欲望压制，故此阶段，消费者属于"被动购买者"。

A：Action（购买行动）——从引起注意到付诸购买的整个销售过程，推销员必须始终信心十足。但过分自信也会引起顾客的反感，以为你在说大话、吹牛皮，从而不信任你的话。当消费者的经济能力足够负担并有强烈的消费欲望时，才会采取购买行为以采购其心仪的商品，此时消费者变为"主动购买者"。

在AIDMA模型下，如从消费者角度来分析，可以看到消费者从不知情者变为被动了解者再变为主动了解者，最后由被动购买者变为主动购买者的过程；如从商品角度来分析，可以看到市场从不了解到了解、再到接受的过程。

AIDMA模型可以很好的解释在实体经济里的购买行为。而进入互联网时代，我们的生活形态和消费节奏也随之发生了变化，内心的欲望和需要沉淀的记忆被互联网更加便利的搜索和加购所取代。同时，每个人都可以通过网络分享自己对产品的使用感受，因此用户分享的营销效果也比过去更大，所以基于这种变化，欲望和记忆被搜索取代并增加了分享，重构了这个消费行为模型，于是就有了AISAS模型。

AISAS模型：互联网时代用户消费习惯新模式

随着科技的快速发展和互联网的普及，用户消费习惯也发生了巨大的变化。从传统的AIDMA模型到现代的AISAS模型，用户在购买决策过程中的行为已经发生了革命性的改变。

AISAS是电通公司提出的消费者行为分析模型，了解它对于我们在互联网时代认识花钱买东西这件事有好处。AISAS模型强调在商家眼里，我们消费者有引起注意、提起兴趣、信息搜索、购买行动、与人分享这五个行为阶段。商家可以通过这五个阶段的营销介入来影响我们的行为，促进销售。（如图7-2-2所示）

图7-2-2 AISAS模型

首先，A（Attention引起注意）和I（Interest提起兴趣）阶段与AIDMA模型的前两阶段相同，都是为了吸引潜在用户，唤起其对产品的兴趣。

进入到S（Search信息搜寻）阶段，意味着目标用户已经上钩，开始主动上网搜索来收集了解产品的相关信息。这个阶段商家需要做的是如何让用户更容易记住它、找到它、下决断。比如一些有记忆性、易识别的关键词，随处可见的线下门店，充满亮点的包装等。

接下来是A（Action购买行动）阶段，目标用户要下单购买了。这个阶段商家要考虑如何促进用户产生购买行动，比如限时限量的促销活动等。

用户完成购买，并不意味着营销链路的结束，而是紧接着进入S（Share与人分享）阶段，也就是让用户通过购买体验的社交分享替商家做宣传。如果商家设计出来的产品本身具有社交属性，能让用户主动分享，那就非常成功；如果不能，就需要考虑一些促进晒单分享的活动。这个环节非常重要的，它决定了商家能否利用顾客吸引更多潜在用户，让AISAS模型实现良性循环，而不是只靠商家自己砸钱做传播。

这样一个模型从单一消费者角度来看是逐级递进的，也是大部分人理解的逻辑。但这套模型如果从更大的消费系统角度来看，还有另一套逻辑，就是通过人际带动实现逆流。也就是说，别人的扎堆围观可以引起我们的注意，很多人都在搜索的东西也可以引起另一些人的兴趣，同事刚买的东西也会让我禁不住去搜索一下，朋友的分享也会出现小圈子的跟风购买。而正因为这种逆流的存在，很多商家也会据此来设计"套路"。比如街边组织排队可以唤起更多人的注意，购买平台热搜也会引起更多人的兴趣，意见领袖的推荐可以让他的粉丝无脑下单等。通过这个模型，商家可以设置套路促进销售，消费者也可以据此识破一些商家套路。

同时，AISAS模型强调了用户主动参与的重要性，用户可以自主选择获取信息的渠道，并进行主动的搜索和比较。互联网和社交媒体的普及，为消费者提供了丰富的选择和广泛的信息，使得他们能够做出更明智的决策。

总的来说，从传统的AIDMA模型到现代的AISAS模型，用户消费习惯已经发生了巨大的变化。企业需要更加注重互动和参与，提供个性化的服务和有效的沟通，以适应这一变化，满足用户的需求，从而取得商业上的成功。

第3节　从4P模型到4C模型，互补而非取代

4P模型阐述了营销的一般性规律

20世纪60年代，营销学大师菲利普·科特勒提出4P营销模型，是包括产品、价格、渠道、促销的四大营销组合策略。（如图7-3-1所示）

图7-3-1　4P模型

产品是指能够提供给市场被客户使用和消费的东西，并且能满足客户某种需要的任何东西。所以，满足消费者需求是产品的核心。很多时候，当我们的产品或者服务在市场上销量不是特别理想，很多公司或者市场部的工作人员，会觉得是广告没到位，继续投入广告比重，这种反而是本末倒置；我们要注重开发的功能，要求产品有独特的卖点，把产品的功能需求放在第一位，找到目前当下用户的需求，然后改进产品适应市场才是核心策略。

典型案例就是柯达胶卷，是胶卷的质量差了？还是用户需求发生本质的改变？没有满足用户需求的产品作为基础，一切的市场活动，广告将毫

无意义。

然后是价格。定价是门学问。传统经济学告诉我们，价格是供求决定的；但实际上，价格受到太多因素影响，不同的市场定位、货品陈列样式、消费环境、服务成本都可能对价格有很大影响。有时候价值决定价格，但有时候价格决定价值。同样一瓶可乐，只是陈列的场所不同，一瓶卖3元，一瓶买20元。同样一瓶精酿啤酒，清吧的售价往往是电商的数倍。因此，商品定价，根本不是一个成本推导或者数学计算出来的结果，相反它更像一个心理构建的过程。

接着是渠道。产品只有通过渠道才能以适当方式供应给消费者，企业并不直接面对消费者，而是通过渠道和销售网络，建立与消费者的联系。常见的渠道有代理商、批发商、零售商，但是对于不同产品，没有一成不变的渠道，也很难有一渠道通吃的做法。往往是用户群在哪里，就去哪里。

同时渠道也是跟定价息息相关的，比如旅游行业，过去是旅行社报团，然后是携程、去哪儿这样的平台兴起，现在又到了攻略自由行定制游的兴起，人们的出行意愿没变，但对体验的需求在变化，获取信息购买产品的渠道也始终在变化。所以在产品力保持核心优势的前提下，定价和渠道都要面向用户群，在最适合的渠道，用最能让用户买单的定价方式去组合推销。

最后是宣传。很多人将Promotion狭义地理解为"促销"，其实是很片面的。Promotion应当是包括品牌宣传广告、公关、促销等一系列的营销行为。再举个例子，杜蕾斯，如果没有涉及两性的话题，它的调性就偏了，反而会适得其反；苹果手机前几年搞了个低端机5c，销量不理想，你试想高端的手机突然搞个低价，完全没有符合自己品牌的调性和定位，用户自然也不会买账的。

所以说，4P的每个点放在今天都没有所谓的过时，也不会显得生搬硬套。更多还是要在理解的基础上，真正利用方法论为品牌创造价值。

4C模型的本质仍为4P

1990年营销学专家劳特鹏在4P模型的基础上提出4C营销模型，他以消费者需求为导向，重新设定了四个要素，即消费者（Consumer）、成本（Cost）、便利（Convenience）和沟通（Communication）。（如图7-3-2所示）4P模型更注重企业自身，而相比之下4C模型则更注重消费者——用消费者的需求取代"产品"，用他们愿意付出的成本取代"价格"，用他们考虑的便利性取代"渠道"，用和他们的互动沟通来取代"促销"。看起来4C比4P的格局更高，因此很多营销从业者认为4C应该取代4P。

图7-3-2　4C模型

这种从"关注自己"到"关心对方"的过渡观念，其实在营销学以外的很多领域都有发生。比如很多人说"不要总觉得你有什么，要想想你能给我什么""没人关心你能提供什么，他们只关心能在你这里得到什么"等。

4C可以取代4P吗？当大家都对此深信不疑并贯彻执行时，我们就要停下来好好想想，大家都在思考如何讨好别人时，你是否也忽视了本属于自己的优势。4P与4C并不是替代与被替代的关系，而是出发点与目标的关系，4P包括自己能提供的和自己需要的，是为自己；4C包括对方想得到的和他能付出的，是为对方。两者需要给予同等分量的考虑。

我们以职场举例。4P代表着个人产品，相当于我拥有并善长的技能。其中价格（Price）相当于我需要的薪资水平，渠道（Place）相当于我所在的平台职位，促销（Promotion）相当于我能提供的额外价值。4C代表着面向公司和上级，我主动调整成为被团队需要的人。比如希望降低上级为了培养我所付出的耐心（Cost），尽可能主动与上级沟通（Communication），尽量配合团队的节奏，满足上级的期待（Convenience）。

偏4C的人在职场往往混得更好，但如果想让自己混好得更长久，就需要先认清自己擅长什么，不擅长什么。因为你比别人更擅长的很可能投入的成本也更低，在适合自己的平台上输出的价值也会更大。如果你忽视了自己的优点，单纯地追求4C而没有与自己的4P达成很好的匹配，就很难达到预期效果；同时你也似乎容易被调教成别人喜欢的样子，而不是自己想成为的样子。

在竞争激烈的今天，每个赛道都有众多可以为客户提供同等价值的竞争对手。赛道中的佼佼者之所以能打败大部分人，并不是他们比别人更能讨好大众，而是因为在这个赛道他有自己的优势；同时，他们提供相同价值所付出的成本比别人更低，或者因为自己喜欢而不需要所谓的自律、坚持、努力就能自我驱动，就能够耐得住寂寞，成为最后的胜利者。这就是4P与4C模型在营销之外对我们的启示。

第4节　SCQA模型：结构化表达的有效工具

SCQA故事化表达框架

我们一生中有大量的时间都在表达，而有效的沟通却很少。表达是沟通的基础，同时也是沟通最大的障碍。如何提高我们的表达质量，SCQA模型或许会给我们一些启发。

SCQA模型是麦肯锡咨询顾问巴巴拉·明托在金字塔原理中提出的，其中S代表情境（Situation），C代表冲突（Complication），Q代表疑问（Question），A代表回答（Answer）。（如图7-4-1所示）情境是事情发生的背景，能把听者带入进来，引起共鸣；冲突是在这个情景下，能比较自然地引出你想表达的困难或矛盾；疑问是根据冲突提出的问题，引发对方一同思考；解答是问题的解决方案，也是你想表达的核心思想。

S ▶ C ▶ Q ▶ A

Situation　Complication　Question　Answer
情景　　　　冲突　　　　问题　　　答案

图7-4-1　SCQA模型

比如你想申请提前转正，可以这么说。

领导，我来公司有一段时间了，也能自己独立带项目了（情境）。但最近我感觉自己带项目总被流程卡住（矛盾），我想了一下，这应该跟我还不是正式员工有很大关系（问题），如果我能提前转正，那么现在手里这个项目推进起来也会更加顺利（回答）。

再比如很多广告也是这样的套路。

得了灰指甲（情境），一个传染俩（矛盾），问我怎么办（问题），马上用亮甲（回答）。

甚至有的广告一句话都没有，但画面传达的信息就是SCQA。

在一个春意盎然的早晨（情境），男主感觉身体被掏空，精神萎靡地从床上爬起来（矛盾），女主热情关怀悉心询问（问题），最后微笑着送上一盒保健品，然后出字幕"××肾宝，他好我也好"（回答）。

SCQA模型之所以有效，是因为相比较于讲道理，人们更喜欢听故事。喜欢故事是人类的天性，再小的故事永远比精彩的道理更让人听得津津有味。从故事中获得启发，也比直接讲道理让人自己去联想更有效。而SCQA就是故事加启发的逻辑——"情境+冲突"就是小故事，"问题+回答"就是小启发。当你听到有人开发布会演讲、汇报工作，甚至两个人聊天时，开头说了一个故事，然后借着这个故事说出了他想表达的东西，那么他就是在用SCQA模型传递信息。

变换顺序，解锁不同的表达风格

同样一件事情采用不同的表达方式，取得的结果可能完全不同。我们举个例子。

假如你是一名销售总监，要开拓新的市场，但是人才不同意被调动。你和老板汇报，想改变一下激励制度，如何表达？

比如第一种，开门见山式（ASC），即答案—背景—冲突。

老板，我要向你汇报的是：把公司的销售激励制度从提成制改为奖金制的建议。（A，答案）

公司从创始以来，一直使用提成制来激励销售队伍。这是主流三大激励机制（提成、奖金、分红）中的一种，它们分别适用于不同的场景。（S，背景）

但是，提成制在公司业务迅猛发展、覆盖地市越来越多的情况下，造成了很多绩效激励上的不公平，比如经济发达地区和欠发达地区的不公平，成熟市场和新进入市场的不公平，甚至出现员工拿到大笔提成，但公司却在亏损的状态。（C，冲突）

所以，我建议把提成制改为奖金制。在A地区完成100万元的业绩，和在B地区完成70万元的业绩，可以拿到同样的奖金。激励更多人才到B地区开拓市场。

这样的沟通方式，重点清晰，直接明了。

比如第二种，突出忧虑式（CSA），即冲突—背景—答案。

老板，我们今年的战略是开拓B地区的市场。现在B市场"强敌环伺"，我们的市场份额已经大大落后对手。再这样下去，我们可能会丢掉这个区域。（C，冲突）

我们一直是用提成制来激励队伍，但是提成制造成了很多激励上的不公平。销售骨干们不愿意到新的地方开拓市场，因为担心自己的提成收入下降。（S，背景）

我建议，我们可以从提成制改为奖金制。只要在B地区达到一定的业绩，也能拿到同样的奖金。（A，答案）

再比如第三种，突出信心式（QSCA），即问题—背景—冲突—答案。

为什么我们今年开拓B市场的计划，面临着一些挑战？（Q，问题）

因为我们过去一直采用的是提成制。（S，背景）

提成制造成了很多激励上的不公平。销售人才们不愿意到新的地方开拓市场，担心自己的提成变少，影响自己的收入。但如果这样，我们可能会丢掉整个B市场。（C，冲突）

所以，这是一个不小的挑战。我建议，我们要从提成制改为奖金制。让销售人员在完成业绩的前提下，可以拿到同等的收入。这样才能激励他们去新的地方打仗。（A，答案）

SCQA模型是一个经典的结构化表达工具。我们不仅要沟通，还要有逻辑地沟通，更要能实现自己目的的沟通。

第5节　TARI上瘾模型：探寻上瘾背后的机制

人为什么会上瘾？

人为什么会上瘾？让人上瘾是有一套模型的。TARI上瘾模型是由尼尔·埃亚尔和瑞安·胡佛提出的，包括触发（Trigger）、行动（Action）、奖励（Reward）、投入（Investment）四个要素。"触发"引诱人采取"行动"，"行动"驱使人获得"奖励"，"奖励"使人持续保持行动的热情，"投入"是因持续行动消耗了大量金钱和精力让人难以自拔。模型本意是在营销领域设计一套连续循环的行为，让用户不知不觉中对产品上瘾，成为忠实用户。在营销之外，人的各种"瘾"也可以在这个模型中找到成因。但这个模型乍一听似乎很普通，你会怀疑他是否真的让人上瘾。你怀疑的是对的。对模型的平铺直叙并不能挖掘出它背后的玄机，TARI上瘾模型之所以能成立，是因为四要素背后都有一个钩子。

"触发"的钩子是"欲望"，"行动"的钩子是"简单"，"奖励"的钩子是"运气"，"投入"的钩子是"财富"。

首先是"触发"，它触发的是什么？是人的欲望。不管是内部触发还是外部触发，只要不是被胁迫，能把人带进"瘾"的大门的都是他自己。就像视频引起人的共鸣，广告戳中人的痛点，都会让人自发行动、点赞、下单。是你提醒了他，他自己想要什么。

其次是"行动"。如果一个行为难度太大、周期太长，一定会成为人们上瘾的门槛。因为简单才能实现动作上的无脑重复，而重复才是上瘾的基础。

接着是"奖励"。如果做一件事情全凭技术而没有运气，它将毫无惊喜；如果奖励非常稳定或可以被预计，它将乏味至极。平淡和乏味不可能带来"瘾"，

"瘾"的关键在于运气，是运气让奖励变得随机，让奖励有高有低，变得不确定，而不确定才能让人对每一个下一次充满期待。嗑瓜子上瘾是因为瓜子有大有小，下一粒什么样不确定，所以你会期待然后吃个不停；仙贝会设计的一头味重一头味清，让人感觉有的好吃有的一般，也就吃个不停。所以，游戏商会刻意设计算法，匹配、对战、抽奖，让你时而郁闷时而爽，你就玩个不停。刺激不论高低只要稳定都会趋于平淡，奉献不论多少，只要稳定都会变得理所当然。只有随机的不确定，才能让人心生波澜，对下一次充满期待，"瘾"就形成了。

　　最后是"投入"。让我们难以自拔的不是精力和金钱，而是用他们换来的财富。你抽中的极品装备，达成的荣誉排名，经营的社交网络，都是你的财富，是它们让你难以割舍、无法自拔。

TARI四要素背后的原罪

　　"欲望""简单""运气""财富"就是上瘾模型的钩子。那更深的追问，凭什么就它们会成为钩子？因为这里的每一个钩子都能钩出一个原罪。"欲望"多了，能钩出人的"妄想"。如果你总能准确地告诉我我想要什么，该要什么，我就会越想要越要越多，直至脱离实际；"简单"多了，能钩出人的"懒惰"，我只要张张嘴动动手就能得到前所未有的满足，谁还愿意走所谓的弯路；"运气"多了，能钩出人的"贪婪"，我只要再来一次再来一次就可以，下一次一定可以；"财富"多了，能钩出人的"痴迷"。虚幻的快乐也是快乐，守住虚幻的美好就能掩盖现实的窘迫。

　　"妄想""懒惰""贪婪""痴迷"，就像人类精神世界的四大恶魔，一旦出现就会把人拽入"瘾"的深渊。"妄想"是带你入门的吸力，"懒惰"是无脑重复的惯力，"贪婪"是再来一次的引力，"痴迷"是回头上岸的阻力。四个力锁得人动弹不得，一旦陷入再想挣脱，哪那么容易。总有人问我是否有对付"瘾"的方法，我思考很久都没有答案。后来我发现没有答案似乎就是答案，它如果有办法能够轻松对付，它那也就不配叫"瘾"。所以对付"瘾"最好的地方不在"瘾"中，而在规避"瘾"于未然。当你发现一件事情具备上瘾模型的条件，而且都有钩子，就趁"瘾"未成不要继续。

第6节 5W1H模型：审视万物的通用思维法

包罗万象的5W1H"六何"分析模型

如果只留一种思维模型来认知世界的一切，我想应该是5W1H模型。

5W1H模型是由What、Where、When、How、Who、Why这6个关键词组合而成，是一种利用6个问题维度进行思考、决策、行动的思维方法。因为这六个关键词分别对应"是何""何处""何时""如何""何人""为何"，所以又被叫做"六何"分析模型。（如图7-6-1所示）"六何"分析模型几乎囊括了世界万象的分析维度，可以帮助我们对关键信息进行系统化归类分析，保证思考的严谨性与全面性。

图7-6-1 5W1H"六何"模型

"六何"分析模型是一个非常基础又非常简单的思维模型，简单到不需要为它的概念做过多说明，总之它是我们人人都要用、人人都会用的模型。

首先它能独立指导具体性工作。思考一场会议如何安排可以利用"六何"，什么时间在什么地点举办，什么人参与，围绕什么主题，有什么环节，想到达什么目的。对于一个传播投放规划，为什么要投放，对标什么人群，选择什么形式和渠道，投什么内容，什么时段频次投放到什么点位。总之利用"六何"分析法的确可以帮我们完成各类执行计划方案和设计创作。

其次，"六何法"可以嵌套在其他模型中辅助使用，例如在SWOT中对比竞品属性，在金字塔模型中协助分解核心问题，在PDCA模型中的行动环节里制定周全的规划等。

最后，"六何"也能在许多日常方面给予我们一些提示，弥补思考疏漏。比如领导给任务，往往一句话："小张，你去把××事情做了。"信息不全，这时候别马上就干，先利用"六何"思考：这事急不急？地方远不远？对接人的联系方式是什么……

工作中有很多人，他们没有制定计划的习惯，在不知道为什么做、要怎么做、做完有什么后果的情况下，就开始盲目地推进项目，最终导致项目执行思路混乱。如果他们会用"六何法"查缺补漏，可能结果就会不一样。另外，汇报、写作、表演、彩排，甚至刑侦破案都可以用"六何法"给出提示。可见，"六何法"是一个全能的思维模型。

5W1H模型中不同维度的概念属性

"六何"分析模型之所以囊括了世界万象的分析维度，是因为在不同条件下"六何"中的每个词都可以代表不同的概念属性。"何处"，可以是位置地点、高度、水平、级别，归于空间属性。"何时"，可以是开始、结束、过程、频次，归于时间属性。"何人"可以是主，是客，是发起人、接受人、中间人、后勤人员，归于人的属性。"是何"，可以是项目、问题、现象、物件、形态、颜色等，归于事物属性。"为何"，可以是直接原因、根本原因、产生背景、达成目的、触发条件，归于因果逻辑属性。"如何"，可以是方法、行动、运作、途径、进度、程度、交换方式等一切人和事物在空间上基于某种原因而形成的改变，归于运动属性。（如图7-6-2所示）

第七章 提纲挈领——"纲目化"思维模型

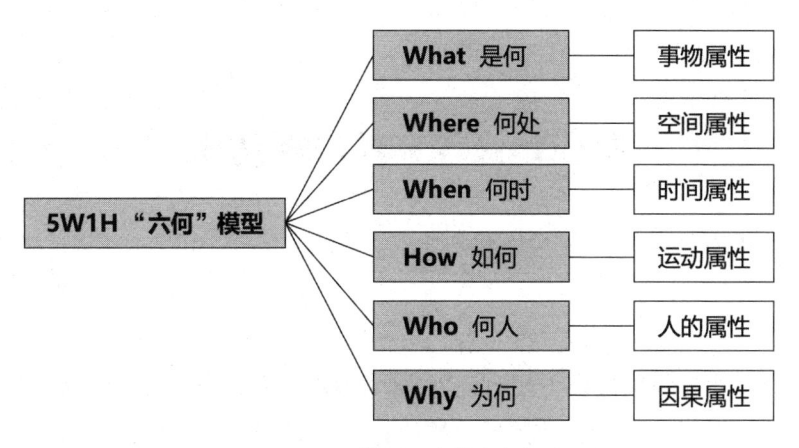

```
                    ┌─ What  是何 ──── 事物属性
                    ├─ Where 何处 ──── 空间属性
5W1H "六何" 模型 ────┼─ When  何时 ──── 时间属性
                    ├─ How   如何 ──── 运动属性
                    ├─ Who   何人 ──── 人的属性
                    └─ Why   为何 ──── 因果属性
```

图 7-6-2　5W1H 模型六个维度的概念属性

我们会发现这六个问题并不指具体的问题，而是问题的方向，每个方向都归于一种属性。具有在属性下无限延展各种问题的能力，所以为什么很多人表示"六何"我知道、理解，但就是用不好。单一个 What 就可以对应不同的事物，单一个 How 也可以让你提出不止一个疑问，知道问题的方向也不一定把问题问准、问全。这就会让人有一种力不从心，好像差一点什么没想到的感觉，这就是很多人觉得用不好的原因。因为用这种没边际的无限制模型，只要能利用它尽量挖出更多启发，聊胜于无便是好。总的来说，"六何"来源于一个非常根本的思维认知：何处、何时、何人、是何、为何、如何，这六个提问对应探究了空间、时间、人、事、物、因果和基于以上属性的运动变化。说得夸张一点，它几乎可以覆盖一切存在，这就是"六何"分析模型看起来很基础简单但又无所不能的原因。

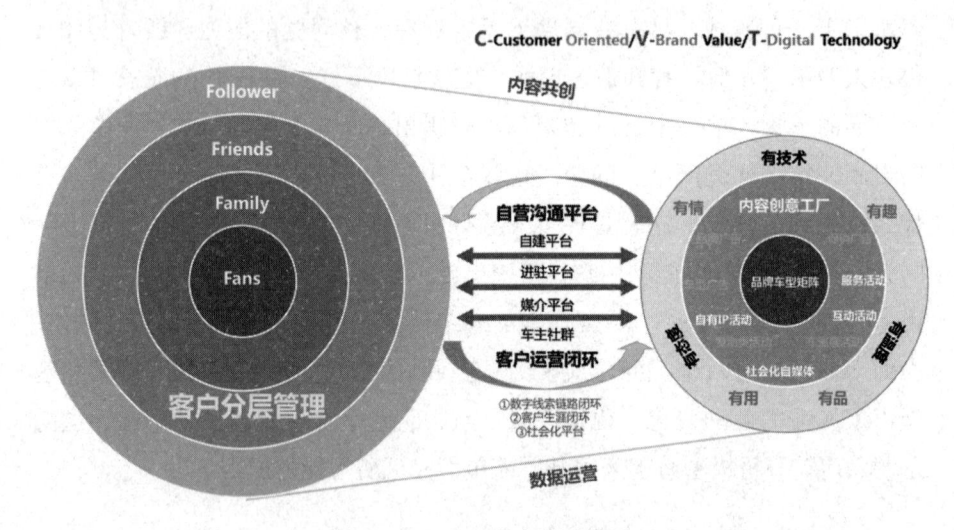

第7节 CVT客户驱动模型

CVT客户驱动模型（如图7-7-1所示），简而言之，就是构建某汽车品牌与目标人群的客户驱动体系。所谓CVT，是指C-Customer Oriented客户导向，V-Brand Value品牌价值，T-Digital Technology数字技术，这里包括获客能力、客户管理能力、数字运营能力和内容创造能力。

图7-7-1 CVT客户驱动模型

模型的左侧为客户端分层管理体系，即C-Customer Oriented客户导向部分。它将汽车品牌的人群受众分为三个层级，最外层为汽车品牌的泛关注用户，中间层为汽车品牌车主，最内层为汽车品牌的铁杆粉丝。通过营销与运营层层递进与转化，实现客户品牌忠诚度与传播价值的最大化。

模型的右侧为品牌端分层体系，即V-Brand Value品牌价值部分。最外层为有温度的汽车品牌的感心服务品牌，中间层为有态度的汽车品牌的品牌形象，最内层为有技术的汽车品牌车型矩阵。用户对一个汽车品牌最直接的感知，就是汽车产品，所以有技术的汽车品牌车型矩阵处在最核心位置；除了汽车产品，用户感知最多的就是汽车品牌的品牌形象了，不管是品牌广告片，还是品牌标识，抑或是品牌的主视觉，都能成为品牌与用户沟通的桥梁，所以第二层为有态度的汽车品牌形象；当用户对汽车品牌具备一定的意向或兴趣，或成为汽车品牌车主，则会感受到汽车品牌的服务体验，所以有温度的汽车品牌的感心服务品牌在最外层。

将客户与品牌连接起来的，是以数字技术为代表的客户运营平台，也就是 T-Digital Technology 数字技术部分的内容。这里的自建平台、进驻平台、媒介平台、车主社群是该汽车品牌用户运营的四大线上平台，以大数据技术为生产力，让这四大线上平台的品牌客户形成数字线索链路闭环、客户生涯闭环、社交媒体闭环，从而进行更高效地沟通与维护，最终实现上文提到的人群层层递进与转化。

众所周知，CVT在汽车领域是无级变速的意思。我们知道，汽车变速器的作用是通过齿轮传动，实现发动机端到车轮端扭矩的放大。品牌在与客户进行沟通的过程中，经常会出现用户需求与沟通内容不匹配的问题，这就好比发动机端输出的扭矩与车轮端所需要的扭矩不匹配的问题一样。这个CVT客户驱动模型，则是依托数字技术，以名牌内容驱动客群价值，就像是一台CVT变速器，解决了品牌传播与用户运营不协同的问题，让品牌内容更好地为用户运营服务。

所以，当我们以一个观察者的身份复盘一下这个模型的创作，不禁要称赞这个作者对汽车品牌传播体系的深入思考。

第八章

量时度力
——"公式化"思维模型

章前语

作为一个理科生,学生时代的我曾接触过不少公式,数学、物理、化学,每个科目都有。一个理科生的惯性思维,就是用公式去推导、衡量生活中的一切。我也经常想,是否在任何一个领域都存在一个通用化的公式,我们直接套用,即可得到我们想要的结果,解决我们想解决的问题。

后来发现还真有。人际关系可以用公式衡量,幸福指数可以用公式衡量,甚至连人生成就也可以用公式衡量。

爱迪生说,天才就是1%的灵感加上99%的汗水。这大概是我们最早接触的"成功公式"了。除了爱迪生,还有很多成功人士,分享了自己的成功秘诀。他们把自己的成功经验总结成公式,供后人"套用"。这个世界上失败的人各有各的失败之处,而成功的人往往都具备一些共同的特质,押中了这些点,想不成功都难。这是也公式成立的基础。

在营销管理领域,也有很多类似这种的公式化模型,例如销售转化率公式、品牌资产公式、用户忠诚度公式等。它们在科学营销中起到了重要的作用。

在本章,我们将对此类"公式化"模型展开探讨,探寻这些公式模型的来龙去脉。

第1节　公式化思维：关联地看待问题

一切皆数学，万物皆概率

世界的运行，遵循着最基本的逻辑。世界如同一个巨大的机器，政治、经济、社会等系统盘根错节，形成一个抽象整体。这个抽象整体的运行规律，在底层是统一的，这个底层，就是数学。

数学是研究现实世界的空间形式和数量关系的学科。它产生于人类的生产劳动实践，并随之发展和完善。在这个过程中，人们形成了许多基本的思想方法。如归纳法、归谓法、反证法、构造法以及分析综合法。这些方法体现着思维的逻辑性、严密性和发散性，还包含着命题转换和思维的迁移。

现代科学的性质就是归纳与演绎，而数学就是归纳与演绎的工具。换句话说，如果某种学科能称为科学，那它一定是能够运用数学表达出来的——通过具体情境，借助直观手段，抽象出数学的问题，再用数学的符号建立表示数学问题的数量关系或变化规律，进而求出结果。

数学成为所有自然学科的基础，道理也就在此。我们运用数学来建立模型，进行归纳与演绎，最终找到一定的内在规律供人类使用。数学作为一种工具，能够简化运算，甚至将以前不能实现的运算通过某个数学定理或公式实现。

除了公式，世界万物还受到一个重要的变量影响，那就是概率。

概率学起源于数学家费马和帕斯卡的故事，他们通过书信的方式解决了经典的点数问题，奠定了概念论的基础。从那以后，"不可知"变成了"不确定"，"不可知"意味着对未来毫无办法，"不确定"意味着我们可以知道概率从而进行预测。

其实，这个世界运行的本质就是概率。比如我们说要加油要努力，不是因为加油努力就能成功，而是因为加油努力才能在概率上更接近成功；要充实自身、完善性格，那是因为只有这样才能在概率上吸引到更好的另一半；要戒烟限酒、健身跑步，那是因为只有这样才能在概率上更容易得到健康。

我们的性别性格，都是概率决定的基因表达。我们的出身，都是概率决定的。我们的人生际遇，其实就是一场概率+选择的双重组合。

我们常说，听了那么多道理却还是过不好这一生。我明明就是按照道理来做的，为什么就不行呢？

如果有一百万只猴子，在它们面前有"涨"和"跌"两个按钮，让它们对每天的股市的涨跌做出预测再去选择按钮。第一天把错误的淘汰掉，第二天把错误的淘汰掉，十天之后就会剩下很少的猴子，它们连续十天准确判断了股市的涨跌——它们可以称为"股神"了，巴菲特估计也做不到。但这不是很荒谬么？剩下的猴子只是运气比较好，恰好按对了按钮。这只是一个概率问题。

同样的，大家都知道买彩票中500万元的概率很低，却还是经常会看到有人中500万元的新闻；电信诈骗的招数很拙劣，却还是看到很多人中招。因为基数够大，这也是概率问题。

这就是这个世界的真相。这个世界的万事万物，都是数学系统的一部分，他们遵循着最朴素的概率逻辑。

概率思维就是从概率的角度去看待世界、思考问题、做出决策。理念其实很简单，概率越高，胜算越大，胜算更大的选择才能得到更好的结果。不追求绝对的安全和稳定，导致错失机会。也不会不顾一切的依靠"勇气"去冒险，而是依靠概率去做出更加理智的选择。

世界能否用公式量化

绝对可靠、无可争辩的数学公式，其所揭示的定理与我们的人生确实有奇妙的相呼应之处，甚至可以为我们指引方向。同时，如果把这个世界看作是一个数学系统,那么如果能够找到量化这个数学系统的公式,就意味着找到了破解世界的密码。

前文曾提到,物理学家爱因斯坦希望用一个公式统一这个宇宙的运动规律,找到万物之理。爱因斯坦最终并没有成功,霍金在《时间简史》中也指出,也许会发现大统一理论,但这个大统一理论并不是爱因斯坦最初想的大统一理论,因为不可能通过一个简单美妙的公式来描述和预测宇宙中的每一件事情,毕竟宇宙是确定性和不确定性相互统一。

所以,世界可以被量化,但量化世界的公式不只一个,而是若干个公式。

翻开经济学书籍,几乎所有的经济学家,在叙述自己的经济理论之后,总希望用一个公式来描述理论,各种曲线、各种数学公式应运而生;物理学更是如此,都期望量化、公式化,记录各项规律。而且经济学、物理学等学科也因为量化、因为公式化,确实取得了重大进步。甚至于最难量化的心理学,似乎也在不断的评分、测试中,期望找到其规律性。

尤其是,社会科学比自然科学更复杂。科学技术无国界、无区域,但是意识形态有国界、有民族、有宗教、有角度、有立场。社会活动与人的思维活动都受到众多因素的制约,如心理感情、经济政治等权利,甚至民族利益因素等,诱导人们形成非中性的、非客观的、非理性的观察态度,表现更多不确定性、模糊性和混沌性,且难以进行重复性实验。社会现象问题非自然科学或西方哲学所能解决的。

当然,以人类目前的"算力",我们不可能做到量化世间万物。我们所说的用数学公式量化世界,并不是真的找到破解世界的密码,而是找到影响结果的变量和因素,然后用公式来表达它们之间的关系。

用公式化思维将要素连接起来

在一个公式模型中,不同的要素位于等号的两边,左边是我们要的结果,右边就是影响结果的因素。清晰地找到并掌控这些因素,我们就可以解决问题。

怎么样清晰地找到并掌控这些因素呢?

我们要学会建立公式思维。整个世界在我们眼中，不再是一个个要素，而是它们之间的连接关系。公式思维就是利用数学公式来表达"要素"之间的"连接关系"。这要求我们对系统要有深刻的理解，要看透各要素之间的关系。

高手从系统模型中提炼公式，普通人站在高手的肩膀上学习公式。

例如，我们前面讲到了营销万能公式：销售额=流量×转化率×客单价×复购率。

那么在一定时间的数据表现中，我们可以看这个公式中那些指标出现了问题，是下滑的话，原因是什么，背后的影响这个指标的关键因子是什么，针对这些关键因子做调整策略，就能很好的解决问题。每个关键指标的背后都有一套提升方案，我们连续分析几次，就能找到那个最终影响指标的最大因子。

同时，通过这个公式，我们也可以知道，所有营销的优化本质就是：优化流量+优化转化率+优化客单价+优化复购率。

我们在梳理这些"要素"的"连接关系"时，常常会出现"要素"相互影响的系统问题。

举个例子：微软技术支持部门要接受来自客户的产品质询，那怎么考核团队的工作呢？微软设计了三个指标：

A.解决每个问题的时间。A越短越好，这代表技术能力；这个数，由员工自己记录。

B.解决问题的个数。B越多越好，这代表工作量；这个数，公司、员工都可以统计。

C.有效工作总时间。C越长越好，这代表努力程度；这个数，是A和B的乘积。

比如，有的员工为了展现技术能力，用2小时解决问题，他记录成1小时。但因为A×B得出的C，他的有效工作总时间就会减半，显得很不努力。有的员工为了展现努力程度，工作8小时，想显得工作了16小时。A×B=C，因此，他必须把用2小时解决的问题，记录成4小时。但这样就显得他的技术能力不行，解决问题时间比同事长很多。

这三个指标的平衡，几乎消灭了员工只关注其中一点而不关注其他要素的想法。

用公式化模型思维思考问题，我们往往能够更加深刻透彻地看到事物本质。例如"性价比"这个概念，其本质是投资回报比，或者叫投入产出比。（如图8-1-1所示）

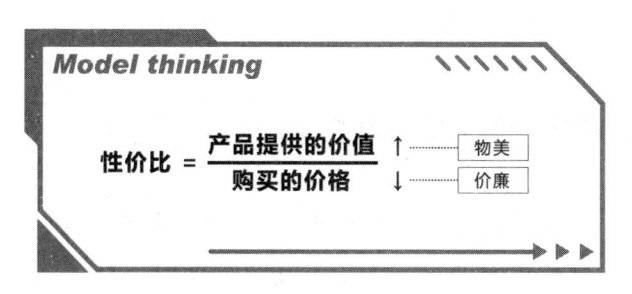

$$性价比 = \frac{产品提供的价值 \uparrow}{购买的价格 \downarrow} \quad \begin{matrix}物美\\价廉\end{matrix}$$

图 8-1-1　性价比公式模型

交易的本质是价值交换，而价值交换的过程中一定涉及付出与回报的问题。其实性价比并不只是穷人追求，富人也会追求，只不过换了个名字罢了。

能代表这个公式的一个词语叫做"物美价廉"，穷人是在"价廉"的基础上追求"物美"，而富人则是在"物美"的基础上追求"价廉"。穷人希望在有限的资源下，通过购买具有高性能和高品质的产品，获得更多的价值。他们会仔细比较不同商品的性能、质量和价格，选择最具性价比的产品。富人最看重的当然是"物美"，但富人虽然经济条件宽裕，也不愿意浪费金钱。正因为富人多数都很理性，所以他们更加注重投资回报，追求以最低的成本获取最大的回报。富人同样会权衡产品的价值与价格，选择能够提供高质量和性能的产品，同时在价格上能够更低。

当我知道了性价比的公式化本质，我们就知道了性价比对于任何人都是重要的。它代表了在有限资源下获取最大回报的能力。所有人都会追求物美价廉，以确保自己的投资能够获得最大的效益。

第2节 很多看似主观的内容都可以被量化

用公式量化一个人的职场能量

20世纪初,爱因斯坦提出质能方程,明确了物质的能量与质量之间有明确的当量关系。跟一切物体一样,职场中的员工中也积聚着特有的、无形的能量,这种能量,并不能简单地用通常所谓的"职业经验"来概括,它还包括了我们在职场中所积淀下来的精神、气质、眼光、胸怀、直觉等无法用"经验"来代替的东西。职场能量成为一个人解决问题时主观能动性的来源,而一个人在职场中的能量,又是由哪几个方面决定的呢?我们从下面这个能量模型公式可以窥见端倪。(如图8-2-1所示)

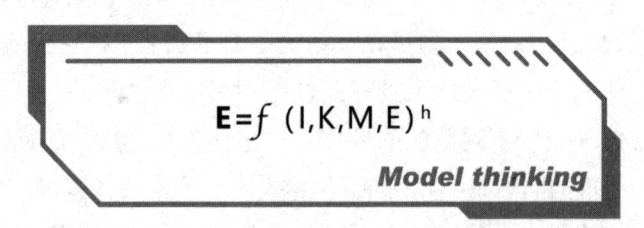

$$E = f(I, K, M, E)^h$$

Model thinking

图8-2-1 员工职场能量量化模型

这个公式认为,人与人之间比拼综合素质,就像电脑之间比拼四大要素。这四个要素分别是智商(I)、知识库(K)、方法论(M)、情商(E),它们在职场比拼中扮演着重要的角色。

其中I为智商(IQ),如同电脑的CPU,比拼运算能力和速度。智商代表着一个人的智力水平,智商越高,意味着这个人拥有更高的运算能力和速度,就能够快速有效地处理问题。高智商的职场人在解决问题时能够更加高效地思考和分析,因此能够更快地找到解决方案,提高工作效率。

K 为知识库（Knowledge），如同电脑的内存容量及应用软件的知识存储。知识库代表着一个人拥有的知识量，知识库越丰富，意味着他遇到问题时可用的解决方案就越多。对于一个问题，拥有丰富的知识库的人能够从多个角度去思考，能够提供更多的解决方案，因此更有可能找到最优解。

M 为方法论（Methodology），如同电脑的操作系统，比拼的是操作层面的"算法"。方法论越先进，就意味着他工作的方式和方法更加高效、科学，并且能够在解决问题的过程中提供更优质的结果。拥有先进的方法论的人能够更好地组织和管理工作，提高工作的效率和质量。

E 代表情商（EQ），如同电脑的底层操作逻辑，比拼机器语言层面。情商高的人不会让自己的工作受到情绪的影响，能够保持冷静和理智。他们能够更好地处理人际关系，更好地与他人合作和沟通。情商高的人能够有效管理人际关系，减少冲突和摩擦，从而提高工作效率。

智商、知识库、方法论、情商只是底数，而指数 h 则是指努力（hardworking），这是电脑不具备的，却是能产生指数型增长的关键因素。

这个职场能量公式成为人力资源管理领域的一个经典模型。它既道出了智商、知识库、方法论、情商在职场中的作用和地位，也强调了"努力"这一主观能动因素对于职场能量的指数级影响。

人际关系模型：人际关系相处的终极公式

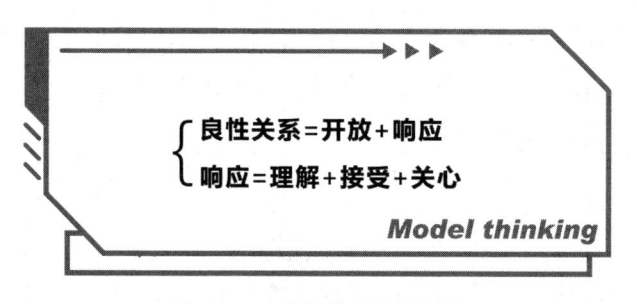

图 8-2-2　人际关系公式模型

这是希斯兄弟的一本新书《强力瞬间》中总结出的公式。（如图 8-2-2 所示）开放就是互相不设防。我告诉你一个我自己的隐私，你向我暴露一个弱点，这种不设防的感觉能够迅速拉近两个人的亲密程度。而且最关键的是在熟人之间，尤其是夫妻之间，长期维系亲密关系的另一个关键"要素"就是响应。在亲密关系中"我们互相对对方的响应的感知"非常关键，我能感知到你对我的响应，而你能感知到我对你的关心，这就是一个非常好的关系。

而响应，由三点组成。首先是理解。你了解我，而且你还了解我自己是怎么看待我自己的，以及你也知道什么东西对我最重要。其次是接受。我想要什么，我是什么样的人，你得对此表示尊重。最后是关心。在各种场合下，一旦我需要什么帮助，你都能及时出现。

这就是响应=理解+接受+关心，没有响应就没有好关系。如果你和一个人同住一室，你做什么他完全不在乎甚至根本不知道，你跟他说你的什么梦想、你喜欢的品牌、想去哪里玩他都嗤之以鼻，你有什么困难他也不怎么帮忙，那你们两个人即使整天泡在一起，也肯定不是什么好关系。

拖延症公式模型：追溯拖延的根源

现代人有许多通病，拖延症一定位列有名。我们总是能给自己一种"时间还有很多"的错误的心理暗示，永远能让自己不拖拉到最后一刻绝不完成任务。

关于拖延症，也有一个公式。这条公式来源于《拖延心理学》，其中字母U代表效率，E代表你对任务获得成功的信心，V代表你对整个任务感到愉快的程度，I代表你有多容易分心，D代表你多久会获得回报。（如图8-2-3所示）

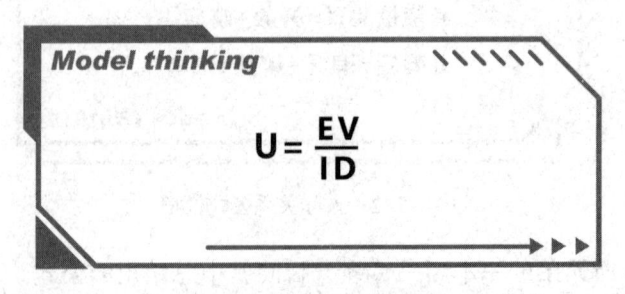

$$U = \frac{EV}{ID}$$

图8-2-3 拖延症公式模型

这条公式能够帮助我们评估量化每个值，通过分析分子分母大小来对自己进行调整，努力把拖延降到最低，从而提高效率。

我们要克服拖延症，需要从四个方面入手。

首先我们要坚定事情做成的信心。很多时候之所以拖延，是因为我们潜意识里对做成这件事就不抱希望和期待。这种潜意识往往深藏在我们意识深处，常常连我们自己都不知道，甚至不承认。正是在这种"不自信"意识的驱使下，拖延才有了动机。

然后是要学会享受做这件事的过程。事情一拖再拖，常常是因为做这件事情本身让我们不舒服。例如很多职场人在做某项工作时经常拖延，是因为这项工作他做起来十分费力，所以他总是更愿意先做其他简单的、完成起来更轻松更愉快的事情。一来二去，这件事情便一直搁置下来。让自己喜欢上这件事情，当做这件事情让我们身心愉悦的时候，那么拖延也就不复存在了。

除了与事情本身相关的因素，还有一些跟事情本身无关，却跟我们自身相关的因素。

比如我们的专注力。专注力也是影响拖延症的一大原因，如果一个人专注力不足，很容易分心，那么拖延就是必然的了。

最后是回报周期。人的"趋利避害"本性，让人有了一种"付出了就需要马上回报"的"损失厌恶"心理，回报周期一旦过长，就会在心理层面形成一种倦怠情绪，这种倦怠情绪同样也是造成拖延症的一大元凶。而现实是播种与收获往往不在同一个季节，我们必须学会延迟满足，甘愿为更有价值的长远结果而放弃即时满足的快感，才能提升自我控制能力，远离拖延症。

第3节 用公式化模型量化营销效果

用公式量化品牌资产

品牌资产这个概念是20世纪80年代兴起的，经过三十来年的传播，成为重要的营销概念之一，受到了学术界的广泛关注。品牌资产作为最有价值的无形资产，已成为企业不可模仿的竞争优势，能给企业带来持续稳定的利润。

"品牌资产"一词的关键在于"资产"，它更多是会计学上的含义。和其他易于理解的有形资产一样，品牌是一种无形资产。因此，品牌除了本身具有可以估值的经济价值之外，还可以为其带来稳定的超额收益，是企业创造经济价值不可缺少的一种资源。"品牌资产"一词表明，品牌是企业无形资产的重要组成部分。

既然是资产，就应该有方式能够量化。

关于品牌资产，由于研究视角的不同，产生了很多关于它定义和模型方面的观点。其中应用比较广泛的是大卫·艾克在1991年提出的品牌资产"五星"模型。他认为品牌资产是与品牌、品牌名称和品牌标识等相关的一系列资产或负债，可以增加或减少通过产品或服务传递给企业与顾客的价值，该模型主要由五个要素组成：品牌认知度、感知的质量、品牌联想度、品牌忠诚度和专有品牌资产，品牌资产的数值即为各要素测量值的总和。（如图8-3-1所示）

品牌认知
Brand Awareness

品牌联想
Brand Association

品牌质量感知
Perceived Quality

品牌资产
Brand Equity

品牌忠诚
Brand Loyalty

其他品牌专有资产
Other Proprietary Brand Assets

图 8-3-1　品牌资产"五星"模型

进入互联网数字化时代，品牌资产的量化被赋予了新的内涵。互联网时代的用户行为高度复杂，我们很难以传统的方式对用户的品牌认知、品牌联想等维度进行量化，取而代之的是一个基于互联网时代用户互动行为的数字化品牌资产公式模型。该模型评估了品牌的关系资产总值，计算了数字化时代每个与品牌发生过互动关系的人群总和。（如图 8-3-2 所示）

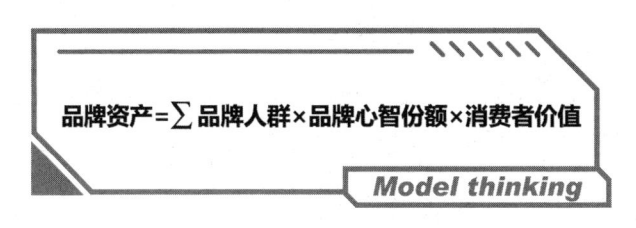

$$品牌资产 = \sum 品牌人群 \times 品牌心智份额 \times 消费者价值$$

Model thinking

图 8-3-2　数字化品牌资产公式

品牌人群，即该品牌所有粉丝及潜在用户的群体总量，这是数字化品牌资产衡量的基础。但因为品牌各个细分人群的价值不一样，对品牌资产的贡献也不一样，所以这个公式引入了品牌心智份额的概念。

品牌心智份额是指每位消费者与品牌互动行为占据该消费者与此品类全部品牌互动行为的份额。这样的衡量方法会对传统的人群占比衡量形成补充，例如一条广告触达同样数量的人群，但因消费者在该品牌上所产生行为的总时间占比高，所以为品牌带来了更高的价值。

数字化品牌资产公式模型把品牌和消费者之间的关系按照互动行为的不同，划分成下面三种，并对他们进行了加总求和。

探寻（Engagement）：消费者与品牌的交互关系，包括搜索、聊天和非粉丝会员的点赞、收藏、加购行为，通过品类消费力量化了每个行为的价值。

热爱（Enthusiasm）：消费者与品牌的忠诚关系，包括主动分享、美誉评论和活跃的粉丝会员资产，以及为品牌进行主动传播的行为总和，通过品类消费力量化了每个行为的价值。

发现（Discovery）：消费者对品牌的兴趣关系，包括消费者在品牌上所花时间、浏览内容的行为总和，通过品类消费力量化了每个行为的价值。

基于这三种交互关系，数字化品牌资产公式模型综合考虑每位消费者在品类的总消费及其收入水平，预测其长期潜在价值。品牌与不同消费者产生同样的互动关系，对品牌的价值不同。同样的互动关系下，深度高消费力的消费者代表着更高的价值，对品牌资产的贡献程度也就更高。

用户忠诚度公式，让黏性提升有章可循

用户忠诚度，又可称为用户粘度，是指客户对某一品牌、产品或服务产生了好感，形成了依附性偏好，进而重复使用和消费的一种趋向。

我们常说"人心难测"，但如今，用户的忠诚也有了衡量的标准。（如图8-3-3所示）

Model thinking

用户忠诚度=（本品价值-竞品价值）+转移成本

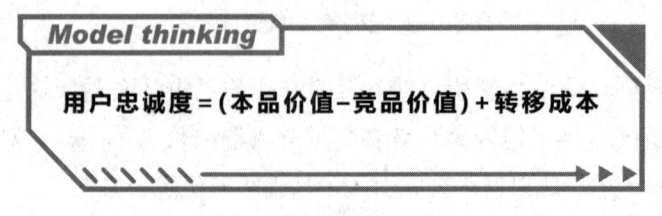

图8-3-3　用户忠诚度公式

转移成本是指对一个产品建立使用习惯，形成依赖后，用户离开它会

产生很多麻烦，损失时间，还要重新适应新产品等一系列代价。比如总丢版权的音乐软件里你辛苦收藏的歌单，换电话号码还要解绑各种软件的验证等。

有了这个公式，你会突然明白，所谓的客户忠诚，有可能不是因为你足够好，而是因为客户嫌离开你太麻烦。

苹果就是一个典型的例子。苹果手机通过IOS系统的稳定性与流畅性建立起用户体验的护城河，并且苹果还让用户养成了一套完全不同于Android系统的操作习惯，用户一旦决定离开IOS转向Android阵营时，就会碰到较高的学习门槛。例如初次入手安卓系统的苹果用户，肯定会被狂风骤雨一般的推送消息震撼到，手机屏幕最上方的消息通知栏里，永远塞满了来自于各种APP的临时信息。要想屏蔽掉这些消息，你需要花时间去设置你的手机。这些问题往往会让想要"离开"的用户望而却步。

商业是冷酷的，正应了那句扎心的话："不是你的客户足够忠诚，而是背叛的筹码还不够高。"

第4节 从公式中窥见成功的秘诀

人生复杂又精妙，有的人长寿，有的人短命；有的人富贵，有的人贫穷；有的人厚重，有的人浅薄；有的人在顶峰，有的人在低谷；有的人是英雄，有的人是凡夫。不同人的人生丰富多彩，千姿百态，形成了各自不同的人生曲线。

或许人生并不存在一个真正标准的公式，输入数据，就能得出相应地结果；但我们管中窥豹，仍然能从一些成功人士总结的人生秘诀中窥见成功的端倪。

人生"五要素"公式

命运、因果、做人、做事、能量，五个要素共同决定了人生的走向。（如图8-4-1所示）

人生＝命运×因果×做人×做事×能量

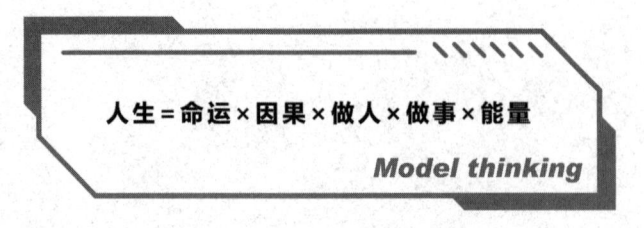

Model thinking

图8-4-1 人生"五要素"公式

命运是人生中与生俱来的不可控因素，它赋予了我们不同的经历和机遇，塑造着我们的命运。人生中的好坏与强弱并非一成不变的评判标准，而是从传统文化中的福祸角度而言。一句谚语"好人不长命，祸害遗千年"表达了命运的作用，但这只是一个随机事件的概率现象，并非普适真理。每个人出生的时间、地点、家庭都各不相同，这些因素在我们出生时便默默地拉开了不同的命运序幕。越成熟的人，越敬畏偶然；越成熟的人，也越相信"命运"的存在。

因果不是简单的"好人有好报，恶人有恶报"，而是"种瓜得瓜，种豆得豆"的逻辑循环。"因"是我们的思考方式、言行举止和生活习惯，"果"就是事情的结果。简而言之，我们所做的一切都是"因"，都在生成一个"果"。我们的现在是我们未来的缩影，比如当一个人不顾他人全凭个人喜恶行事，那他一定会得到一个自私和被孤立的结果；当一个人长期处于狭隘封闭的生活，那他大概率会得抑郁症；一个人如果长期看书健身，时间久了一定会由内而外散发出积极的气质，这就是所谓的"腹有诗书气自华"。因果，是绝对的法则，有因必有果，有果也必有因。除去命运偶然的因素，我们生活里发生的大多数事都是你的言行举止、生活习惯长期积累所带来的必然结果。

人是社会关系的总和，不管我们是否愿意，是否擅长，总要和各种各样的人打交道，维系和处理各种人际关系。成功的人往往都是做人方面的成功，所以要想收获成功的人生，我们就应该找到适合自己的做人原则，然后一以贯之地坚持。每个人都有两种交流，一是和自己，这是独处的本领；二是和他人，这是与外界交换能量和信息的方式。二者缺一不可，达到均衡是最好的状态。

做事，就是解决各各样林林总总的问题。人生就是一个通过"做事"不断解决问题的过程，怎么解决问题，前提是怎么发现问题和看待问题，本质是怎么思考和怎么行动。做事分为"做正确的事"和"正确地做事"，"做正确的事"指的是选择正确的目标和行动方向，而"正确地做事"则涉及高效、有条理的执行。二者相辅相成，只有将这两个方面结合起来，我们才能真正实现个人成长和人生成功。

我们常说，"先做人，后做事"。事实上，提高做事的能力，决定了你在社会中的生存和立足层次；而提升做人的能力，则决定了你能往上走的高度上限。就像金庸在《天龙八部》中所写的，乔峰和慕容复的老爹武功已经达到一定层级，但缺乏武学修为和佛法心学，武功就到了瓶颈无法突破。

能量，是个人的意志、体力和情感的储备和运用，包含一个人的志向、情绪、心态、身体机能等内容。一个人的能量是有限的，如何获取、增长、运用是一门很大的学问，这是一个被很多人忽视掉的问题。

需要说明的是，人生这个公式是五个因素叠加糅合、共同作用的结果，不是简单的物理相加，而是复杂的化学反应。每个因素所占的权重无法考量，有些人单靠天生命好就能有一个好的人生，有的人认真做事不断耕耘才获得想要的东西，有的人付出默默辛劳甚至心酸却最终郁郁不得志。人生有变量也有定量，面对万千纷繁，我们需要掌控自己的意志和心灵，用我们的定量去面对人生的变量——命运无法改变也无需在意，去践行积极的因果法则，按照适合自己的原则去做人，学习高效率的做事方法，最后去管理延长自己的生命能量。

稻盛和夫的人生公式

稻盛和夫是日本商业史上最成功的商人，也是一位把人生哲学与商业完美结合的商业艺术大师。国学大师季羡林先生曾说："根据我七八十年来的观察，既是企业家又是哲学家，一身而二任的人，简直如凤毛麟角。有之自稻盛和夫先生始。"

稻盛和夫之所以能有今天的地步，毫不夸张的说，他的人生哲学起到了非常关键的作用。而他最有名的人生哲学之一，便是一个阐述人生的公式。（如图8-4-2所示）

Model thinking

人生工作成就 = 思考方式 × 热情 × 能力

图8-4-2 稻盛和夫人生公式

这个公式告诉告诉我们，人生以及工作成就，其实就是由思考方式、热情、能力相乘得出的结果。

如果能把这三项的每一项做得更好，最终的结果也会更好。比如一个人天赋很高，能力有90分，热情只有30分，最终的总分也只有2700分。但另一个人的能力有50分，算是很普通的人了，而他的热情有90分，最终的总得分会有4500分，比那个天赋高的人都高了很多。而思维模式，则是采取正负记分，错误的思维模式是负分，你越努力，能力越高反而结果越差，所以在思维模式上，就一定要避免错误。

稻盛和夫他自己，也正是这个公式的受益者。稻盛和夫初中升学考试、大学升学考试、就职考试，每次都不理想，志愿都落空。所以参加工作以后他就不断思考："像自己这样平凡的人，如果想要度过一个美好的人生，究竟需要什么条件？"

这样，在京瓷创业后不久，稻盛和夫就想出了这个方程式。此后，他就遵循这个方程式努力工作，在人生道路上不断前进。同时，不仅稻盛和夫自己努力实践这个方程式，而且一有机会他也会向员工们解释这个方程式的重要性，同时将这个公式作为京瓷的企业价值之一。

人生成就四维量化公式

成功的定义和标准从来都不止一种。生涯规划师古典在《你的生命有什么可能》中提出了一个"人生四维度"衡量模型，它对于我们如何看待人生的成就、如何规划自己的人生有启发意义。（如图8-4-3所示）

人生成就 $= f$（**高度，深度，宽度，温度**）

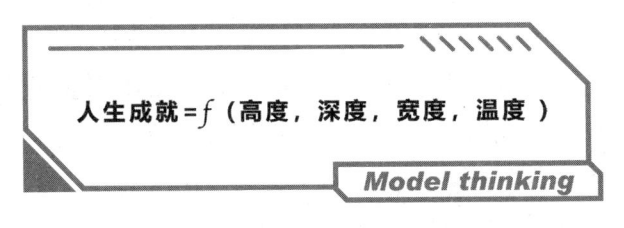

Model thinking

图8-4-3　人生成就四维量化模型

如果把人生的体验展开，我们可以得到四个维度，高度、深度、宽度和温度。

财富、权力、影响力构成人生的高度；技术、阅历和学识构成人生的深度；对社会与家庭的贡献构成人生的宽度；遵从自我、获得自在构成人生的温度。

四个维度体验感的总和，支撑了一个人的成功程度。（如图8-4-4所示）"高度"是被仰视的舞台，它包含人们追求的社会地位、权力和财富等等，是在聚光灯下最容易被大多数人看见的维度。由于这个维度足够显性，因此它也最容易被人评价和比较，也最容易让人沉迷。达到一个令人满意的人生高度，可以获得巨大的满足，但这样的"高度"也是稀缺的，因此这也给大多数不能达到足够"高度"的人带来困扰。

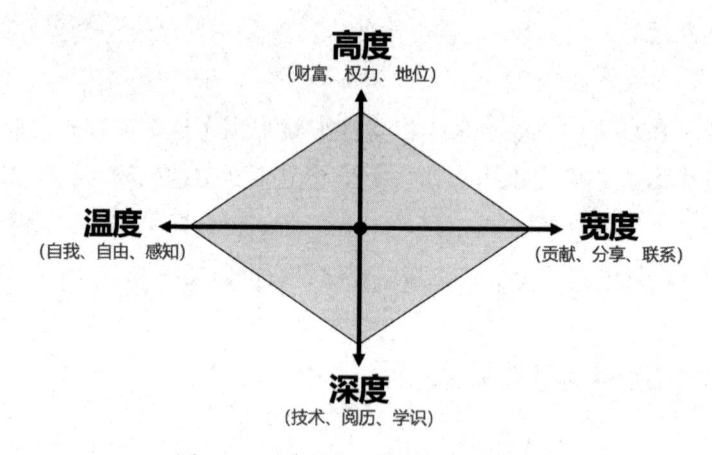

图8-4-4 衡量人生成就的四大维度

"深度"是可感知的内涵。与"高度"的显性相反，"深度"是隐性的，是看不见但可以体会到的人生维度。技术、阅历和智慧不仅可以实现财富与地位的提升，更可以直接创造美好的人生体验。钻研技术可以带来心流，累积阅历可以带来回忆，而学识可以让人获得更多的精神世界的满足。而且技术、阅历和学识，更可以让人在某个领域获得成就，成就也能带来满足。

"宽度"是关系与角色的总和。"宽度"指的就是我们与这个世界的联系，随着一个人的成长，我们要扮演的角色越来越多，追求生命里的"宽度"就是做好各种不同的角色。比如浪漫的恋人，信任的伙伴，合格的父母，孝顺的子女，还有好领导、好同事、好市民、好公民等，让你在家庭与社会的关系网里，倾注你的情感与责任，同时收获来自他们的回馈。

"温度"是对自我的热爱，如果"宽度"是向外扩展与世界的联系，那么"温度"就是向内寻求心灵的自由，是让人思考你有多在乎自己，可以把多少时间留给自己，为自己而活。太多人为了"高度""深度"和"广度"压抑自己，甚至扭曲自己，即便在这三个维度上得了高分，"温度"的短板也会让整个人生的体验大打折扣。

四个维度之间也会相互影响，相辅相成，同时也相互制约。例如在"深度"方面有所成就，在"高度"上取得成功就会变得容易；但"深度"和"高度"上获得成功，拓展"宽度"和提升"温度"将会变得困难。对照自己的人生状态，哪个维度得分高，哪个维度得分低，每个人心里都有不同的答案。但相同的是，我们几乎没有可以给四个维度都打满分的完美人生。

但只要单一维度得分足够高，甚至可以超过很多人的四项总和，就可以有相当好的人生体验，也算一种成功。只不过那种财富极多、学识极厚的人太少，而过度奉献、过度修真一般人也做不到。所以，对于我们普通人来讲，与其铆足劲在一个维度上达到顶尖，不如学会平衡，让四个维度都有不错的表现。因为人生的成功从来不在某一个维度，而是它们四个的总和。

第5节 四个幸福公式，洞察幸福的奥秘

幸福是一个很奇妙的东西，人们用尽毕生去追求它，有人渴望事业有成，有人期待家庭和睦，也有人在午夜狂欢，只为了内心的快乐。但幸福不像金钱、食物，我们看不见摸不着它，却能真切地感受到它。所有人终其一生都在追求幸福，但幸福到底是什么，幸福的秘诀又是什么，却没有人知道。

很多人认为，只要有钱，有好车，有大房子，就是幸福；但我们看到一些明星有了钱，有了好车，有了大房子，却并不比其他人幸福，有的甚至抑郁而跳楼自杀；也有很多人终其一生穷困潦倒，却因为内心的追求而感到无比幸福。

幸福可不可以被量化呢？怎么证明你比我更幸福呢？

下面介绍四个幸福的"计算公式"。这些公式化模型将幸福的内涵具象化，拆分成具体的模块，使其变得可衡量，或许有助于我们更好地追求人生的幸福。

赛利格曼幸福公式

首先，我们讲美国心理学家赛利格曼的幸福公式。（如图8-5-1所示）

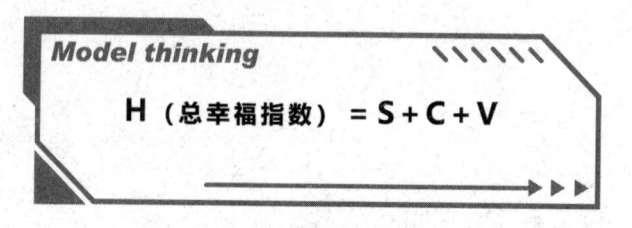

Model thinking

$$H（总幸福指数）= S + C + V$$

图8-5-1 赛利格曼幸福公式

其中，H代表总幸福指数，S为先天的遗传素质，C为后天的环境，V为你能主动控制的心理力量。

S（遗传素质）是指一个人出生就注定的东西，例如智商、身高、美貌、种族等，这部分是我们没办法控制的。例如，一个智商生来就很高的人就会比别人更容易成功，一个天生丽质的美人就会比别人获得更多的机会，这些都是获得幸福的重要因素。

C（后天环境）则是一个人出生后的家庭条件、成长环境、学习环境等后天环境因素，其实这部分也是我们没办法控制的。例如一个出生在贫民窟的孩子和出生在富豪家庭的孩子成长环境不同，人生幸福感不可同日而语。

而V（你能主动控制的心理力量）则是我们可以改变的。它主要包括我们的心理控制力、信仰等。

我们看到，在赛利格曼对幸福的理解中，S（遗传素质）与C（后天环境）都是人无法控制的，只有V（你能主动控制的心理力量）是我们自己可以掌控的。这一幸福理论更倾向于幸福是一种内心对幸福的体验，我们觉得自己幸福，我们就真的幸福；反之我们觉得自己不幸，那么即便我们有再好的遗传素质与后天环境，我们也是不幸的。

这与中国古代哲学家庄子"以理化情"的思想有着异曲同工之妙。"以理化情"是指用思想上的理解来解决情绪的感受问题。感情造成的精神痛苦有时候正与肉刑一样剧烈，而利用对自我心理力量的掌控来改变对事情的理解，就可以削弱感情，使情绪得到释放，从而让我们感到更幸福。

所以，提升对幸福的感受力是一项重要的能力，它可以帮助我们更好地管理自己的情绪、掌控自己的生活，并主动创造和拥有幸福感。我们要学会欣赏和感激生活中的小事，养成积极的生活态度，认识到幸福不仅来源于外部的物质条件，更要从内心感受到满足和幸福。同时还要学会认知和管理自己的情绪，不被负面情绪所控制。

科恩幸福公式

第二个"幸福公式"来自英国心理学家团队，这是他们在走访了一千多人后得出来的一个幸福方程式。幸福的秘诀并非人们想象的那样简单，拥有爱情、大笔财富、一份好工作都不能带来真正幸福感，这个公式把真正影响幸福感的因素归结成了三个层面。（如图8-5-2所示）

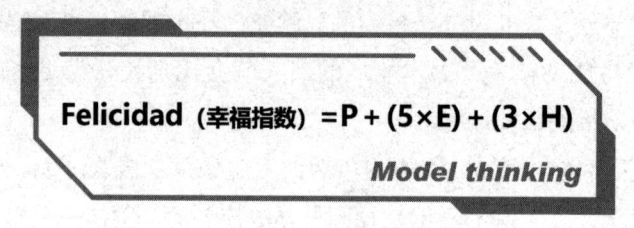

$$Felicidad\,(幸福指数) = P + (5 \times E) + (3 \times H)$$

图8-5-2　科恩幸福公式

P代表个性，包括人的性格、世界观以及他的适应能力、应变能力和耐力；

E代表生存，包括人的健康、财务状况和友谊的稳定程度；

H代表更高一层级的需求，包括人的自我评价、自尊心、对生活抱有的期望值、雄心和欲望。

主导参与这项研究的科恩说："多数人不知道幸福是什么。他们认为，只要有钱，有好车，有大房子，就是幸福。"当这一切都变成现实后，人们却发现原来自己并不比其他人更开心，他指出："人应该学会积极享受生命，同时要弄清楚自己到底想要什么，以及用什么手段能达到这一目的等。"

这个幸福公式也告诉我们，幸福的秘诀在于我们的精神世界，而不是物质生活。

现代社会中，人们常常陷入物质追求的漩涡中，忽略了内心的平静和精神的满足。然而，真正的幸福并非源于外部环境或拥有的财富，而是我们内心的状态和对生活的态度。通过保持感恩的心态、拥抱内心的平静以及抱持积极乐观的态度，我们可以找到和谐、平静与幸福的所在。因此，让我们从今天开始更加关注自己的精神世界，才能找到真正的幸福。

保罗·萨缪尔森幸福公式

第三个幸福公式更加简单，它是由经济学家保罗·萨缪尔森总结的幸福公式。（如图8-5-3所示）

$$幸福 = \frac{效用}{欲望}$$

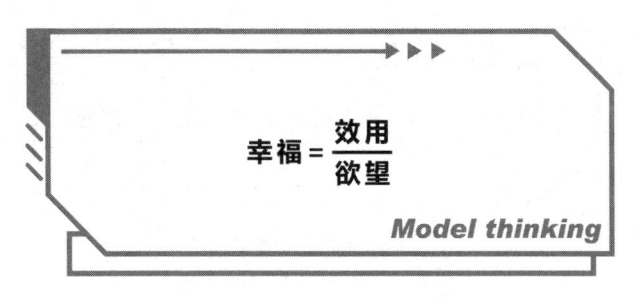

图 8-5-3　保罗·萨缪尔森幸福公式

这个公式告诉我们，幸福感类似于满足感，它实际上是现实的生活状态与心理期望状态的一种比较，两者的落差越大，则幸福感越差；反之，则幸福感越强。我们常说，"幸福就是猫吃鱼，狗吃肉，奥特曼打小怪兽"。幸福的本质就是欲望的到满足——你的欲望比你的收入多一块钱，你就是不幸；你的欲望比你的收入少一块钱，你就是幸福。

欲望越低，越能体验到真正的幸福。人们常常被物质世界的诱惑所迷惑，追求着无穷无尽的欲望。当我们不断追求外部的东西时，欲望会变得无限膨胀，而我们的满足感却难以得到满足。我们会陷入比较与竞争的怪圈中，不断地向外界索取更多，从而远离了幸福的初心。然而，当我们学会满足于现有的情况和资源时，才能真正感受到内心的宁静和满足。

幸福感强的人往往会感恩自己所拥有的一切。无论是健康的身体、美好的家庭、真挚的友谊，还是一个美丽的日出，这些都是值得我们珍惜的。当我们专注于自己所拥有的，不再追逐无止境的欲望时，我们才能真正感受到幸福的存在。

全面可持续幸福公式

第四个幸福公式我们叫做"全面可持续幸福"理论，同样来自心理学家马丁·塞利格曼。（如图 8-5-4 所示）

> **Model thinking**
>
> 幸福 = 情绪 + 投入 + 社会关系 + 意义 + 成就

图8-5-4　全面可持续幸福公式

这个公式更多表达了幸福是一种多元维度的感受。

首先,"情绪"是幸福的重要组成部分。积极的情绪,如喜悦、满足和愉快,能够提升我们的幸福感。当我们充满好奇心、充满爱、充满希望时,心情会变得积极、乐观,从而增加了幸福感。

其次,"投入"是幸福的基石。当我们全身心地投入到某个活动中,无论是工作、学习、爱好还是家庭,都能够体验到满足感和成就感,从而提升幸福感。投入是一种专注的状态,使我们能够全情投入,获得更多的快乐和满足。

"社会关系"也是幸福的重要要素。人是社会性动物,与他人建立良好的人际关系能够带来情感支持、帮助和共享快乐。朋友、家人、伴侣等与我们关系密切的人,能够带给我们安慰、理解和肯定,从而增加幸福感。

此外,"意义"也是幸福的核心内容之一。人们对于生活和工作的意义感和价值感,能够带来更深层次的满足感和幸福感。追求有意义的事业、参与公益活动、关心他人等,都能够让我们感受到生活的意义,从而增加幸福感。

最后,"成就"是幸福的重要衡量标准之一。当我们取得一定的成就时,无论是个人成就还是团队成就,都能够给予我们满足感和自豪感,从而提升幸福感。努力工作、实现目标、克服困难等,都能够带来成就感,让我们感到幸福和满足。

总而言之,幸福不是单一的感受,而是由情绪、投入、社会关系、意义和成就等多个因素综合作用的结果。通过积极培养正面情绪、全身心地投入、建立良好的社会关系、寻找生活的意义以及追求成就,我们可以增加自己的幸福感,享受更加充实、满足和有意义的人生。

以上四个公式看似简单，如果你用数学的方式去分析，会发现很多有趣的现象，并可以解释很多主观幸福感的问题。第一个公式侧重说明幸福掌握在我们手中，强调主动控制我们的心理力量；第二个公式说明幸福的秘诀在于我们的精神世界，而不是物质生活；第三个公式类似中国儒释道的价值观"知足常乐"，适当"佛系"可以提升幸福感；第四个公式则展现了幸福的多元性与包容性，为我们更加立体地感受并追求幸福提供参考。

第6节　从公式化模型中洞见生活哲理

1+1=2，最朴素的公式与最深刻的哲思

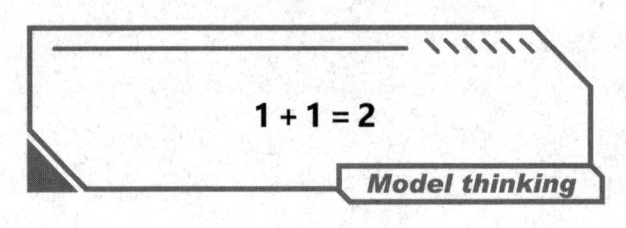

图8-6-1　"1+1=2"

这个简单的不能再简单的公式，却蕴藏着极其丰富的逻辑，1+1=2也是所有认知的基础。

首先，1和2是一个定义。正如道德经第一章中所说的"名可名，非常名"，人们命名1和2，就如同命名猫和狗，是为了把两个不同的事物区分开来。有了定义，人们才能更好的理解它、阐述它，并赋予它意义。

其次，1+1=2是一个因果，是一种确定性。这个世界是两种特征并存，一种叫确定性，另一种叫不确定性。确定性就叫因果，也叫缘起缘灭。

人的努力本质上就是试图从不确定性中寻找确定性，通过对各种现象行为的思考，来发现规律、总结规律，从而更好地为自身服务。

尽管这个世界仍然有很多未解之谜，但人类的科技、认知已经很强大。从微观角度，已经发现到了12种基本粒子；从宏观尺度，从宇宙的微波背景辐射，到各种星系星团黑洞是个什么回事，都基本清楚。科技的发展还给人们的日常生活带来极大的便利，让我们有汽车、有电、有飞机、有互联网。科学就是一门研究确定性的方法论，它与生活最密不可分。

1+1=2是一种最基础的科学思维，是一种常识性思维。但是，即便是科技高度发达的今天，还有很多人缺少最基本的科学思维。譬如很多人想赚快钱、赚大钱，但是1+1=2，1+2才等于3，一口吃不出一个胖子，凡事都有过程，做事需要日积月累。

一个结论是否成立，是需要用科学方法来验证，是用了多少个1相加，才得出的结果。没有科学验证，飞机上不了天，电脑开不了机，没有确定性和因果性，又哪来幸福美好的生活。

科学思维才是因果思维。科学解决不了所有问题，但不代表科学本身有问题。恰恰相反，我们更需要寻找更为科学的方法，去提升和改善我们的生活。我们需要把更多的精力和焦点放在日常我们所能控制和把握、能被重复证明和验证的道理或方法上来，找到其中的真正因果，而不是整体坐而论道，研究那些玄而又玄，不能被证伪的假设。

熵增公式模型：对抗熵增是我们的奋斗动力之源

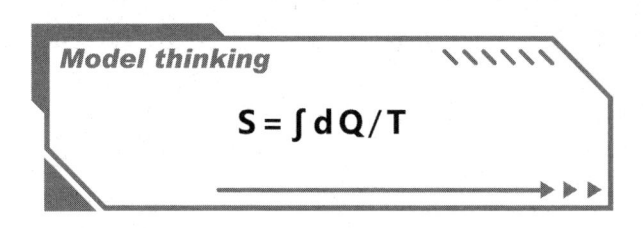

Model thinking

$$S = \int dQ/T$$

图8-6-2 熵增公式

熵增定律原本是热力学定律，即热量从高温物体向低温物体的不可逆，这种不可逆的过程就叫熵。（如图8-6-2所示）熵指的就是能量在传递和转换过程中的损耗部分，是能量转换过程中所产生的一种无效能量。这种无效能量完全不可逆，不能被再次利用。

转换次数越多，转换时间越长，所产生的这种垃圾碎片和混乱指数就越强，这种碎片垃圾会充满整个宇宙。恒星终将熄灭，生命终将消失，宇宙将变成一片死寂，沦为熵。这个状态，也被称为"热寂"。

我们可以把熵增定律理解为自然规律的终极规律——天道无情，一切以"热寂"为终点。

但是不要忘了,除了天道,还有人道。人道就是人的力量,意识的力量。意识或人的存在就是为了降低、减少这种无序和混沌的发生,将无序变有序。

举一些日常生活中的例子:院子里有一块草地,如果长时间不打理,就会越长越乱;一台电脑,长时间运行不加以清理,电脑就会越来越卡;一个人,如果不加以练习,所掌握的技能就会逐渐生疏,最终会被忘记。

所以,因为事物总是向着熵增的方向发展,所以一切符合熵增的,都非常容易和舒适,譬如懒散,譬如放纵,而一切训练、努力、自律,因为是在对抗熵增,所以很难。

但是,如果你想提升自己的能量级别,更好的进行能量转换,就必须做减熵动作,通过自律、刻意练习来提升。这个过程是很难,但也正是自身存在的价值和意义。

这也就很好地解释了为什么古往今来,修行人一直强调持戒的重要性,以及越来越多的现代人都强调自律,都是在做减熵的过程。拥有减熵思维,提高自律,刻意练习,不断精进,才是不断提升自己和获取更大成功的不二法门。

第九章

反道而行
——"逆向化"思维模型

章前语

一家自助餐厅因顾客浪费严重而效益不好,于是餐厅立下一个规定,凡是浪费食物的顾客罚款十元,结果生意一落千丈。后经人提点将售价提高十元,并规定改为,凡没有浪费食物者奖励十元,结果生意火爆且杜绝了浪费行为。

这就是逆向化思维。与其用正向思维让顾客"吃亏",不如运用逆向思维,想办法让他们占便宜,或者有种占便宜的感觉。

丰田汽车公司的创始人,日本汽车工业的先驱者丰田喜一郎曾说过:"我这个人如果说取得一点儿成功的话,是因为什么问题我都喜欢倒过来思考。"可见,他的成功和逆向思维的运用是分不开的。

那么,逆向思维究竟是什么,它分为哪几类,结构原理是什么,我们在本章探讨。

第1节　倒立看世界，一切皆有可能

思维的方向性与逆向思维

人类的思维具有方向性，存在着正向与反向的差异，由此产生了正向思维与反向思维两种形式。正向思维与反向思维只是相对而言的。一般认为，正向思维是指沿着人们的习惯性思考路线去思考，如从已知预测未知，从因推导出果。

例如，当一个小孩掉进水里，常规的思维模式是把这个小孩从水里救上来，即"救人离水"。

而反向思维，又称作逆向思维，是指背逆人们的习惯路线去思考，它是对一些司空见惯的、已成定论的事物或观点反过来思考的一种思维方式。

例如，司马光面对小孩落水的紧急险情，运用逆向思维，果断地用石头把缸砸破，"让水离人"，救了小朋友性命。司马光砸缸就是非常知名的逆向思维案例。

逻辑学中有个重要的定律，叫做"排中律"。它是指在同一思维过程中，两个互相矛盾的思想不能同假，其中必有一真。数学中也有一种论证方法，叫做"反证法"，即我们要证明一个结论为真，只需要去证明这个结论的反面为假。这些都是逆向化思维的应用。

俗话说，你顺着河流走，可以发现大海；逆着河流走，可以发现源头。世界常常是两极相通得，因此，我们可以从这个方向思考，也可以从相反的方向思考。从正向思考可能会有收获，从相反的方向思考可能也有收获，有时还会是出人意料的收获。

一个小伙子傍晚陪爷爷在公园散步，不远处有一个气质美女，忍不住多看了两眼。爷爷问小伙子："喜欢吗？"小伙子不好意思的笑笑点点头。爷爷又问："想要她的电话号码吗？"小伙子瞬间脸红了。爷爷说看我的，然后转身向美女走去。几分钟后小伙子的电话响了，里面传来一个甜美的声音：你好，你是×××吗？你爷爷迷路了，赶紧过来吧，我们在公园入口这里。小伙子说我马上过来，然后默默地把这个电话存了下来。这就是逆向思维，不是你找美女，而是让美女主动找你。

逆向思维的最大特点就在于改变常态的思维轨迹，用新的观点、新的角度、新的方式研究和处理问题，以求产生新的思想。平时生活和工作中，我们总会遇到很多难题，这时你不妨运用逆向思维去思考和处理问题，实际上就是以"出奇"去达到"制胜"。逆向思维的结果常常会让人大吃一惊，喜出望外，别有所得。

逆向思维释放灵感的火花

如果我们经常运用逆向思维思考问题，相信我们的思维会放射出更多灵感的火花，我们的工作、生活也会因此而多一份新鲜的乐趣。换一种思维方式，把问题倒过来看，不仅能使你在做事情上找到峰回路转的契机，也能使你找到生活上的快乐。

日本有一家企业，专门生产圆珠笔芯，销路却不很好。用户反映，往往笔芯里的"油"还剩下三分之一的时候，那笔尖上的"圆珠"就坏了。很显然，笔尖上的"圆珠"质量是有问题。于是，该企业请来技术专家，设了课题，力求攻克这一技术难关，搞了很久但仍然解决不了。

后来，这个难倒许多专家的难题却被一位普通工人给解决了。解决的办法极其简单，那位工人建议：把笔芯里的油减少一半。这样一来，等不到"圆珠"罢工，油就用完了。从此，这种笔芯成了质量最好的笔芯，每一支笔芯都能把油用得干干净净而图珠部分仍完好无损。这使用户觉得，只要还有油的话，这种笔芯就永远没有坏的时候。

我们总是习惯于正向思维，因此在思维库里积累了太多成功的经验，这些经验曾经给我们处理问题带来许多方便，但是这些经验只能用来解决常规问题，不能用于解决疑难问题。工人与专家的不同之处，就是在于逆向思维。专家们把精力都习惯地集中在扬长避短，所以久攻不克，这位工人的方法则是反其道而行之，扬短避长。

马云有句口头禅：倒立看世界，一切皆有可能。遇到难题时，不妨回头看看，尝试逆向思考，善用逆向思维看待问题，有时便可能找到成功的钥匙。

著名商业顾问刘润利用逆向化思维找工作的故事给人们带来了很大的启示。他通过创新简历的形式和内容，成功地引起了招聘人员的注意，并最终获得了心仪的工作机会。

一般来说，人们在找工作时都会提交传统的A4纸打印简历。但刘润不愿意被大众简历淹没，他决定用一种宽度和长度略有不同的Letter纸来制作自己的简历，这种独特的形式不仅在招聘人员摞起简历时引起视觉上的注意，也让他的简历凸显出来——他知道通过细节来吸引注意力是成功的关键。

招聘会结束后，招聘人员准备将几百份简历带回公司。果不其然，他们在整理简历的时候注意到其中一份简历比其他简历宽一些时。当打开简历时，又立刻被里面更加精美的内容和个人履历所吸引，不禁产生浓厚的兴趣。通过这种创新的方法，刘润成功地从众多求职者中脱颖而出。

在竞争激烈的就业市场中，创新和与众不同的简历可以引起招聘人员的兴趣，为自己创造机会。逆向化思维的运用让刘润成功地打破常规，展示出自己的才华和独特性，最终实现了自己的职业目标。

所以，逆向思维的重要表现就是打破传统，从事物反面去思考问题，走上一条与大多数不同的道路，常常能使问题获得创造性的解决。

历史上那些逆向化思维谋略

逆向化思维并不是现代思维的产物，历史上就有众多逆向化思维谋略的高手。

鬼谷子是我国战国时期纵横家的代表人物，其学问深不可测，门下弟子无数。鬼谷子擅长纵横捭阖之术，其中的逆向化说服谈判之术，是最重要的一部分。鬼谷子的逆向思维谋略的核心，就是反其道而行之，并且可以概括为四个方面。

首先是"欲取，反与"。意思就是说，如果我们想从对方身上获得利益，自己就应该要先有所付出。正所谓有舍才有得，世界上没有免费的午餐，永远不要想着独揽利益，这样是不会有人愿意和你合作的。但智者明白，"取"和"予"之间的关系应该是，所给予别人的价值，应该小于从别人那里获取的价值。这种少予多取的关系，就像捕雀一样，我们撒下的仅仅是几粒米，却得到了雀的全部。但先予是很重要的，因为只有这样做，才能让别人觉得有利可图，才会愿意与我们合作。

其次是"欲张，反敛"。意思就是说，我们要想有所成就，出人头地。在成功之前，就必须要先学会收敛自己。因为在成事的过程中，只有低调谦逊地做人，才能学到更多的东西，才能和身边对我们有帮助的人保持和谐的关系。从而给自己争取更多的时间，暗暗积累力量，蓄势待发。而高调行事，只会让自己四面树敌，为成事增加更多的障碍。正所谓：不鸣则已，一鸣惊人。懂得收敛的人，等到有了足够的能力，便可一飞冲天，赢得人心。

三国时期，曹操命大将夏侯尚和韩浩率军攻打葭萌关，葭萌关一时陷入危急之中。刘备得知消息后，立即派老将黄忠前去支援。黄忠深知夏侯尚、韩浩二人乃头脑简单、不通战术之徒，便心生一招骄兵之计。双方一开战，黄忠便主动出关迎战，就在双方激战之时，黄忠下令全军佯装战败，迅速撤退，结果一连后退数十里，最后退到葭萌关里，死守不出。

夏侯尚、韩浩二人见蜀军如此狼狈，便以为自己占了上风，于是便得意洋洋地下令攻打葭萌关。不承想，黄忠突率大军猛扑过来，魏军毫无防备，一时间被打得丢盔卸甲，落花流水。大将韩浩则被黄忠斩杀于马前。最终，黄忠不仅夺回了所有丢失的营寨阵地，还夺取了魏军的粮草重地天荡山，率军直逼汉中。黄忠这一招用的正是"欲张反敛，欲取反予"的策略。

然后是"欲闻其声，反默"。意思是说，在与人交往中，想要探究对方的想法，我们首先必须要让自己保持沉默。鬼谷子认为，在不了解对方的情况下，聪明人最应该做的，就是倾听，而不是夸夸其谈。学会倾听，才能从对方的言语中判断出他的想法，找到其中的漏洞和矛盾之处，我们才能有的放矢地行事，从而达成自己的目的。

最后是"欲高，反下"。意思是，我们想要向更高处攀登，走得更远，首先要先学会降低自己的身段和姿态。如果想要让自己得到更高的位置，反而先要与底层搞好关系，这样既能让自己获得大家的支持，又能让竞争对手放松警惕，最后才能达到升高的目的。

除了鬼谷子，三国时期蜀国丞相诸葛亮，也是一位逆向化思维谋略的高手。诸葛亮的"空城计"家喻户晓，因为他断定司马懿疑心重，且习惯性逆向思维，于是使用了此计，结果司马懿看到城门大开，逆向推理，反而疑心有埋伏，于是放弃攻打，选择了撤退。

逆向化思维谋略之所以有奇效，在于它打破循规蹈矩的常规思维方式。常规思维之所称之为常规思维，就在于它在战场中是可以被预见的，这样就成为了最大的战略漏洞。倘若打破常规，逆向思维，独辟蹊径，想人之所未想，为人之所未为，很可能会出奇制胜。

解构逆向化思维模型

逆向思维帮助我们从事物反方向进行思考，打破思维固化的牢笼、看清事物的本质，继而拿出问题的最佳解决方案。逆向化思维既然是一种普适的思维方式，就必定有一个固定的思维模型——按照逆向思维的具体方式分类，我们可以将其分为反向思考型逆向化思维、归源转换型逆向化思维和缺点反用型逆向化思维。

接下来，我们分别来看看这三类逆向化思维模型。

第2节 反向思考型逆向思维：
换个方向，别有洞天

反向思考型逆向思维法是指从已知事物的相反方向进行思考，推导解决问题的途径。事物的相反方向常常是指从事物的功能结构、状态顺序、因果逻辑、损失厌恶四个方面作反向思考。

功能结构反向思考

从某一功能出发，通过反推可以得到新的功能。通过这种思维方式，人们能够以不同的角度审视问题，发现新的可能性，并创造出新的产品和技术。

保温杯作为一个常见的日常用品，主要功能是保持热饮的温度，让人们能够随时享用热饮。这一功能源于杯具内部的隔热层和密封设计，它们有效地隔离了杯内和外部环境的温度差异。然而，如果我们反过来思考保温杯的功能，即保温杯可以保热，是不是也可以保冷呢？于是就有了另一个常见的物品——冰桶。（如图9-2-1所示）

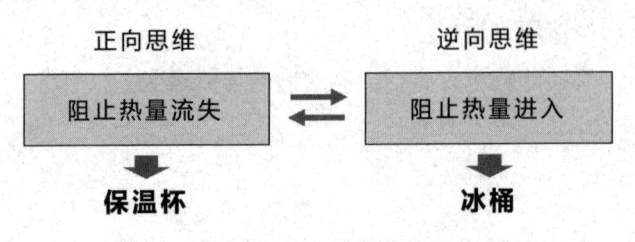

```
      正向思维              逆向思维
   ┌──────────┐         ┌──────────┐
   │阻止热量流失│  ⇌     │阻止热量进入│
   └──────────┘         └──────────┘
         ↓                    ↓
       保温杯                 冰桶
```

图9-2-1 "保温杯"功能结构反向思考

冰桶与保温杯的原理都是通过隔热层以及良好的密封性，实现在一定时间内保持内部的温度状态恒定。但在功能上二者恰恰相反，保温杯是为了阻止热量流失，使饮品保持温热；而冰桶则是阻止热量的进入，使冰块保持冷冻。

从结构和原理的角度反向思考，逆向思维常常能够带来创新和突破。以电吹风为例，它通常是通过电机产生的风力将空气吹向外部，供人们吹干头发。然而，如果我们逆向思考，把风的方向改为朝内吹，会发生什么呢？

因此，吸尘器就出现了。吸尘器通过内部的电机产生的负压效应，将空气从外部吸入，进而带动灰尘和杂物进入吸尘器袋或容器中。通过逆向思维，我们改变了电吹风的风向，从而创造了吸尘器这一能够有效吸收灰尘的家用电器。（如图9-2-2所示）

图9-2-2 "电吹风"功能结构反向思考

另一个例子是声音和振动的关系。我们知道，高低不同的声音可以引起金属片相应的振动。然而，逆向思维告诉我们，金属片的振动也能产生不同高低的声音。

这一原理在爱迪生的留声机发明过程中得到了应用。把唱片上的凹凸纹路通过唱针传导给金属片，金属片的振动会引起漏电器的变化，再经过放大器放大出来，使人们能够听到音乐和声音。通过逆向思维，借助振动产生声音，爱迪生发明了留声机这种媒介，为音乐欣赏和记录带来了革命性的变化。

总的来说，逆向思维可以帮助我们打破常规，从不同的角度思考问题，发现新的可能性，并创造出令人惊喜的创新产品和技术。通过改变功能、结构或原理，逆向思维能够带来意想不到的突破。无论是保温杯和冰桶、电吹风和吸尘器，还是留声机，逆向思维都有着重要的应用和启示。

状态顺序反向思考

状态顺序的反向思考同样也能创造一些新的思路。在传统认知方式中由于思维惯性，很多事情的状态顺序都是恒定的，很多人不会去思考如果把这个状态顺序倒过来会发生什么；但往往，这会是创新的突破口。

例如，人走楼梯时的状态是"人动，楼梯不动"，人需要克服重力做功，常常会非常累。如果将这个状态反过来，"人不动，楼梯动"，就有了现在的自动扶梯。现在，人站在扶梯上，利用扶梯本身的动力来轻松地上下楼。（如图9-2-3所示）

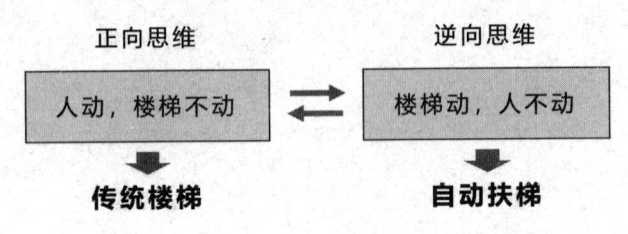

图9-2-3 "传统楼梯"状态顺序反向思考

类似地，传统的动物园考虑到人的安全，通常是将动物关在笼子里供人们观看，但这样会大大限制动物的生存空间，不利于动物的成长。如果把这种状态反过来，把人关在"笼子"里，而让动物在自己的栖息地中自由自在地奔跑，人们就可以在保证安全的前提下看到更加真实、更野性的动物世界。这种新型的野生动物园通过开车游览的方式，让游客可以近距离观赏并体验野生动物的自然生活，一经出现便广受欢迎。（如图9-2-4所示）

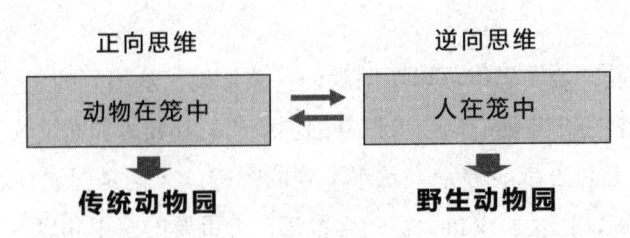

图9-2-4 "传统动物园"状态顺序反向思考

同样的变革也发生在工厂生产中。过去，工厂工人需要围着机器和零件转动,而且每个工人都非常辛苦,但生产效率并不高。然而,后来引入了"流水线"的生产模式,改变了这个状态:现在,工人不再移动,而是固定在自己的工位上,而零件和产品在流水线上移动,从一个工人手中传递到另一个工人手中。这种方式大大提高了生产效率。

状态顺序有的时候还体现在换位思考的过程中。一位女士逛超市,一不小心手机和钱包被盗,内心十分着急,碰巧一位熟人路过。在了解情况之后,只见他不慌不忙地拿出自己的手机,开始向丢失的手机发短信,写的是"姐,我刚到超市找不到你,我有急事先走了。你今天要用的现金3000元,我放在超市寄存箱b09里,密码是3876,拿到钱后回信息。"不一会小偷主动送上门来,手机和钱包均被追回。按照常规的正向思维,如果丢了钱包和手机,我们肯定是找保安调监控来查看。而逆向思维则换个方向,不考虑我现在想要什么,只考虑小偷现在想要什么。(如图9-2-5所示)

正向思维　　　　　　　逆向思维

我想要什么　⇌　小偷想要什么

图9-2-5　换位反向思考

妻子想要改掉老公晚回家的毛病,于是跟老公约定,晚上11点后就锁门了,不准回来。第一周很奏效,第二周老公晚归的老毛病又犯了,按照制度执行,真的把门锁了,但结果老公一看,那干脆不回家了。老婆在想难道我制度定错了,她灵机一动,重新与老公修订制度,晚上11点不回家,我就开着门睡觉。老公大惊,从此11点之前准时回家。我们用正向思维思考时,考虑的是我害怕什么——我怕老公不回家,所以想办法控制他。但如果用逆向思维思考,则考虑老公怕什么,用他怕的方法让他主动想回家。

孩子不愿意做爸爸留的课外作业,于是爸爸灵机一动说:儿子,我来做作业,你来检查如何?孩子高兴地答应了,并且把爸爸的"作业"认真地检查了一遍,还列出算式给爸爸讲解了一遍。只是他可能不明白为什么爸爸所有作业都做错了。

因果逻辑反向思考

常常我们在解决问题或实现某个目标时，采用的方法可能已经经过验证，但有时候可能无法带来我们想要的结果。这时，我们可以从因果关系上进行逆向思维，即通过改进方法来实现新的、更好的结果。一个典型的例子是电动机和发电机的原理。

电动机的原理是利用电流通过电线时产生的磁场，然后利用磁场使磁体移动，从而实现物体的运动。这是一种常见的技术，在很多设备和机械中广泛应用。

然而，如果我们反过来思考，即运用逆向思维，使用移动物体产生磁场，再由磁场产生电流，那么我们就可以发明一种全新的设备——发电机。（如图9-2-6所示）

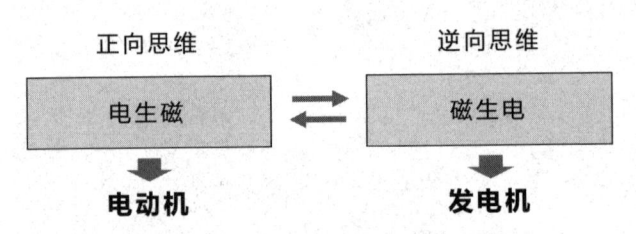

图9-2-6 "电磁转化"因果逻辑反向思考

发电机的原理是通过机械能或其他形式的能量使一个绕组在磁场中旋转，从而产生电流。这就是因果关系的逆向应用，通过修改电动机的工作原理，我们创造出了一种新的设备，能够将机械能转化为电能。

逆向思维能够帮助我们突破常规，打破既有的束缚，从而发现新的方法和新的可能性。通过改变因果关系，我们可以创造出新的技术、新的产品，并实现更好的结果。正如电动机的逆向应用导致了发电机的发明，逆向思维可以在各个领域中带来创新和突破。通过反向思考，我们能够提出新的方法和策略，以实现全新的目标和成果。

在客观世界中，许多物质或能量之间存在着相互转换的关系。以化学能和电能为例，它们之间既可以相互转换，也可以相互产生。

化学能是一种储存在物质中的能量，可以通过化学反应释放出来。而电能则是由电荷运动所产生的能量，在许多设备和电路中起着重要的作用。

根据这一原理，意大利科学家伏特于1800年发明了伏打电池。伏打电池利用化学反应将化学能转化为电能，通过化学反应在电极之间产生电压和电流，从而实现了电能的产生和利用。这对电学的发展起到了重要的推动作用。

反过来，电能也可以产生化学能。英国化学家戴维于1807年使用电解的方法，发现了钾、钠、钙、镁、银、钡、硼等七种元素。电解是利用电流通过电解质溶液时的化学反应，将电能转化为化学能，从而促发了新元素的发现。（如图9-2-7所示）

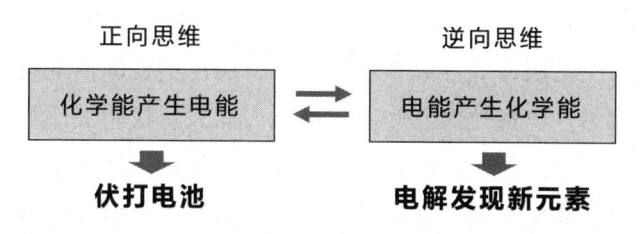

图9-2-7 "电能化学能转化"因果逻辑反向思考

这一原理的应用不仅仅局限于化学能和电能之间的关系，还可以扩展至其他物质和能量之间的相互转换。通过逆向思维，从一个给定的能量或物质出发，我们可以探索它们与其他物质或能量之间的关系，并产生新的创新和发现。

总的来说，化学能和电能之间的相互转换是因果关系的逆向应用，伏打电池和电解实验的发现是逆向思维的成功例证。通过正向思维我们发现了化学能能够产生电能，而逆向思维则告诉我们电能也能产生化学能。这种逆向思维的运用，推动了科学技术的发展，为人类创造了更多的可能性。

损失厌恶反向思考

为了提高工人的积极性，厂长想对工人进行奖金激励。于是他在周一时告诉工人们，如果你们能完成本周的生产任务，你们每个人将获得100元的奖金。结果到周五时，效果并不尽如人意，很多工人仍然没有完成本周的生产任务。

后来在一位人力咨询顾问的建议下，厂长更换了一下奖励的规则。他在周一时跟工人说，本周你们有100元奖金，但是如果不能完成生产任务，就会失去这笔奖金。结果这招明显比之前更有效果，完成生产任务的工人大幅度提升。

不都是完成任务多拿100元钱吗？但是有区别。在第二周的工人看来，100元钱已经是自己的了，关键词是"失去"。这里涉及一个重要的心理学定律，叫做"损失厌恶"。人们总喜欢获得而害怕失去。

利用"损失厌恶"的心理洞察，我们就可以用逆向思维反弹琵琶，取得意想不到的效果。

18世纪，英国将澳洲变成殖民地之后，决定把英国本土的罪犯送到澳洲去充当劳动力。英国政府雇佣了一批私人船只运送犯人，并按上船时犯人的人数给私营船主付费。但私营船主为牟取暴利，往往超载运送，导致船内乌烟瘴气，拥挤不堪。有些船主为了降低成本，更是恶意克扣犯人的水和粮食。极度恶劣的生存环境和非人的虐待，导致大部分犯人在中途就死去。英国政府调查后发现，运往澳大利亚的犯人平均死亡率高达12%。

为了降低犯人的死亡率，英国政府想了很多办法。例如，把私人船主们集中起来进行道德教育，劝诫他们要珍惜生命，不要把金钱看得过于重要，要配合政府等，结果可想而知，情况没有得到任何好转；再比如，每艘运送船只派一位政府官员，以监督船长的行为，严令规定不得虐待犯人，并配备了专业的医生随船支援。结果是船长们宁愿铤而走险，要么用金钱贿赂随行官员，要么将不愿合作的官员进行迫害。

最后，经过无数次商议，英国政府终于发现了奖励机制的弊端，并想出了一个好办法，就是把"上船付费"改为"下船付费"：船主们只有将犯人活着送达澳洲，才能赚到运送费，少一个人数，就少赚一笔钱。私人船主们为了能够拿到足额的运费，开始千方百计地保证每一个犯人的生命安全，很多甚至还主动配备医生和药品。这样一来，这个制度既降低了政府监督的成本，又抑制了官商勾结的不良风气。有资料说，新方案一出，犯人的死亡率迅速降到了1%以下，有的船只甚至创造了零死亡记录。

第九章 反道而行——"逆向化"思维模型

印度有一家电影院，常有戴帽子的妇女去看电影。帽子容易挡住后面观众的视线。大家请电影院经理发个场内禁止戴帽子的通告。经理摇摇头说："这不太妥当，只有允许她们戴帽子才行。"大家听了，不知何意，感到很失望。第二天，影片放映之前，经理在银幕上播出了一则通告："本院为了照顾衰老有病的女观众，可允许她们照常戴帽子，在放映电影时不必摘下。"通告一出，所有戴帽子的女观众都摘下了帽子。

第3节　归源转换型逆向思维模型：
　　　换个视角，柳暗花明

第一性原理：逆向化思维的底层原则

哲学中的一个重要理论"第一性原理"：回归事物最基本的条件，将其拆分成各要素进行解构分析，从而找到实现目标最优路径的方法。亚里士多德认为，任何一个系统都有自己的第一性原理，这是一个根基性的命题或假设，它不能被缺省，也不能被违反。

高瓴集团创始人张磊是第一性原理的忠诚拥趸。他曾说过："更多的研究是为了更少的决策，只有在更少的、更重要的变量分析上持续做到最好，才是提高投资成功率最简单、最朴素的方法。"他特别强调要从第一性原理去思考，即从本质上去研究行业，从而获得对行业发展规律的深刻理解。

用"第一性原理"回归问题产生的源头，不仅可以帮助我们加深对事物的认知，也隐藏着逆向思维方式的底层原则。

逆向思维作为一种从结果出发逆向分析问题的思维方式，其往回推导的终点就是问题的根本原因，而这一过程其实就是"第一性原理"思考问题的路径。前面探讨过模型的函数思想，逆向思维的本质是要寻找一种函数关系，将自变量与因变量之间的关系进行建模。在进行逆向思维的过程中，我们从目标变量开始，通过分析目标变量的特性及其影响因素，逐步地推导出函数关系的各个组成部分。这样，我们就能够锁定问题产生的源头，即函数关系中的每个变量对目标变量的影响。

找到问题的源头以后，我们再将大问题逐级分解为小问题，就可以得出解决问题的所有方向。这就意味着，当我们处理问题陷入死胡同时，通过

"第一性原理"回归到问题的源头，就可以获得一个更高的"上帝视角"，让我们看到解决问题的其他方向和路径。

我们之所以陷入死胡同，通常是因为思维惯性让我们陷入了错误的思维模式或思考方向。在这种情况下，根据"第一性原理"重新检查和分析问题的背景和条件，重新评估问题的目标和要求，我们可以发现一些以前被忽视的因素和变量，或者发现一些新的关联和联系，从而提供新的解决思路和方向。而只有放弃原来的方向，选择新的方向，才能看到柳暗花明的新希望，重获生机。（如图9-3-1所示）

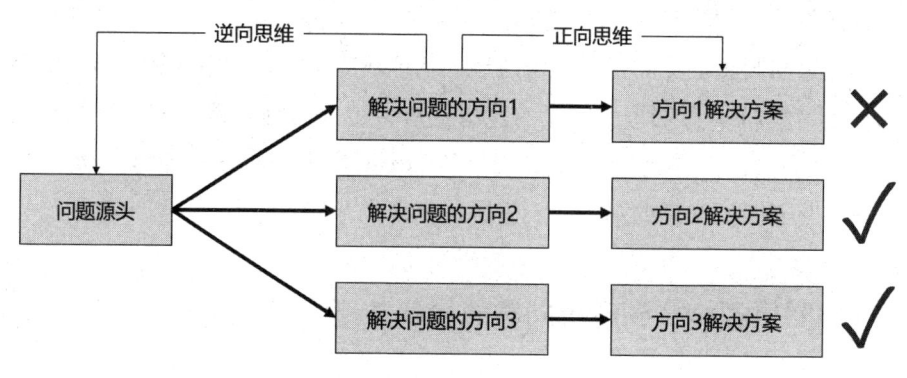

图9-3-1 归源转换型逆向思维示意

我们来看一个根据"第一性原理"逆向思考解决问题的案例。全球电动车巨头特斯拉在研发电池时，遇到了一个困扰他们已久的问题：电池成本无法降低。当时，市场上电池的价格稳定在每千瓦600美元，这使得特斯拉难以改变这一现状。

面对这个问题，通常的做法是与供应商进行谈判，争取降低成本，或者将注意力转移到其他汽车部件上，以改善整体成本。然而，马斯克选择了与众不同的做法，他从第一性原理出发，回归到电池的本质。他认识到电池供应商的报价之所以高，在于现有的电池生产技术不够先进，导致成本降不下来。而电池实质上是由碳、镍、铝等元素组成的，而这些材料的成本每千瓦只需80美元。明白了这一点，他关注的核心问题变成了如何有效地将这些材料组合在一起。只要解决了电池材料的组合问题，成本就会得到降低。（如图9-3-2所示）

思维模型与底层认知

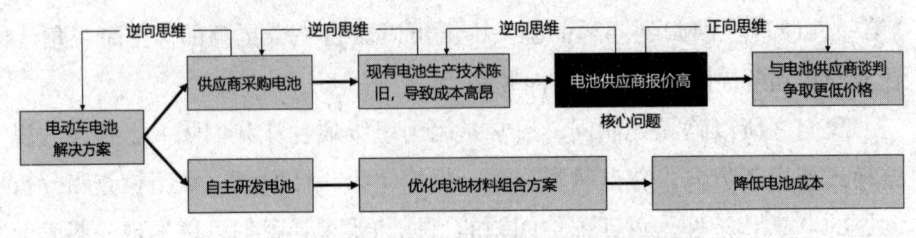

图9-3-2 "特斯拉电池降本"逆向思维示意

马斯克没有在表面上做局限性的尝试，而是重新研发了电池材料的排列技术，从根本上真正解决电池成本的问题。他追求的是真正的突破和创新，而不是寻找暂时的解决方案。

通过回归到电池的根本，特斯拉成功地攻克了电池成本问题。这一突破不仅为特斯拉自身带来了巨大的竞争优势，也在全球范围内推动了电动汽车行业的发展。马斯克的方法论启示我们不要固守现阶段狭隘的认知路径，只有不断回归到问题的本质，大胆进行创新，才能真正实现突破和进步。

回归根源，找到解决问题的另一条路

马斯克解决电池成本的思路其实就是归源转换型逆向思维。归源转换型逆向思维法是指在研究问题时回归源头，转换解决问题的手段，或转换思考问题的角度，从解决问题的另一条路径入手使问题得以顺利解决的思维方法。

有一个广为流传的故事，可以作为归源转换型逆向思维的典型案例。冷战时期，美苏展开了太空领域的军备竞赛。当时两国的太空技术旗鼓相当，当他们先后进入太空，均遇到有一个小问题：那就是圆珠笔到了太空就无法写字了。原来，普通圆珠笔的工作原理，是油墨在重力的作用下，进过笔尖上的圆珠在纸上留下痕迹；而在太空失重状态下，墨水会无法顺畅流出，从而导致在太空无法进行写字记录。为了攻克这一难题，美国航空航天局耗费巨资，研发了数年，生成了几种高技术含量的解决方案。例如能根据圆珠笔出墨量自动调节压强的恒压出墨系统，甚至是与激光打印原理相同的激光书写系统等。

而俄罗斯航天局没有花费一块钱，就轻松地解决了这个问题。他们的解决方案是——改用铅笔！铅笔的工作原理是利用石墨与纸张摩擦而产生印记，对重力环境没有要求，在地球上能用，在太空失重环境也能用。（如图9-3-3所示）

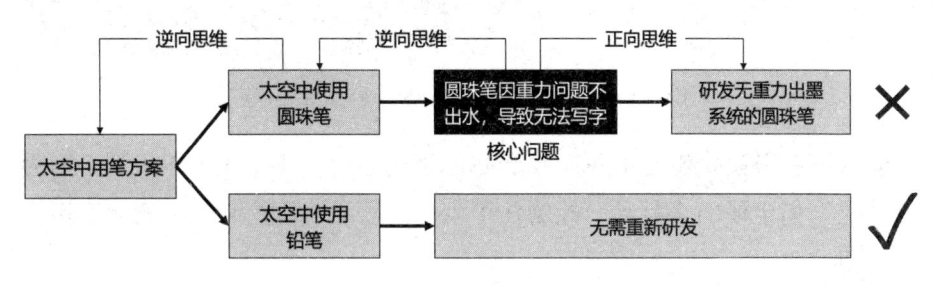

图9-3-3 "太空用笔方案"逆向思维示意

这就是归源转换型逆向思维模型的胜利。按照常规正向思维，工程师们就已经将笔的研发范围圈定在圆珠笔品类；而当工程师用归源转换型的逆向化思维去思考的时候，他们才发现要解决太空上用笔写字的问题，不一定要用圆珠笔。而除了圆珠笔，铅笔就不存在油墨重力影响的问题，这样事情便迎刃而解。

电视剧《神医喜来乐》中有一个情节让我印象十分深刻。有一年某省闹瘟疫，皇帝派太医去治理，但任由太医医术如何高明，面对成千上万流动且难以控制的灾民也是无计可施。因为还没等到各地官府把药下发下去，感染瘟疫逃荒的灾民便移动到了别的地方，造成更大范围的传染。后来江湖土郎中喜来乐临危受命来担任此次瘟疫防治的总指挥，他上任的第一件事不是改进药方，而是先命人统计全省有多少口井，一口不落。这一操作看懵了众人，众人皆不解，瘟疫肆虐时间就是生命，不忙着救人却去数井是什么情况。后来众人恍然大悟，不管流民怎么移动，喝水是人的刚需。让官兵将防治瘟疫的草药投入全省所有的井中，只要控制住了水源，就保证了药物的有效送达。（如图9-3-4所示）

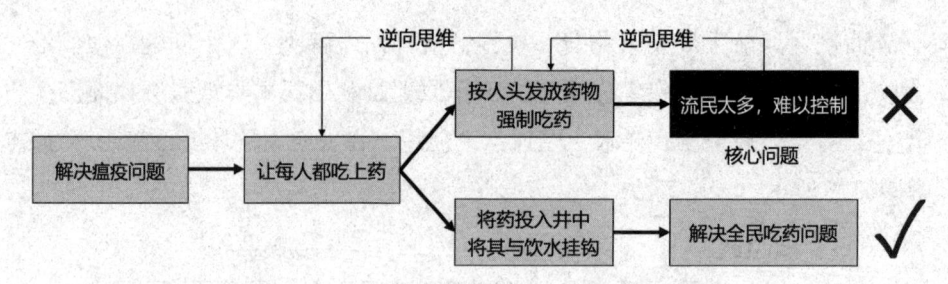

图9-3-4 "井中投药治瘟疫"逆向思维示意

这不由得让我想起了我国政府防治碘缺乏症，往食盐中加入碘。因为食盐是人们生活的必需品，控制住了生活必需品，便控制住了碘元素摄入的命门。

第4节 缺点反用型逆向思维模型：化腐朽为神奇的力量

缺点还是优点，取决于看待的角度

"横看成岭侧成峰"，有时候换个角度看问题，可以得到意想不到的惊喜。就如同一枚硬币总有正面和反面，缺点和优点，完全取决于看待问题的角度；用对思维方法，缺点也会碰发出强大的威力。本节我们就来探讨逆向思维的第三种方式——缺点反用型逆向思维。

缺点反用型逆向思维法是一种独特的解决问题的方式。它与传统的解决问题的方法不同，传统方法通常是着眼于克服事物的缺点，而缺点逆向思维法则是将缺点转化为优势，寻找问题的解决办法。这种思维方式的意义在于，它能够让人们看到问题的多个方面，不仅仅着眼于事物的缺点。通过以缺点为切入点，人们可以从另一个角度看待事物，并寻找到不同于传统方法的解决途径。

举个例子。便利贴在发明之初，曾因黏力不强而备受冷落，也因此无法在市场上立足。但细心的发明者发现很多员工常在本子上贴纸作为备忘录，但都很难撕下。他灵机一动换了个角度想了想，人们用黏力不强的便利贴反而便于撕下，方便了许多。于是他将便利贴黏力不强的缺点化为了优点，使其成了热门商品，也为弗莱创造了巨大财富。（如图9-4-1所示）

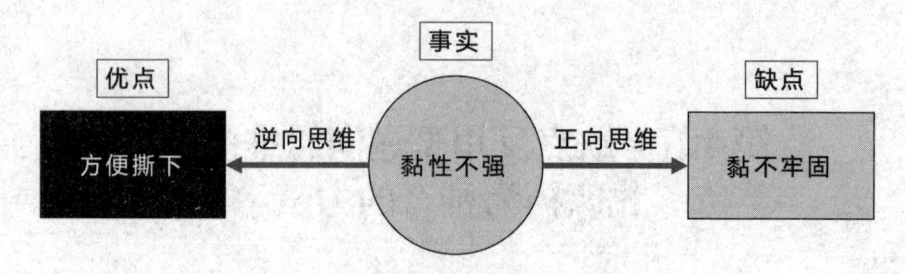

```
   优点                 事实                 缺点
 ┌──────┐   逆向思维   ┌──────┐   正向思维   ┌──────┐
 │方便撕下│ ◄────────  │黏性不强│ ────────► │黏不牢固│
 └──────┘             └──────┘             └──────┘
```

图 9-4-1 "便利贴优势总结"逆向思维示意

"黏力不强"本是缺点，只是换了一个思考方向，就变成了"方便撕下"的优点。

美国有家食品公司生产了一种特制的番茄酱。跟同类产品比起来，这种番茄酱浓度很高，特别稠，以至于很多家庭主妇在使用时总觉得不方便，市场前景不被看好。起初，这家食品公司想重新研制配方，降低浓度，但又觉得十分困难风险又大。后来，他们换了一个思路来看思考这个问题——产品的缺点，其实正是它的优点。浓度高，恰恰说明番茄酱含量高，水份少，所以营养更加丰富，味道更加纯正。于是，他们以"浓缩的就是精华"为宣传点，加大营销力度，使这种观点家喻户晓。很快，其市场占有率跃居同类产品榜首。（如图 9-4-2 所示）

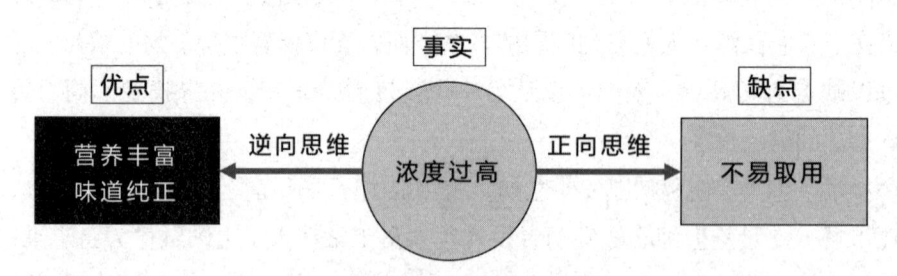

```
   优点                 事实                 缺点
 ┌──────┐   逆向思维   ┌──────┐   正向思维   ┌──────┐
 │营养丰富│ ◄────────  │浓度过高│ ────────► │不易取用│
 │味道纯正│            └──────┘             └──────┘
 └──────┘
```

图 9-4-2 "番茄酱优势总结"逆向思维示意

在面对问题时，我们常常被固有的思维方式所束缚，认为"缺点"就是需要克服或规避的，很难跳出传统评价标准的框架。缺点反用型逆向思维法的优势在于它能够打破固有的思维定势，从其他的标准或角度看待所谓的"缺点"，尝试着从"缺点"中发现优势和创新的可能性，化被动为主动，化不利为有利。

巧用缺点反用型逆向思维，突破思维的藩篱

查理·芒格曾说："如果要明白人生如何得到幸福，就去研究人生如何才能变得痛苦；要研究企业如何做强做大，就去研究企业是如何衰败的。"芒格思考问题总是从逆向开始，正如他经常提到的一句谚语：如果我能够知道我将死在哪里，那么我将永远不去那个地方。巧用缺点反用型逆向思维，我们能寻找到传统思维方式所忽视的问题解决路径。

美国一家化妆品公司在生产肥皂时，由于技术原因，常常出现包装好的肥皂盒里面是空的情况。工程师为了解决这个问题，耗时几个月斥巨资研发了一台X光监视器。这台监视器被放置在生产线上，通过透视每一台出货的肥皂盒来确保其内部有肥皂。

然而，同样的问题也发生在另一家小公司，但他们采取了一种完全不同的解决办法。他们只购买了一台强力电风扇，对着流水线用来吹每一只肥皂盒。如果盒子里没有放入肥皂，则会被吹走，这样工人就可以发现空盒子。这种解决办法相比于使用X光监视器更为简单且易于操作，成本也更低廉。

肥皂盒中没有放入肥皂，重量就会更轻。漏放肥皂本是缺点，却可以在逆向化思维之下变成甄别空盒子的突破口。

还有一个故事。一个裁缝抽烟时不小心将一条高档裙子烧了个窟窿，致使其成为废品。这位裁缝为了挽回经济损失，凭借其高超的技艺，在裙子四周剪了许多窟窿，并精心饰以金边，然后将其取名为"凤尾裙"。这种改变让废品重新焕发了生机，并且因其独特的设计而引起了人们的注意。"凤尾裙"在市场上卖得很好，人们对于这种独特的设计感到好奇，尤其受到了许多女士的青睐，裁缝的生意因此变得十分红火。

所以，有时候商品本身存在一些缺陷或不足，但这并不意味着它们就没有市场。只要善于寻找最佳结合点，就可以化腐朽为神奇，开创出新的市场取得成功。

市场经济的发展也告诉我们，墨守成规、亦步亦趋的经营思维方式已经无法赢得商战的胜利。只有那些不落俗套、富有创意和不走寻常路的人

才能取得成功的喜悦。因此，我们应该时刻保持思路的新鲜，不断寻找打破常规的创新思维方式，以开创出新的市场，创造出新的商机，为自己和社会带来更多的机遇和发展。

马云说，大部分人因为看见所以相信，而成功者往往因为相信所以看见。换个角度反其道而行之，往往会看到更多的机会。

结束语：最牛的模型，是没有模型

模型的必要特点

感谢读者朋友们坚持读到这里，至此，全书对模型的探讨也接近尾声。书的最后，我想聊一聊我认为好的模型需要具备的几个特点。

首先，是要足够简单。这里的简单，不是像白开水一样寡然无味且没有技术含量，而是要深入浅出、返璞归真。在模型的背后，可以有十分复杂的、缜密的逻辑推理，但最终呈现出来的，一定要足够简单。只有简单才能记忆深刻，才能触达人心。

模型是对现实世界的简化抽象，从而帮助我们看清这个世界的本原面目，理解世界的底层逻辑。所谓"真传一句话，假传万卷书"，这个世界上越接近本质的东西，就会越简单。如果最后我们总结出来的模型不够简单，那就说明我们还没有到达最底层的本质。

模型的意义就在于将复杂的问题简单化，而不是故弄玄虚地将复杂的问题变得更复杂。工作中我们时常见到一些十分烦琐的模型，看似秒天秒地，实则弄巧成拙。因为它违背了模型诞生的初衷，不仅会增加我们理解问题的难度，还会影响我们灵活运用模型解决问题的能力。因此，一个好的思维模型应该能够将复杂的问题转化成简单的概念、逻辑和原理，真正做到"大道至简"。

其次，模型要有普适性与可复制性。我们前面已经探讨过，模型之所以为模型，一定是放之四海而皆准的，一定是总结的事物发展的共性规律，而不是只针对某一个事物的个性特点。

一个具备普适性和可复制性的思维模型可以适用于不同领域和情境，

甚至够跨越学科和行业的界限，为我们提供一种通用的思考工具。

例如，前文提到的"二八定律"最早是在社会财富分布研究中发现的，后来人们发现在政治经济、人力资源管理甚至是气象研究等领域，都严格地遵从"二八定律"。而之所以"二八定律"能够通用于这些领域，就是因为这些领域背后的增长逻辑，都遵从幂律分布的数学演算规则。

将不同的问题放在同一个思维模型中进行简化之后，这些不一样的问题就会呈现出很多的相似性，使得用同一个模型解决不同问题成为了一种可能。这是模型能够帮助我们做不同决策的核心逻辑。

综上所述，简单性和普适性是模型的必要条件。同时，这两点也是相辅相成、辩证相依的。一个模型只有简单，才可能具备普适性与可复制性，因为复杂会提升模型套用的门槛；同时当模型具有普适性，就说明它已经触达事物的本质，那么它在形式上也会足够简单。

好模型神似，坏模型形似

模型是将一类具有相同规律的现象用一种典型的、符号化的形式进行概括的工具。构建模型的过程实际上就是打比方，把"A"比作"B"，把"熟悉的"比作"陌生的"，把"简单的"比作"复杂的"，把"具体的"比作"抽象的"。

不信可以回头审视一下前文提到的模型。例如，人类的需求本来是没有形状的，是我们将其"比作"金字塔结构；品牌本身看不见摸不着，是我们将其"比作"一种资产并用一个公式进行评估量化；人类思维本身混沌抽象，是我们将其"比作"有方向和结构且总结出了逆向化思维模型进行具象化研究。

建模既然是打比方，那么这个比方打得"像不像"也是评判一个模型是好是坏的标准。只是这里的"像不像"，常常被人粗浅地理解为"形似"。

我曾经见过一个模型，作者将营销环节的各个主体因素罗列出来，摆成一个蝴蝶的形状，然后通过类比蝴蝶在成虫、破茧、化蝶几个阶段，将这些主体元素机械地一一对应，将其称之为"蝴蝶模型"。这样的模型虽然形似蝴蝶，但其实并没有真正地展现出营销管理的本质规律和底层逻辑，没有深入地探讨这些主体因素之间的相互关系。

相比之下，模型要做到"神似"，才是以一知万、触类旁通的好模型。而怎样做到"神似"呢？还是我们一直强调的，抓住事物的底层逻辑和本质规律，而不仅仅是停留在事物的表面。这就需要我们培养一种深度思考的习惯，提升洞察力与思维深度。当我们能轻松透过事物"好看的皮囊"而看到"有趣的灵魂"的时候，就会发现万事万物在很多方面都是相通的，这就是它们的"神"。

忘了模型吧，它不重要

人生的三个阶段：看山是山，看山不是山，看山还是山。这句话道出了一个人在成长与发展中的不同认知层次，也形象地描述了我在不同阶段看待模型的不同看法。

在第一个阶段，我们对于事物的认知是表面的，浅尝辄止。看到山，就认为它就是山，没有更深层次的理解。这时的我们往往充满了迷茫与困惑，我们对于事物的本质和意义没有深入思考，只看到事物的外在形式。

这个阶段，模型于我来说是只是一副好看的皮囊。因为缺乏深入全面的理论知识体系，所以对它们的真正内涵一知半解。还记得那个时候我"收藏"了很多看起来很厉害的模型，指望在需要的时候能够"救我一命"。

随着经历和阅历的增加，我们逐渐进入了第二个阶段，"看山不是山"。我们开始思辨与思考事物的本质与内涵。我们看到山不再只是山，我们开始思考山的形成过程、山的地理特征、山的生态系统等。我们开始深入问题，探索事物的背后的原因和规律。

这个阶段，我终于能够吃透这些模型，却也萌生了另一个更有价值的问题：这些模型是怎么得来的？它们为什么正确？我们总有一个通病，就是面对大众都认为正确的东西，我们总是习惯性、机械性地去接受，而不去探讨它为什么正确。在这个过程中我掌握了一个重要的工具，叫做"元认知"，我开始探索这些模型的底层逻辑，并开始尝试站在这些模型作者的角度，复盘这些模型从无到有的形成过程。

最终，我们进入了第三个阶段，"看山还是山"。经历了对事物的深入思考和探索后，我们重新回到最初的认知，但这种认知已经不再是表面的、浅显的。我们看到山，我们知道它是山，但我们所看到的山已经不再是简单的山，而是充满了意义和价值的山。我们对事物的认知已经升华到了另一个层次，我们看到了更深层的本质和内涵。

这一阶段是我所追求的，也是我对模型探索和求知的彼岸。就模型的运用而言，到达这个彼岸的才是真正的高手。他们已经融会贯通，将模型悄无声息地融入思维之中，使其成为思考问题、解决问题的内在方式。他们熟悉掌握各种模型背后的原理，深入洞悉理论背后的底层逻辑，并能够运用这些底层逻辑应对复杂多变的世界，化解各种复杂的问题；然而，在他们给出的解决方案中，你可能看不到任何具体模型的影子。

所以我说，最牛的模型是没有模型。模型只是工具，思维才是灵魂。最牛的模型不仅仅是模型之"形"的堆砌，更是思维的升华和智慧的体现；只有将模型内化成思维的一部分，才能发挥出模型真正的威力，杀敌于无形。这种思维方式超越了任何具体的模型，成为一种直觉、洞察力和创造力的结合，为问题的解决提供了一条通往成功的道路。

所以，忘了模型吧，它不重要。

后记：做一棵疾风下的劲草，渺小而坚强

键盘上敲完全书的最后一个字，已是凌晨3点。

早前看到网上的一个段子，说书店应该是疫情期间最安全的公共场所了，三年疫情你见过哪个流调里有人去过书店？不禁苦笑，是啊，这年头还有多少人会看书呢？如今短视频等新兴媒体大行其道，各种大数据算法把人性拿捏得死死的，我们甚至已经懒到很难完整地看完一篇公众号文章，更不要说完整地看完一本书了。

所以关于"写书"这件事，貌似应该是21世纪20年代的今天投资回报比最低的事情了吧。但转念一想，人生如果什么都讲投资回报，是不是有点太无趣了。所以我还是决定做这件事。

此时此刻，这个一拖再拖的小目标终于完成了。合上电脑，透过窗看着对面楼里星星点点的光，我的内心突然感觉到一种前所未有的平静。喧嚣的世界，能够有一件事情坚持去做，不论结果如何，也是十分幸运的。

写作这本书的契机源于两年多以前，那时在一家公司干着无聊的工作，浑浑噩噩之际，突然有了一个想法——我要对这些年从事营销工作的经验和方法论做一个阶段性的总结，写成一本书，也算是毕业十年对自己的一个交代。

创作的过程是艰难的，两年间我好多次想过放弃。刚开始时给自己定的目标是一年内完成，后来才发现难度比我想象中要大得多。白天在公司上班，晚上回家写书，很多时候还会被各种生活琐事分散精力。一年过去了，书才完成了不到三分之一，那个时候我开始焦虑，觉得自己好像什么都做不成。后来我调整了一下心态，不求速度，而求坚持，日拱一卒，与时间做朋友。心态摆正了，写作推进得也相对顺利了起来。

通过这本书的创作，我也认识到了一个更加真实的自己。写书的过程，也是自我梳理、自我反省的过程。提笔之前信心满满，总觉得自己懂得很多，然而在实际写作的过程中经常陷入死胡同，不断推倒重来。就像这本书中涉及很多认知心理学、哲学等跨学科的专业内容，刚开始的时候我总是自信地试图自己去探索出答案，过程却很痛苦。有的时候苦苦想了一个月也没有找到答案，在图书馆翻阅资料时却发现两千多年前的柏拉图早就已经想过这个问题并给出了结论，而那本书就是很早就说要读却一直没读的《理想国》。

那一刻我感觉很羞愧，这才察觉自己虽是身处信息发达社会的现代人，却是那么的无知、懒惰、傲慢和浅薄。年岁越长，知道的越多，这种感觉就越强烈，越觉得自己匮乏的太多，浪费了太多时间、虚度了太多光阴，紧迫感与焦虑感也与日俱增。

当然，年岁增长也有很多好处。比如很多年少时想要的东西现在不想要了，很多以前不懂的事情现在慢慢懂了，很多从前不屑的价值观现在开始认同了。

前段时间，无意间读到王安石的《游褒禅山记》，竟然被感动得热泪盈眶。"古人之观于天地、山川、草木、虫鱼、鸟兽，往往有得，以其求思之深而无不在也。夫夷以近，则游者众；险以远，则至者少。而世之奇伟、瑰怪，非常之观，常在于险远，而人之所罕至焉，故非有志者不能至也。有志矣，不随以止也，然力不足者，亦不能至也。有志与力，而又不随以怠，至于幽暗昏惑而无物以相之，亦不能至也。然力足以至焉，于人为可讥，而在己为有悔；尽吾志也而不能至者，可以无悔矣，其孰能讥之乎？此余之所得也。"

当年高中学习这篇文章时并没有太大感觉，而今才觉得醍醐灌顶。一千年前王安石的人生感悟，在今天看来依旧具有很强的现实意义。

今年，是我大学毕业进入社会的第十年。十年前只身北漂，走了一条和大多数人不一样的路。一路险远，看到了很多"非常之观"，也经历了很多"尽吾志而不能至"的事情，深感现实的无奈。

一直觉得，一个人成熟或者说老去的标志，是他开始接受自己的平凡。

后记：做一棵疾风下的劲草，渺小而坚强

　　学生时代那些遥不可及的梦想可能永远也无法实现了，甚至早已在斑驳的时光里渐行渐远。而今的我没有了初出象牙塔时的执念，也终于明白，我来自平凡，也终将归于平凡。只是希望做到如《阿刁》中唱的那样：甘于平凡，却不甘平凡地溃败。

　　十年混迹，发现生活远没有当初想象得那么好，却也没有想象得那么糟，深感迷茫与奔波会伴随人的一生，终究一刻也不得闲。人生就是翻越一座又一座的高山，这个过程中时而浮云遮望眼，时而一览众山小；时而前路无知己，时而关山度若飞。唯一不变的是，山就在那里。你不去翻越它，它就会挡在你的面前；而当你翻越它，前方却有更高更险的山在等着你。在层峦叠嶂的群山面前，我们每个人都渺小得不能再渺小。不断奔跑，不断起落，不断寻找，或许这就是生命的意义。

　　我也曾试图做个"躺平"青年，后来只是觉得，好不容易来到这世界，总得留下点什么东西——一句无关痛痒的呐喊、一篇针砭时弊的文章、抑或是未来某一天图书馆的某个角落里躺着的这本书吧！

　　时代的疾风呼啸而过，我愿做一棵疾风下的劲草，虽然渺小，却也坚强地向上生长。幸而如此，生生不息！

　　最后，本书创作期间历经新婚、生娃、创业等人生大事。在此要特别感谢我的妻子和女儿，你们是我不断前进的动力之源。

　　感谢所有读者朋友对这本书的支持，能力不足水平有限，敬请批评指正！也欢迎大家关注"洞听学堂"抖音官方账号，随时与我私信交流。

邱伶聪

2023 年 8 月 12 日于北京顺义